図解 知識ゼロからの食料安全保障入門

気候変動
法制度
消費
生産基盤
国際情勢
SDGs

農林中金総合研究所
平澤明彦・阮蔚・小針美和 監修

家の光協会

はじめに

２０２０年から２０２２年にかけて、新型コロナウイルス感染症（ＣＯＶＩＤ－19）の世界的流行や、輸入食料・資材の値上がり、ウクライナ紛争が相次ぎ、食料の安定供給に関心が高まりました。その結果、農政の大枠を定める食料・農業・農村基本法の改正に至り、今や食料安全保障は基本法の第一の基本理念となりました。しかし依然として将来にわたる食料輸入の不確実性は拭えず、国内の農業生産基盤も脆弱化する中で、食料安全保障の確保は国民全体に関わる重要な課題です。そうしたことから国内外の食料安全保障について総体的に解説する本書の刊行が決まりました。

本書では、食料安全保障とは何か、なぜ世界と日本で問題になっているのか、世界と日本の事情の違い、といった点を解説し、日本については過去の経験を踏まえたうえで現状と課題、取り組みについて基礎的情報を提供する意図で執筆しています。

第1章は総論です。世界、先進国と途上国、日本における食料安全保障はどのようなもので、何が違うのか。そこには経済発展の程度や土地資源の豊富さが背景にあります。食料自給率や肥料、環境にも触れます。

第2章と第3章はいわば世界編です。日本の食料安全保障は、輸入依存を通じて世界と結びついているため、日本の置かれた状況を理解し相対化するには世界を俯瞰的にみることが有効です。まず第2章は世界の食料需給構造と、主要な輸入（あるいは自給達成）国・地域における食料安全保障の状況及び政策を整理します。アメリカやロシアは重要な供給国として書籍全体で言及しています。国際的な取り組みも取り上げます。

第3章ではさまざまなリスク要因を紹介します。気候変動、地政学、物流の混乱、輸出規制、肥料輸入依存、バイオ燃料、投機資金などです。

第4章以降は国内編です。まず第4章では日本の歴史的経験と対策を振り返ります。明治期から大戦期まで、食料供給の安定化は最重要課題でした。戦後は輸入により食料供給が拡大する一方、国内農業の振興が難しくなりました。また輸入依存リスクや不測時等の対策が進み、食料・農業・農村基本法の下で拡充されました。

第5章は日本の食料供給と政策の現状です。改正食料・農業・農村基本法における食料安全保障の枠組みと、その下での新たな取り組み方向にくわえて、日本の食料と農業、漁業、物流、輸入、備蓄を見渡し、耕畜連携の強化などの論点を指摘します。農業生産についてはさらに生産基盤、経営、品目別需給を詳しく取り上げます。

最後の第6章は消費者の役割について述べます。消費者は食料安全保障のおもな受益者であるだけでなく、食料安全保障を支えるための関与が期待されます。

筆者は家の光協会の担当編集者（磯部朋恵さん）から、2023年11月に本書監修の依頼を受け、株式会社農林中金総合研究所で、中長期研究テーマとして食料安全保障に取り組んでいた研究員3名（平澤・阮・小針）で引き受けました。本書の構成は編集者の提案を元に、監修者が各自担当の章を中心に検討して作り上げました。執筆は監修者のほか、アジア各国と世界・国際機関の分野については社外から専門家の寄稿をお願いしました。第5章以降の各論については当社から各品目・テーマの担当研究員や役員が参加しています。また、巻頭の見取り図は編集者の案に平澤がキーワードを追加して作成されました。

この入門書が読者の役に立ち、また食料安全保障に関する理解を広める一助になることを祈ります。

2024年11月

平澤明彦

日本の問題であり、個人の問題である

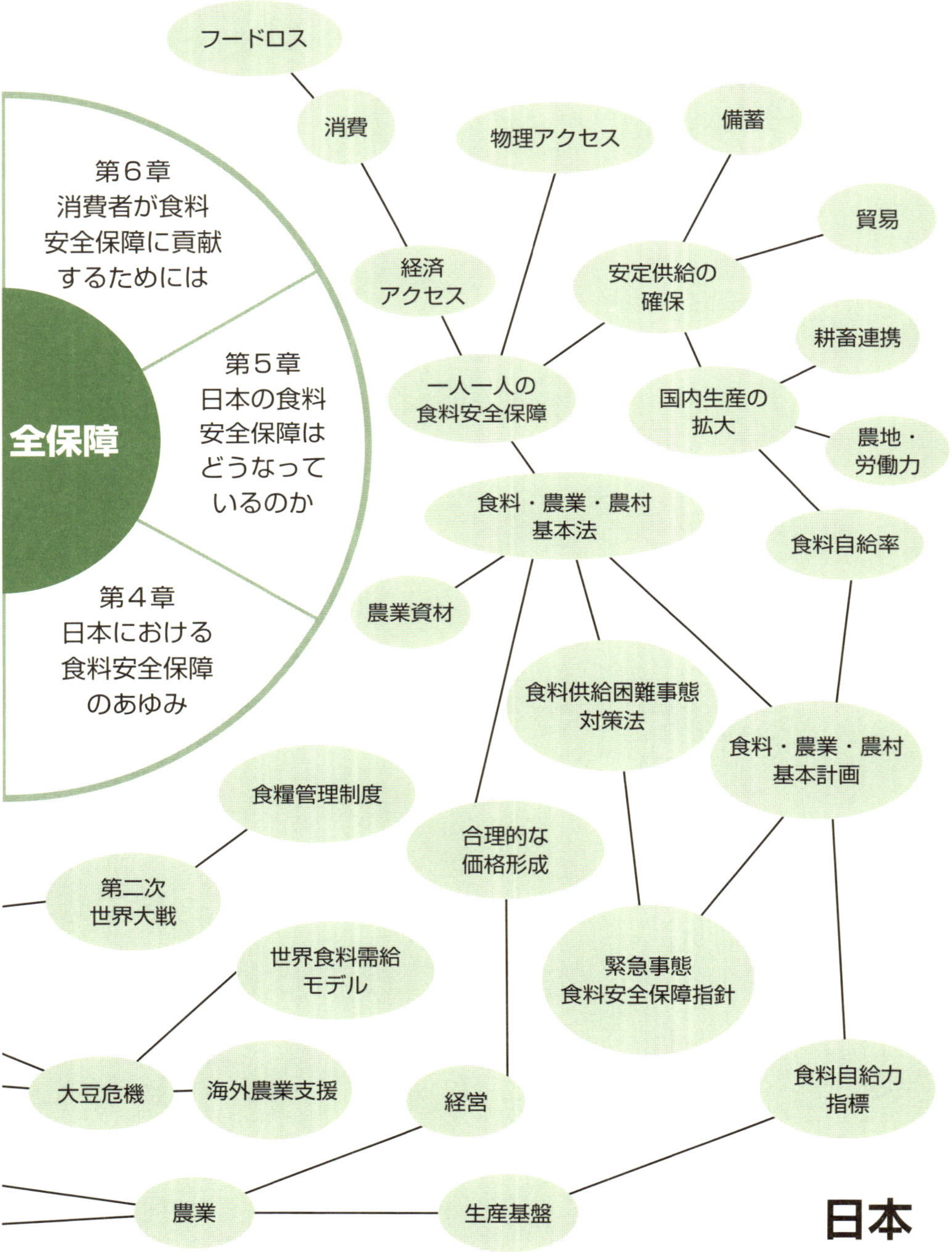

食料安全保障は世界の問題であり、

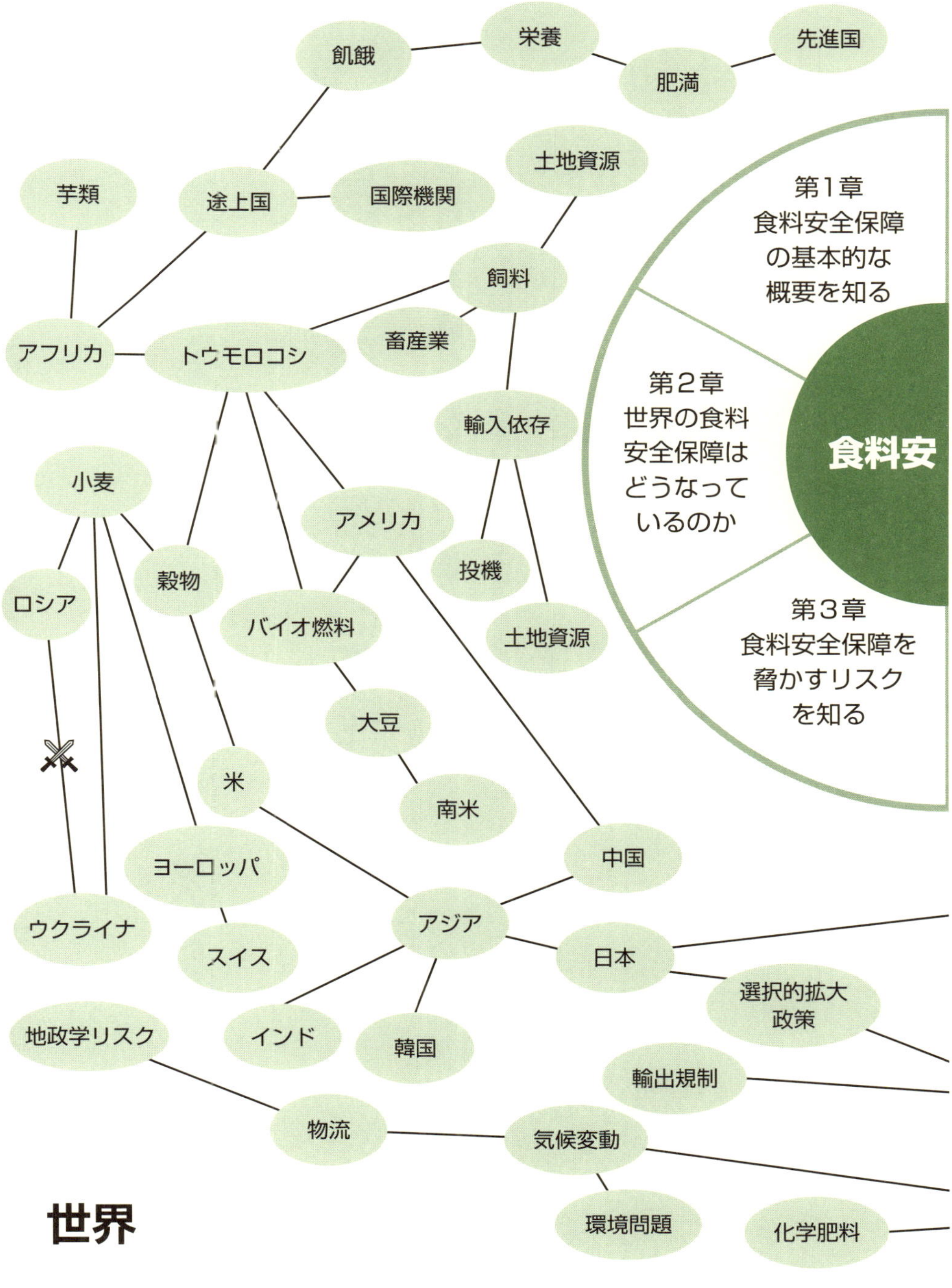

はじめに …… 2
食料安全保障は世界の問題であり、日本の問題であり、個人の問題である …… 4

第1章 食料安全保障の基本的な概要を知る

1 食料安全保障とは何か ― 平澤明彦 …… 14
2 人口と食料のバランス ― 小泉達治 …… 16
3 フードセキュリティとは何か ― 小泉達治 …… 18
4 なぜ、世界で飢餓が起こるのか ― 小泉達治 …… 20
5 先進国における食料安全保障 ― 平澤明彦 …… 22
6 経済発展と土地資源 ― 平澤明彦 …… 24
7 日本における食料安全保障とは何か ― 平澤明彦 …… 28
8 食料自給率とは何か ― 平澤明彦 …… 30
9 化学肥料の投入による食料生産の増大 ― 阮蔚 …… 32
10 環境に配慮した持続可能な農業の模索 ― 阮蔚 …… 36

column 国民として考え、消費者として行動する —— 平澤明彦 …… 38

第2章 世界の食料安全保障はどうなっているのか

1 世界の人口80億人を養う3大穀物 —— 阮蔚 …… 40
2 米欧・ロシアの小麦増産をめぐる世界の変化 —— 阮蔚 …… 43
3 人口大国中国・インドの主食穀物自給の固守 —— 阮蔚 …… 46
4 主食穀物を上回る勢いの食肉需要 —— 阮蔚 …… 48
5 食肉需給に影響を及ぼす世界各国の動き —— 阮蔚 …… 50
6 食肉生産に不可欠な飼料穀物の特徴 —— 阮蔚 …… 52
7 輸入飼料で維持される各国畜産業 —— 阮蔚 …… 54
8 飼料需要により世界穀物貿易が空前の拡大をみせる —— 阮蔚 …… 56
9 中国における食料安全保障 —— 阮蔚 …… 58
10 中国の大豆輸入依存と単収増加の行方 —— 阮蔚 …… 61
11 アフリカにおける食料安全保障 —— 阮蔚 …… 64

12 インドにおける食料安全保障 —— 須田敏彦 …… 68
13 韓国における食料安全保障 —— 品川優 …… 70
14 ＥＵにおける食料安全保障 —— 平澤明彦 …… 74
15 スイスにおける食料安全保障 —— 平澤明彦 …… 78
16 国際的な食料安全保障の制度と取り組み —— 小山修 …… 82

第3章 食料安全保障を脅かすリスクを知る

1 気候変動がもたらす食料安全保障上のリスク —— 阮蔚 …… 86
2 気候変動の悪影響を最小限にする適応 —— 阮蔚 …… 88
3 ロシアのウクライナ侵攻が顕在化させた世界の地政学リスク —— 阮蔚 …… 90
4 米中対立がもたらす世界食料貿易へのリスク —— 阮蔚 …… 92
5 物流の混乱が食料価格の高騰を招く —— 阮蔚 …… 94
6 気候や地政学リスクが物流に影響をもたらす —— 阮蔚 …… 96
7 主要輸出国による輸出規制の影響 —— 阮蔚 …… 98
8 食料の輸出規制は「武器」になりうるか —— 阮蔚 …… 101

9 化学肥料の輸入依存と価格暴騰のリスク――阮蔚 104
10 化学肥料輸出大国ではなくなるアメリカと中国――阮蔚 106
11 バイオ燃料が食料需給に与える影響――小泉達治 109
12 投機資金が食料価格に与える影響――平澤明彦 111

第4章 日本における食料安全保障のあゆみ

1 明治期から第二次世界大戦までの食糧需給と政策――平澤明彦 114
2 第二次世界大戦以降の食料危機――平澤明彦 116
3 戦後に加速する食料の輸入依存――平澤明彦 118
4 大豆危機後の日本の取り組み――平澤明彦 121
5 食料・農業・農村基本法制定後の展開――平澤明彦 123
6 緊急事態食料安全保障指針で不測の事態に備える――平澤明彦 126
7 不測時の生産力を図る食料自給力指標――平澤明彦 128
column 世界の食料需給見通しは食料不安を予知するか――小泉達治 130

第5章

日本の食料安全保障はどうなっているのか

1 食料・農業・農村基本法の改正 —— 小針美和 …… 132
2 改正食料・農業・農村基本法における食料安全保障の考え方 —— 小針美和 …… 134
3 国民一人一人の食料安全保障 —— 小針美和 …… 136
4 合理的な価格形成の仕組みづくりに向けて —— 小針美和 …… 138
5 不測の事態に素早い対応を目指す食料供給困難事態対策法 —— 平澤明彦 …… 140
6 農業資材の生産及び流通の確保 —— 小針美和 …… 142
7 改正食料・農業・農村基本法にもとづく目標設定 —— 小針美和 …… 144
8 日本の食料需給の全体像 —— 小針美和 …… 146
9 日本における農地の現状 —— 石田一喜 …… 148
10 日本における農業労働者の現状 —— 石田一喜 …… 150
11 日本における農業経営の現状 —— 小針美和 …… 152
12 米の需給状況 —— 小針美和 …… 154
13 小麦の需給状況 —— 古江晋也 …… 156
14 大豆の需給状況 —— 長谷川晃生 …… 158

15 トウモロコシの需給状況――鈴木基臣……160
16 耕畜連携の重要性――小針美和……164
17 水産物の需給状況――長谷川晃生……166
18 農産物物流の課題――小針美和……168
19 日本の農産物輸入の現状――内田多喜生……170
20 日本の食料・生産資材の備蓄――内田多喜生……172

第6章 消費者が食料安全保障に貢献するためには

1 消費者の役割の重要性――小針美和……176
2 消費者による農業参画の意義――小畑秀樹……178
3 環境負荷軽減に貢献する消費行動――小畑秀樹……180
4 食品ロス問題の傾向と対策――小畑秀樹……182
5 消費者とともに作り上げる食料安全保障のこれから――小畑秀樹……184

索引……186

装丁／宮坂佳枝
装丁イラスト／齋藤州一
本文レイアウト・ＤＴＰ製作／明昌堂
校正／くすのき舎

第１章

食料安全保障の基本的な概要を知る

1 食料安全保障とは何か

食料安全保障上のリスクと対策は国や地域によって異なる

食料安全保障とは、大まかにいえば必要な食料を適切に確保することを指します。食料は言うまでもなく、人間の生存に欠かせません。食料の確保は誰にとっても重要であり、国民の食料を確保することは各国政府の重要な責務の一つです。ただし、具体的な課題や対策は、国や地域、集団ごとに異なります。それは食料の豊富さや入手のしやすさ、必要な食料の種類、食料に関わるリスクや、期待水準が多様であるためです。

その多様さをもたらす要因は、大きく2つあります。1つは国や地域ごとの経済発展の程度、もう1つは国内の食料供給能力です。経済発展は購買力、食生活、生産技術、流通の向上といった変化をもたらします。その結果、一般的に先進国は途上国に比べて、食料安全保障の実現度が高くなっています。また、先進国では不測の事態に直面しても高い水準の所得や技術力、政府の財政力などにより回復力も高い傾向にあります。対照的に途上国、特に低所得国では**食料不安**と貧困の悪化を招きやすく、その解消に追われることになります。

食料供給能力のおもな決定要素は土壌、水資源、気候、それらを反映した人口1人当たりの農地面積ですが、生産技術や輸送、流通なども重要です。国内の食料生産で自国の人口を養えない国は、不足分を輸入で賄うため、貿易も食料安全保障の論点となります。近年は国際的な供給の不安定性や価格変動が拡大したため、貿易は大きな関心事です。食料の国際価格が上昇すると、輸入国では食料価格が上昇します。購買力の低い国や集団ではそれが直接、食料不安につながりやすい傾向にあります。

用語

食料不安
活動的で健康的な生活のために、食生活のニーズや食嗜好を満たす、十分な量の安全で栄養のある食べ物に安全にアクセスできない状況のこと。

ミクロレベルからマクロレベルまで広範囲な議論が必要

食料安全保障は対象の範囲によって論点が異なります。家計の貧困といった個人のレベル、自然災害などが問題となる地域のレベル、国民の食料調達といった国のレベルがあります。飢餓などのマクロの問題は、貧困や分配といったミクロの問題と結びついています。国際機関や各国援助機関による国際的な視点も欠かせません。国際機関は自国民を守ろうとする国家とは異なり、普遍的人権の観点から世界の飢餓問題に取り組んでいます。おもな対象は食料不安の多い低所得国や紛争国です。さらに肥満などの栄養と健康の問題や、食料の生産基盤を支える環境面の持続可能性も、食料の確保に関わる事柄です。

このように食料安全保障の議論は広範にわたります。日本における食料安全保障の議論は国レベルにとどまる傾向があり、国際的な議論とやや相違があるため、後者を英語名で「フードセキュリティ」と呼び区別すべきとする主張もあります（18ページ）。

食料安全保障の規定要因と視点

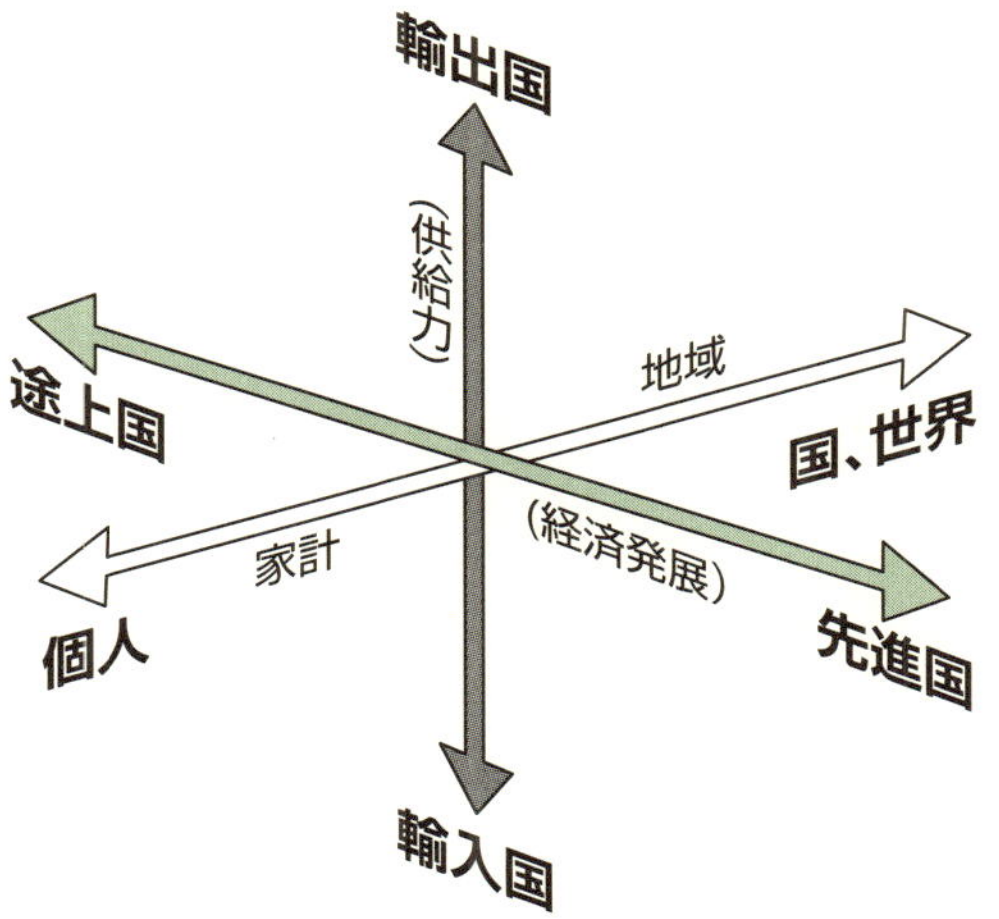

2 人口と食料のバランス

世界の穀物及び大豆の需要量は、総人口の伸び率を上回って増加

イギリスの経済学者であるマルサスは、著書『人口論』（1798年）において、「人口は等比数列的に増加するが、食料生産は等差数列的にしか増加しない。したがって、人口増加はやがて必ず食料生産の増加を上回り、食料の欠乏から、社会は絶望的な貧困と悪徳に陥る」と予言しました。これは、「**マルサスの罠**」として知られています。この命題に対して、世界の穀物及び大豆（以下「穀物等」）の需要と供給は、どのように推移してきたのでしょうか。

2023年の世界人口は、1970年に比べて2・2倍に増加しました。これに対して、世界の穀物等の需要量は小麦が2・4倍、米が2・5倍、トウモロコシが4・5倍、大豆が8・3倍に増加しました（アメリカ農務省、2024年）。世界の穀物等の需要量は、総人口の伸びを上回って増加しています。

トウモロコシと大豆の需要量は食用以外の用途で底上げ

特に、トウモロコシと大豆の需要量の伸びは、主食として消費される割合の高い小麦や米の需要量の伸びを大きく上回って推移しています。トウモロコシ需要量は、1人当たりの所得の増加による畜産物需要の増加に伴い、飼料用の需要が1970年以降、増加傾向にあります。加えて、2000年代半ば以降、トウモロコシを原料とする**バイオエタノール**需要量がアメリカを中心に増加し、全体の需要量の「底上げ」が起こっています。

また、大豆需要量については中国を中心に1人当たり所得の増加に伴い、植物油としての大豆油需要量が増加するとともに大豆ミールの需要量も増加し

用語

マルサスの罠
マルサスが著書『人口論』で指摘した「食料生産は人口増加に追いつかない」という説。人口は等比数列的（2→4→8→16）に増加するが、食料生産は土地資源の制約を受けるため等差数列的（1→2→3→4）にしか増加せず、やがて食料不足により飢餓などが発生し、世界の人口は生存ぎりぎりの水準で止まる、という考え方。

バイオエタノール
トウモロコシのようなでんぷん質原料やサトウキビのような糖質原料を発酵・蒸留して製造される燃料。

バイオディーゼル
大豆油、なたね油、パーム油等の植物油から

ています。さらに、2000年代後半以降、大豆油が原料の**バイオディーゼル**需要量がアルゼンチン、ブラジルを中心に増加し、これも大豆全体の需要量を「底上げ」しています。

地域・国レベルでは不均衡な穀物等の需給

このような穀物等の需要量の増加に対して、世界全体の穀物等の生産量は、天候要因や生産国の農業政策等による変動はあるものの、1960年代以降、増加傾向にあります。これは、マルサスが予想できなかった60年代からの**緑の革命**による品種改良、化学肥料、農薬等の**BC技術**、農業機械等の**M技術**等の導入・普及による単収、作付け・収穫面積の増加によるものです。穀物等の生産量は変動を伴いながらも世界レベルの生産量と需要量がほぼ均衡しています。ただし、地域・国レベルでは穀物等の需給の不均衡が生じており、2024年のFAO等の調査によると、サハラ以南のアフリカ地域では、ほぼ4人に1人が飢餓に苦しんでいる状態にあります。

世界の穀物等の需給と世界人口（右軸）の動向

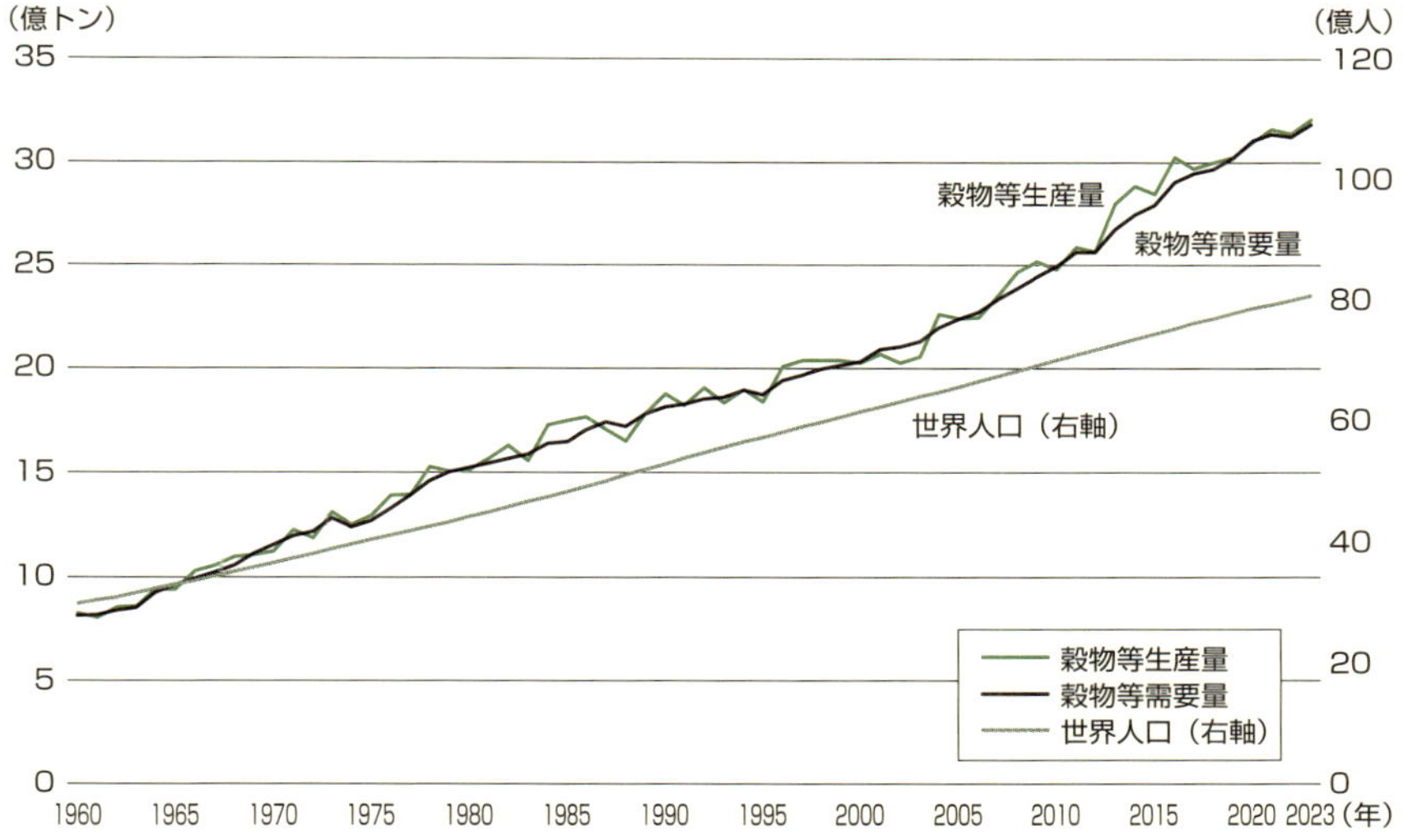

資料：USDA PS&D（2024年7月）及びUN World Population Prospects（2024）より作成

製造される燃料。

緑の革命　農業分野において、品種改良や技術革新を行い、食料の生産性を飛躍的に向上させた。おもに1960年代から、インドや東南アジアで進められた。

BC技術　生物・化学的過程のこと。生物学（Biology）・化学（Chemistry）の頭文字を略した用語。

M技術　機械学的な過程のこと。機械学(Mechanics)の頭文字を略した用語。

〈参考文献〉
USDA (2024) PS&D, USDA.
FAO et al, (2024) The State of Food Security and Nutrition in the World,2024 FAO et al

3 フードセキュリティとは何か

世界的な定義と4つの構成要素

世界的な「食料安全保障」は、「フードセキュリティ（Food Security）」と表されます。その定義は、2009年の**世界フードセキュリティサミット**で合意された「全ての人が、いかなる時にも、活動的で健康的な生活に必要な食生活上のニーズと嗜好を満たすために、十分で安全かつ栄養ある食料を、物理的、社会的及び経済的にも入手可能であるときに達成される状況」となります。フードセキュリティの概念は、世界、地域（地理的区分）、国、地方自治体、集落、家庭、個人レベルまでを包括しています。

いわゆる日本の「食料安全保障」は「国から個人レベルまでにおけるフードセキュリティ」に位置づけられます。また、フードインセキュリティ（Food Insecurity）とは、フードセキュリティが保障されていない状態を指し、食料不安を意味します。

フードセキュリティには、大きく4つの構成要素があります。1つめは量的充足を意味する「供給可能性（Availability）」です。これは、「国内生産または輸入によって供給される、適切な品質の食料の十分な量の確保」を意味し、「供給」には食料援助も含まれます。2つめが「物理的・社会的・経済的入手可能性（Access）」です。これは、「栄養ある適切な食料を獲得するために必要となる個人によるアクセス」を意味し、食料の購入に必要な所得などの購買力が重要な要素となります。3つめが「適切な利用（Utilization）」です。これは、「栄養的に満足な状態を達成するために、十分な食事、清潔な水、衛生、健康管理を通じた食料の利用」を意味します。最後は「安定性（Stability）」です。これは、「フードセキュリティを確保するために、いかなるときも

用語

世界フードセキュリティサミット
FAO主催による世界規模で食料問題について議論するサミット。

全世帯、個人が十分な食料にアクセスできること」を意味します。

フードセキュリティに2つの新たな構成要素が提案される

FAO（国連食糧農業機関）では、2020年以降、新たに2つの構成要素が提案されました。1つが「エージェンシー（Agency）」です。これは「個人や集団がどのような食品を食べるか、どのような食品を生産するか、また、フードシステムにおいて食品がどのように生産され、加工され、流通されるのかを決定する権利、フードシステム政策やガバナンスを形成するプロセスに参加できる権利」です。もう1つが「持続可能性（Sustainability）」です。これは「次世代に向けてのフードセキュリティと栄養を生成するための経済的・社会的・環境的基盤を損なうことなく、フードセキュリティと栄養を確保するための長期にわたるフードシステムの能力」です。FAOは、これらの構成要素の追加について、検討を進めています（2024年8月時点）。

フードセキュリティの定義

＜現行の定義＞		＜新たな構成要素の提案＞
供給可能性（Availability）	＋	エージェンシー（Agency）
物理的・社会的・経済的入手可能性（Access）		持続可能性（Sustainability）
適切な利用（Utilization）		
安定性（Stability）		

FAO（国連食糧農業機関）
世界経済の発展と人類の飢餓からの解放を目的とし、栄養水準と生活水準の向上、食糧と農産物の生産、流通の改善、農村の生活改善などに取り組む。

4 なぜ、世界で飢餓が起こるのか

飢餓発生には所得や分配等の問題も影響

飢餓とは、ＦＡＯの定義によると、食事からエネルギーを十分に摂取できないことで引き起こされる不快感や痛みを与える身体感覚のことです。さらに、活動的で健康的な生活を送るために十分な量のエネルギーを定期的に摂取しないことが慢性化することを意味します。同時に、栄養不足とは、十分に食料を得ることができない状態が最低1年間続く状態で、食事によるエネルギー必要量を満たすには不十分な食料摂取の水準として定義されています（ＦＡＯ等、２０２４年）。ＦＡＯ等の国際社会では、飢餓は慢性的な栄養不足と同じ意味で使用されています。

飢餓の発生の原因は、極端な食料不足を意味する**飢饉**のほかに、慢性的な貧困、不均衡な食料分配、紛争等が挙げられます。これまでも飢餓は食料生産が大幅に減少した時のみならず、慢性的な貧困により発生する事例が多く報告されています。このため、飢餓を減らすには、食料生産の拡大のみならず、貧困を解消し、人々が必要とする食料を購入できる、十分な所得を得られるようにすることに加え、人々の食料の均等な分配を阻害する社会的慣習等を変える取り組みが必要となります。

増加傾向にある世界の飢餓人口と肥満人口

世界の飢餓の状況を表す代表的な指標としては、栄養不足人口が最も多く使用されています。世界の人口に占める栄養不足人口の割合は、２００５年の12・2％から17年には7・1％に大幅に低下したものの、18年以降は上昇傾向にあり、23年には9・1％まで上昇しました（ＦＡＯ等、24年）。なかでも新型コロナウイルス感染症（ＣＯＶＩＤ-19）蔓延

用語

飢饉
地域的な食料生産または流通システムの失敗による一定地域内での極端な食料不足を意味する。

SDGs
Sustainable Development Goals。持続可能な開発目標。２０１５年９月25日に国連総会で採択された、持続可能な開発のための17の国際目標。

前後の19年から23年にかけて、世界の栄養不足人口は、1億5200万人増加しました。現在も世界の約11人に1人が飢餓に苦しんでいる状況にあります。特に、サハラ以南のアフリカ地域では全人口の23・2％とほぼ4人に1人が飢餓に苦しんでいる状態にあり、飢餓撲滅に向けて対策を講じる必要があります。世界の栄養不足人口の現状と傾向は、30年までに飢餓をゼロにするという**SDGs**の目標を達成する「軌道」には乗っておらず、達成が難しい状況だと考えられます（FAO等、24年）。

また22年には世界の3分の1を超える人々（約28億人）が健康的な食生活を送る余裕がないと推計されています。一方、**肥満**の問題も深刻化しており、世界の成人人口に占める肥満人口の割合は、12年の12・1％から23年の15・8％と増加しています。さらに、肥満には至らない**過体重**人口も世界的に増加傾向にあります（FAO等、24年）。国際社会としては、栄養不足の一方で肥満・過体重という、両極端な問題に同時に取り組んでいく必要があります。

世界の栄養不足人口の推移

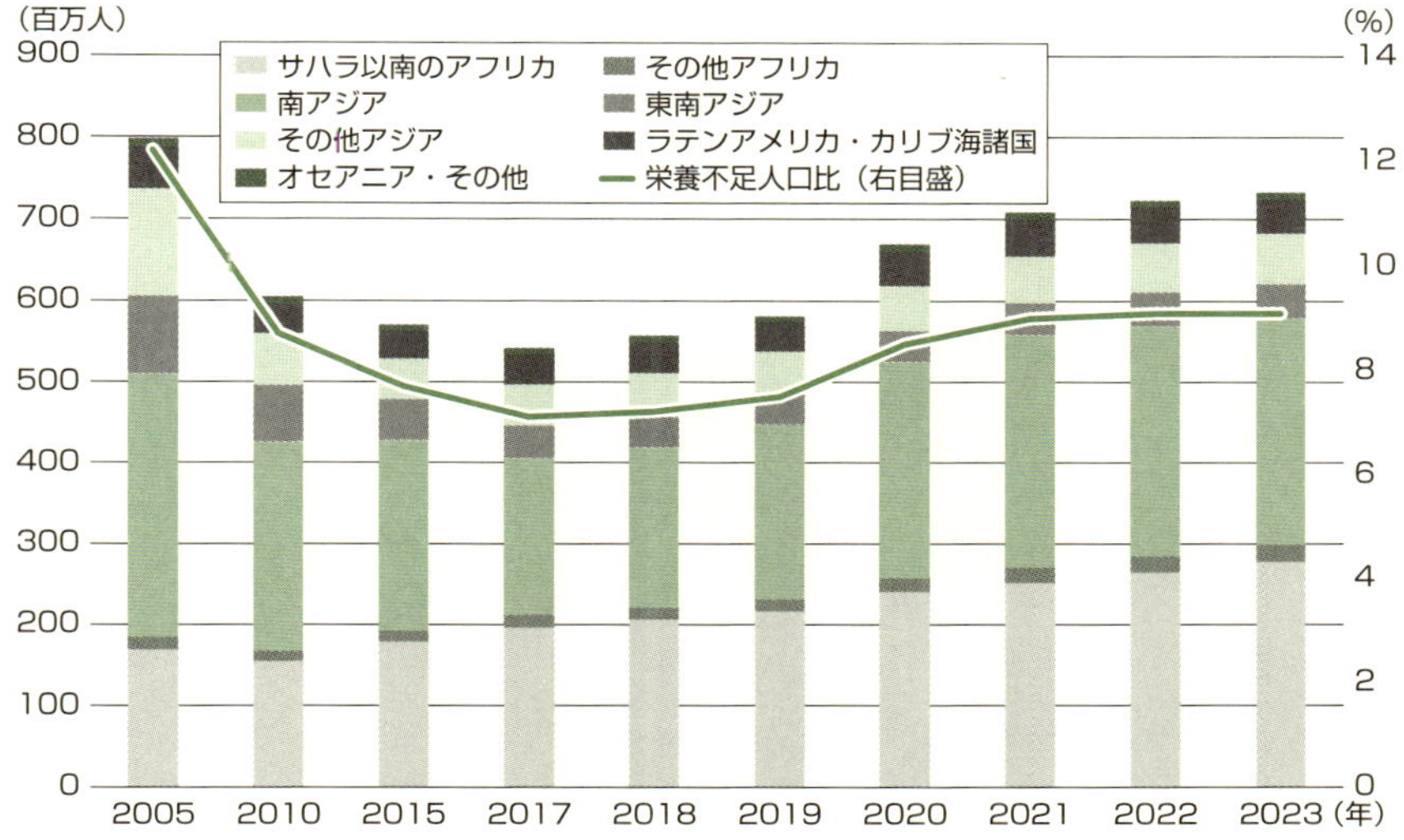

資料：FAO et al.（2024）より作成

〈引用文献〉
Dando W（1980）“The Geography of Famine”. Edward Arnold, pp.62.
FAO et al.（2024）The State of Food Security and Nutrition in the World, 2024, FAO et al.

肥満
WHOの定義によると、BMI（ボディマス指数。体重を身長の2乗で割った指数）が30以上の状態。

過体重
WHOの定義によると、BMIが25以上の状態。

5 先進国における食料安全保障

先進国・途上国、輸出国・輸入国で食料安全保障の関心事は異なる

食料安全保障は先進国のうちでは、特に食料輸入国で重視されています。EU、スイス、日本では食料安全保障が農業政策の第一の目標となっています。いずれも食料安全保障の定義に、良質な食料の常時・安定的な入手を挙げています。一見、フードセキュリティの定義（18ページ）と似ていますが、具体的な課題は途上国と異なっています。

先進国では、購買力や技術力、貿易活動、運送・流通インフラの整備などにより、高度で安定した食料供給と消費を実現しています。所得水準の高さや所得再分配制度、社会政策によって、食料不安の問題は一部の低所得層に限られるのが通常です。平時の食料安全保障は相当程度達成されていることから、先進国では異常気象や戦争、原子力災害、パンデミックなどの不測の事態への備えや、中長期的な観点が重視される傾向となります。

先進国の間でも、食料の輸入国と輸出国では食料安全保障の見方は大きく異なります。食料輸入国は輸入依存に対する警戒感や、農業の競争力の弱さを背景に、国全体の食料供給確保が大きな課題として認識されています。輸入の不確実性を抑制するために、農業保護による生産能力の維持・拡大を図り、国内自給度の維持・引き上げを目指します。各種リスクに備えた食料備蓄もみられます。輸入先の選択や分散も重要です。ヨーロッパでは、EU加盟国間の貿易は信頼性が高いとみなされています。

一方、アメリカやオーストラリアのような食料輸出国では国内生産に余裕があるため、国全体の食料供給確保はあまり意識されていません。アメリカにおける食料安全保障の政策は、国内の低所得者向け

の食料援助や、輸出による世界への食料供給促進、将来の輸出市場開拓につながる対外食料援助です。

量の確保に限らず、多様な食料の確保や環境問題も視野に

先進国の食料安全保障は、単なる生存に必要な最低限の食料の確保だけではありません。安定供給・品質に対する流通・食品加工産業の要求水準は高く、消費者も豊富で多様な食料に慣れ親しんでいます。緊急時にも、平時の消費や事業をできる限り維持することが求められます。不測の事態に際しては、深刻化する前の予防措置として、小規模な需給の混乱にも早めに対処する傾向にあります。

また現在、食料安全保障は環境・気候対策との両立が課題です。それは環境問題の深刻化に加えて、資源・生態系・気候の保全が、食料の安定的生産、食料安全保障につながるためです。ヨーロッパでは特に環境・気候対策を積極的に進めています。一方、環境負荷の低減は農業生産の縮小や収益性の低下につながりやすいため、調整は容易ではありません。

ヨーロッパと日本における食料安全保障の定義

EUの定義「十分で安全かつ栄養のある食品への常時アクセス」
（CAP戦略計画規則前文）

スイスの定義「国民がいかなる時にも質の良い食品を
手頃な価格で十分な量入手できる」
（農業政策2022協議文書）

日本の定義「良質な食料が合理的な価格で安定的に供給され、かつ、
国民一人一人がこれを入手できる状態」
（食料・農業・農村基本法）

6 経済発展と土地資源

経済発展が与える食料消費と農業、貿易への影響

経済発展は、世界の食料消費と農業のあり方を大きく変化させ、農産物の貿易パターンにも変化を及ぼします。どのように農業や貿易が変わっていくのかは、各国の**土地資源**の影響を強く受けます。

経済の発展や所得水準の向上につれて、人口1人当たりの食料の消費量は拡大し、次いで食べ物の種類が多様化していきます。多くの場合、畜産物や青果が増加し、穀物などのでんぷん質の割合が低下します。畜産は飼料生産に多くの農地を使用することから、食料供給に必要な農地面積は膨張します。これに人口増加が伴うので、食料消費と農地面積はさらに拡大します。そして国内の農地面積が足りない場合や、国内では生産が難しい作物の需要が拡大する場合は、輸入が行われます。人口に比して農地が少なく、食生活が大きく変化する国では、農地の少なさなどの農業条件が国内生産の制約になります。東アジアや東南アジアの多くの国は、農地の少なさと食生活の洋風化の両面から、国内の食料自給率が伸び悩んでいます。

貿易の意義と制約・副作用

貿易は、世界の食料安全保障を支える重要な活動です。具体的な役割は、①農地が豊富で生産力の高い国から農地の不足する国への食料供給、②世界各地における作物の豊凶や各種需給変動による短期的な過不足の相殺、③農産物の安価な国からの効率的な食料調達、などが挙げられます。もし仮に貿易がなくなれば、食料輸入国では、食料の供給が減って食料の価格上昇が生じ、消費が縮小するでしょう。また作物の豊凶などによる変動を貿易で調整できな

用語

土地資源
農業生産や人間の生活に有効に利用できる土地のこと。

くなるため、多くの国で食料不足の発生確率が高まり、備蓄を拡大することになるでしょう。

一方で、貿易には制約が伴います。国際市場で輸入を続けるためには、購買力の維持が必要です。例えば、穀物の国際価格が高騰したとき、購買力の高い富裕国では大量の穀物を燃料原料や飼料にも使い続ける一方、低所得国は、買い負けて十分な輸入ができず食料不安が悪化します。

そして、中国やインドのような人口大国は、無制限に輸入を拡大できません。潜在的需要が国際市場の供給能力を上回る可能性があり、その場合は、買いたいだけの食料が市場にないからです。

また、安価な農産物の輸入を拡大することで、国内の農業が衰退し、自国の食料生産能力が損なわれるという副作用もあります。これらはいずれも、貿易が円滑であっても生じる問題です。

土地資源のあり方によって、経済発展後の農業のあり方も変わる

経済発展によって畜産物や青果の割合が高まるな

世界各国における人口1人当たりの所得水準と穀物供給量（2022年）

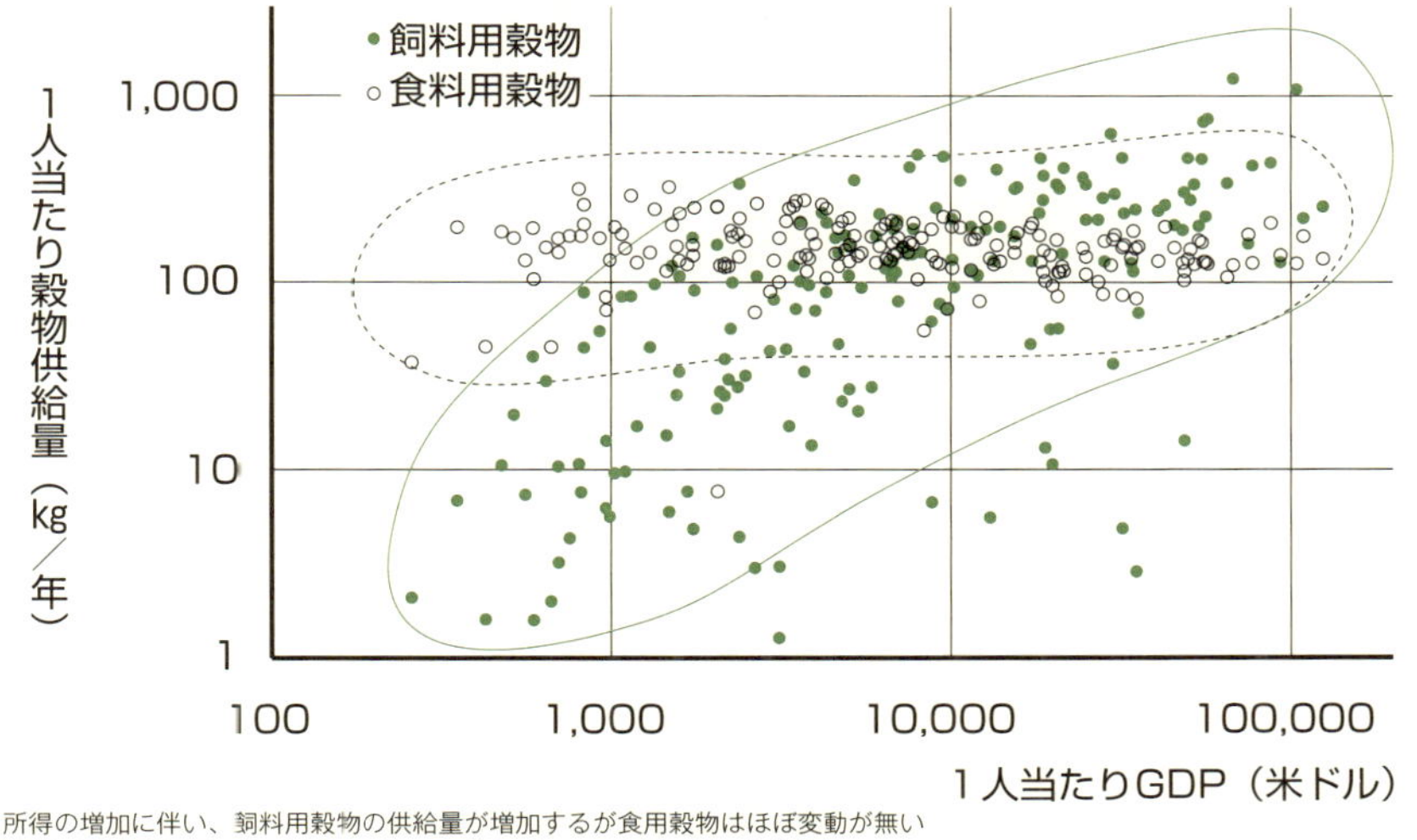

所得の増加に伴い、飼料用穀物の供給量が増加するが食用穀物はほぼ変動が無い
資料：FAOSTAT、World Development Indicatorのデータにより作成
注：飼料用穀物供給量の極端に少ない国は都市国家、離島、砂漠など畜産が困難な地域

ど、消費と農業生産は変化していきますが、それに加えて農業のあり方にも大きな変化が生じます。

経済発展が進むと、経済全体に占める農業の割合は縮小します。農業生産は生物である作物と、土壌や気候に左右される部分が大きく、また全体の需要も消費者の食料摂取量に制約されるので、工業や情報通信技術などと比べて急速な拡大が困難なためです。農業より収益性の高いほかの産業部門へと労働力が移動するため、残った農業者の経営面積規模は拡大しますが、それでも農業の収益性はほかの産業に比べて低い傾向です。どの国も自国で食料生産を維持したいと考えており、また経済発展によって財政余力ができるため、農業は政府の補助金などで守られます。農業は途上国では重要な税収源ですが、先進国では助成と保護の対象に転換するのです。

輸入依存度が高く、土地資源の乏しい国は安定供給のリスクを抱えている

経済発展は農業の国際競争力も変化させます。経済発展に伴って国内の労働費用や地価が上昇することで、農業の生産費用は上がり、国際競争力が低下する傾向にあります。特に、人口1人当たりでみた農地の少ない国の農業は、平均的な経営面積規模が小さく、穀物などの**土地利用型農業**の生産費用が著しく高くなります。一方、経済発展とともに輸入に必要な購買力が増すため、自国の農業の生産費用が上がった国では、比較的安価な農産物の輸入が拡大します。逆に農地の豊富な国は土地利用型作物で高い国際競争力を有しており、政府の補助金を得ながら輸出を拡大していきます。

農地の国際的な分布は偏っており、主要農産物の貿易パターンは、新大陸やロシアなど一部の大規模な輸出国と、多くの輸入国に分かれます。経済発展はその傾向をさらに強化します。農業の競争力が低い国や農地が不足している国、あるいはその両方に該当する国は、輸入を拡大して食料の自給率を低下させています。日本・韓国・台湾の大幅な輸入依存はその顕著な例です。この状況は安定供給のリスク要因、つまり食料安全保障上の問題といえます。そ

用語

土地利用型農業
米、麦、大豆など、広い土地で大規模に展開される農業。

のため、輸入依存度の高い国では、農業保護によって自国の農業を輸入品との競争から守ろうとするのです。

農地に恵まれない国ほど農業保護に注力している

農業の国際競争力が低い国では、農業保護措置によって自国の生産を維持しようとします。農業所得の水準が他の産業よりもかけ離れて低くなることを防ぎ、農業者を農業にとどめる効果が期待されています。所得水準の高いOECD加盟国間で農業者の収入に占める助成相当額の割合を比較すると、農業条件の格差が強く反映していることが見て取れます。高緯度寒冷地や山岳国など農業条件の不利な国で値が高く、日本もその中に含まれています。逆に人口密度が低く、農地などの資源に恵まれたオセアニアのオーストラリアとニュージーランドは、農業保護がほとんどありません。また、EUとアメリカは**財政移転**がほとんどであるのに対して、日本や韓国は財政移転の割合が小さいことが分かります。

農業保護指標（%PSE）の国際比較（2021年）

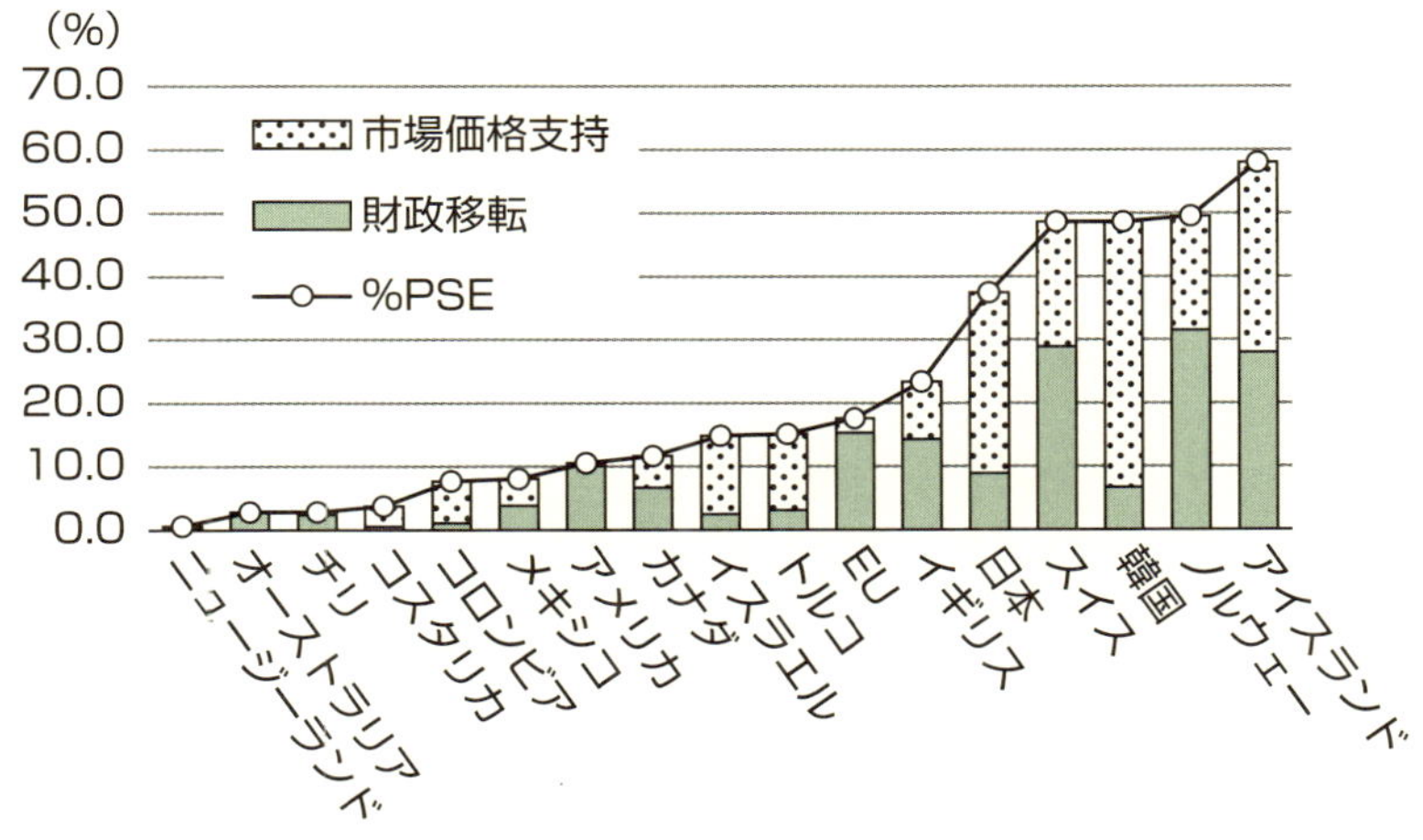

資料：経済協力開発機構（OECD）のデータにより作成
注：%PSEは農業の収入に占めるPSE（生産者支持推定量）の割合。PSEは、財政移転と市場価格支持（関税などによる内外価格差の寄与分）の合計

財政移転
税金として徴収した財源を、補助金などの形で再分配すること。農業保護は関税等の国境措置や国内価格支持を含む。

7 日本における食料安全保障とは何か

日本が抱える2つの食料安全保障上の不安

日本にとっての食料安全保障上のおもな問題は、輸入依存とその不確実性、そして国内生産基盤の脆弱化といえます（第5章）。日本は平素、高度の食料安全保障を実現しているといえます。概ね必要な食料を入手でき、多彩な食品を享受し、世界最高水準の平均寿命を保っています。しかし、こうした日本の食料供給は、海外からの輸入に大きく依存しており、国内外の両面で不安があります。輸入は国内生産と異なり日本の主権が及ばないためコントロールが不可能で、国際的な食料需給情勢は不安定要素（第2章、第3章）がつねに伴います。また、世界における日本の経済的地位が低下するにつれて、輸入食料を買い付ける力が弱まっていく不安もあります。円安も輸入には不利に働きます。

食料の輸入依存度が高く、かつ輸入の安定性に不確実性があるため、不測の事態における安定的な食料供給源として、国内の農業生産の重要度が増しています。国内農業であれば必要時には増産を行い、国民の食料確保に貢献できるからです。にもかかわらず、国内農業の生産基盤は脆弱化が進んでいます。高齢化と担い手不足、耕作放棄や灌漑施設の老朽化が問題です。過去における輸入の途絶や不安定化の経験（116ページ）から、国内で最低限の食料生産力を維持する必要があると認識はされていますが、現実にはこのような懸念を抱えています。

人口1億人以上を抱える国としては、農地面積は異例の少なさ

日本の農業と食料供給の問題の根本に、農地資源の希少さがあります。日本の人口1人当たりの耕地面積は3a強と、人口1億人以上の国としては最少

です。日本が輸入している農産物の生産には、日本にある農地の2倍程度の面積が必要とされており、現在の食生活を維持するには輸入が不可欠です。また、日本のように人口対比で農地の少ない国は、経営面積規模も小さい傾向にあります。農地の豊富な欧米諸国の平均規模は、EU、アメリカ、オーストラリアの順に日本より1桁ずつ上回っています。しかも、日本は山国で平坦な農地が限られており、農業の生産条件はさらに不利です。そのため日本は貿易自由化とともに農産物の輸入が拡大し、国内の農業経営が圧迫されています。農地が不足していながら、水田が余って耕作放棄が進むという矛盾した状況になっています。日本の穀物自給率の低さは、耕地の希少さと所得水準だけをみれば妥当な範囲ですが、人口1億人以上の国としては異例です。

また、農産物だけでなく農業資材（肥料原料、種子、燃料）も輸入に頼っています。加えて、近年は経済格差や小売店の撤退などにより一人一人の食料の入手可能性も課題となっています（136ページ）。

世界各国の人口と1人当たり耕地面積（2014-2018年の平均値）

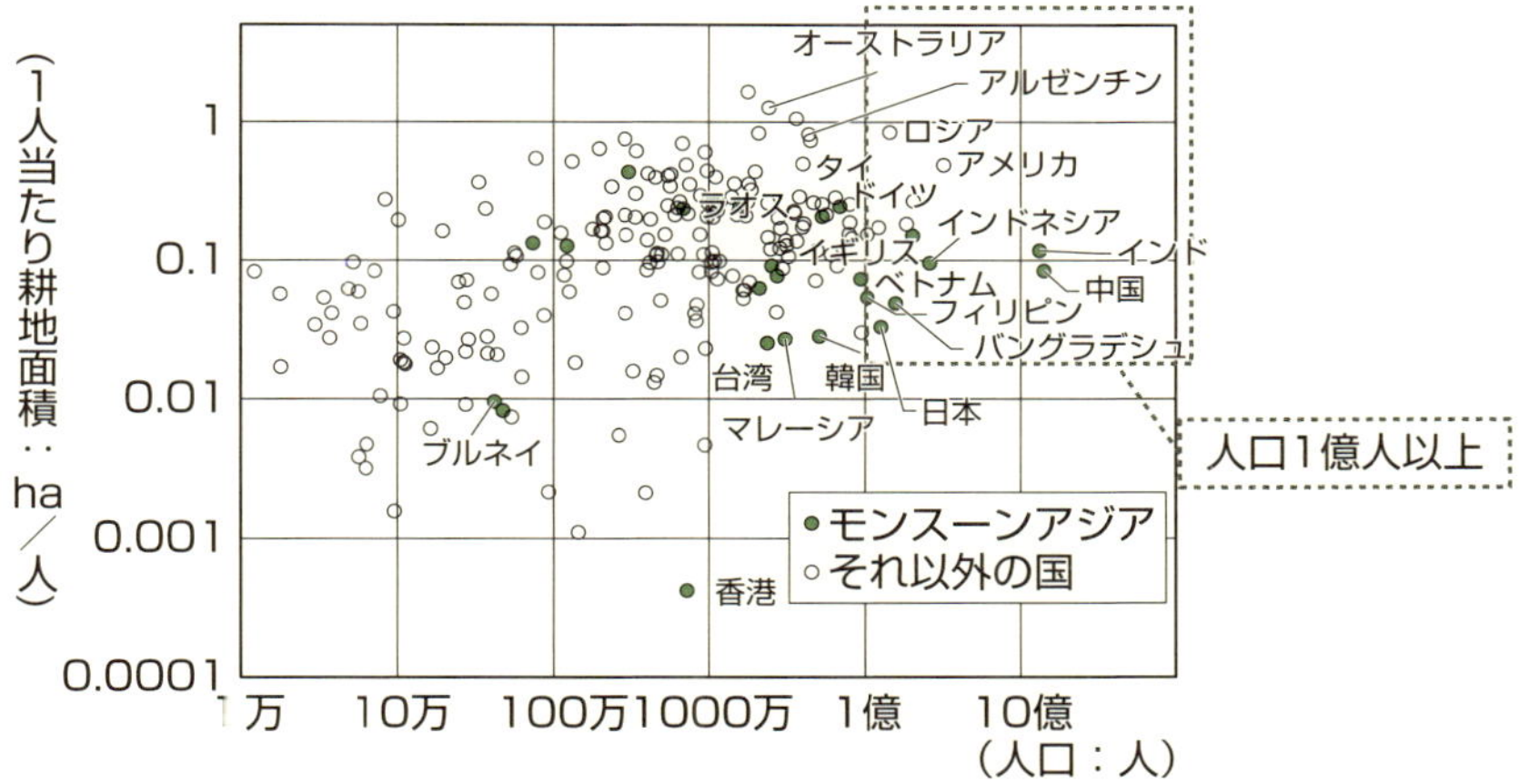

資料：FAOSTATデータにより作成
注：モンスーンアジアとは、アジア地域の中でモンスーン（季節風）の影響を受ける地域を指す

8 食料自給率とは何か

食料自給率の読み解き方

食料自給率とは、国内向けの食料供給に対する国内生産の割合です。国内生産が国内需要にどれだけ応えているかを表しており、日本においては輸入依存の指標として意味があります。規模を取り除いた比率であるため、経時変化の把握や品目間比較のほか、国際比較にも適しています。例えば日本の食料自給率（カロリーベース）は先進国の中ではかなり低く、穀物自給率は人口1億人以上の国としては最低の水準にある、といった分析が容易です。

ただし食料自給率は万能ではありません。食料自給率は1998年頃から横ばい傾向が続いていますが、分子となる国内生産は縮小しています。これは、高齢化などによって分母となる需要量が縮小したために自給率は安定し、生産基盤の脆弱化が見え難くなっているのです。また、貿易が途絶すれば食料自給率は100％に上昇しますが、それは決して望ましい状態ではありません。その点では自給率は平時に有用な指標と言えそうです。

自給率は尺度や品目によって用いる種類が変わる

自給率には種類があり、供給と生産の規模を計る尺度（ベース）や、対象品目の範囲が異なります。

基本的な自給率は「品目別自給率」です。重量ベースで計算され、「国内生産量／**国内消費仕向量**×100（％）」で表されます。穀物などの自給率はこの方法で計算できます。品目間の合算は、穀物同士など、ある程度の同質性が前提です。

それに対して異質な品目同士、例えば米と牛乳とレタスといった集計に重量を用いても、意味のある結果は得られません。そこで重量の代わりに、異な

用語

国内消費仕向量
1年間に国内で消費に回された食料の量（国内市場に出回った食料の量）を表す。国内生産量＋輸入量－輸出量－在庫変化で表される。

る品目間で合計しても意味のある尺度を用います。すべての品目を包含する総合食料自給率には、「カロリーベース」と「生産額ベース」の2種類があります。品目別の重量を、それぞれ熱量と金額に換算して計算したものです。いずれも輸入された飼料と加工原料の寄与は差引かれています。また、飼料自給率は各種の飼料をTDNに換算して計算されます。

2種類の総合食料自給率のうち、栄養価に基づいたカロリーベースは、物理的な食料供給の状態を表すため、食料安全保障の指標として適切だといえます。一方、生産額ベースは経済的価値に着目したもので、比較的低カロリーな野菜の生産などが反映されます。熱量だけでは表現できない多様な食生活を反映できますが、単価の高い品目の比重が増すので食料安全保障と直接は結びつきません。また、国産農産物の高値や、国内外の価格変動に影響されます。2020年から国内畜産の活動を反映し、輸入飼料の寄与分を差引かない「食料国産率」も算出されています。家畜には備蓄の機能もあります。

日本における各種の食料自給率（2022年度）

尺度 (ベース)	品目別	総合および飼料
重量	・品目別自給率 ・穀物自給率　29% ・主食用穀物自給率　61%	・飼料自給率　26% ・粗飼料自給率　78% ・濃厚飼料自給率　13%
熱量	・カロリーベース 食料国産率　63%(畜産)	・カロリーベース 総合食料自給率　38% ・カロリーベース 総合食料国産率　47%
生産額		・生産額ベース 総合食料自給率　58% ・生産額ベース 総合食料国産率　65%

資料：農林水産省「食料需給表」より作成
注：飼料自給率各種はいずれもTDN（可消化養分総量）換算
注：食料国産率は加工原料の輸入による寄与分を控除
注：総合食料自給率は飼料および加工原料の輸入による寄与分を控除

TDN
Total Digestible Nutrients（可消化養分総量）の略。飼料のエネルギー含量を示す単位のひとつで、家畜家禽によって消化吸収される養分量を合計したもの。

9 化学肥料の投入による食料生産の増大

無機質肥料の登場

「食料の食料」といわれる肥料の確保は食料安全保障の隠れた主役といっても過言ではありません。人類は古代より、焼き畑の**草木灰**、家畜や人間の排せつ物、マメ科の緑肥作物といった有機質を肥料として利用してきました。しかし、自然由来の有機質の肥料は植物の育成に効率が悪く、入手量にも限りがあるため、大量生産が難しいという問題がありました。

肥料をめぐる状況に大きな変化が起きたのは、鉱物資源の肥料化が始まってからです。19世紀、南米で産出される**硝石**や**鳥糞石（グアノ）**という鉱物がイギリスをはじめヨーロッパへ運ばれ、優れた効果のある肥料だとわかりました。無機質肥料の時代の幕開けです。

それを理論的に支えるように、ドイツの化学者であるリービッヒが、１８４０年に自身の実験結果に基づいて、植物の栄養源は、**腐植**のような有機物ではなく、アンモニア（または硝酸）、**リン酸**、**カリウム**などの無機養分であるという「無機栄養説」を唱え、書籍『化学の農業および生理学への応用』を出版し、化学肥料の発展を促しました。

ハーバー・ボッシュ法で窒素固定に成功

さらに、穀物の増産に最も重要な**窒素**肥料を、工業的合成によって生産できる方法が発明されたことで、人類は飢餓から救われたといえます。19世紀末になると、窒素肥料となる南米産の硝石は早くも枯渇の危機が訪れ、空気の78％を占める窒素ガスを、アンモニアに固定する手法の研究がヨーロッパで急速に進められました。そして１９０６年に、ドイツ

用語

草木灰
草や木を燃やして作った有機質肥料のこと。リン酸やカリウムが含まれる。また、石灰分も含んでいるため、土壌の酸度調整の効果もある。

硝石
硝酸カリウムの鉱物。砂漠地帯、乾燥地帯で産出される。

鳥糞石（グアノ）
海鳥などの糞が堆積し固まったもの。

腐植
土壌中の微生物や、植物や動物の死体が分解された有機物。

リン酸
元素記号はP。花や実のつきをよくする成分。

の化学者ハーバーとボッシュが窒素肥料の原料であるアンモニアの工業的合成に成功します。以来「ハーバー・ボッシュ法」として定着し、世界は有機質肥料の制約から解放されたのです。化学肥料の使用により、穀物収穫量が飛躍的に増加し、人類は「**マルサスの罠**」のくびきから解放されました。その結果、20世紀には、世界の人口は約4倍に増大しました。この画期的な発明により、ハーバーとボッシュはともにノーベル化学賞を受賞しました。

ちなみに、リン鉱石は19世紀後半以降に、アメリカやアフリカ北西海岸などで相次いで発見され、動物の骨などから得ていたリン酸肥料からとって代わりました。カリ鉱石も19世紀半ば以降に、ドイツなどで発見され、それまでの草木灰にとって代わりました。

化学肥料が支えた人口の増加

窒素肥料の大量生産と大量使用は、第二次世界大戦以降に本格化しました。FAOの統計を見ると、

世界の穀物生産量（左軸）と窒素肥料使用量（右軸）

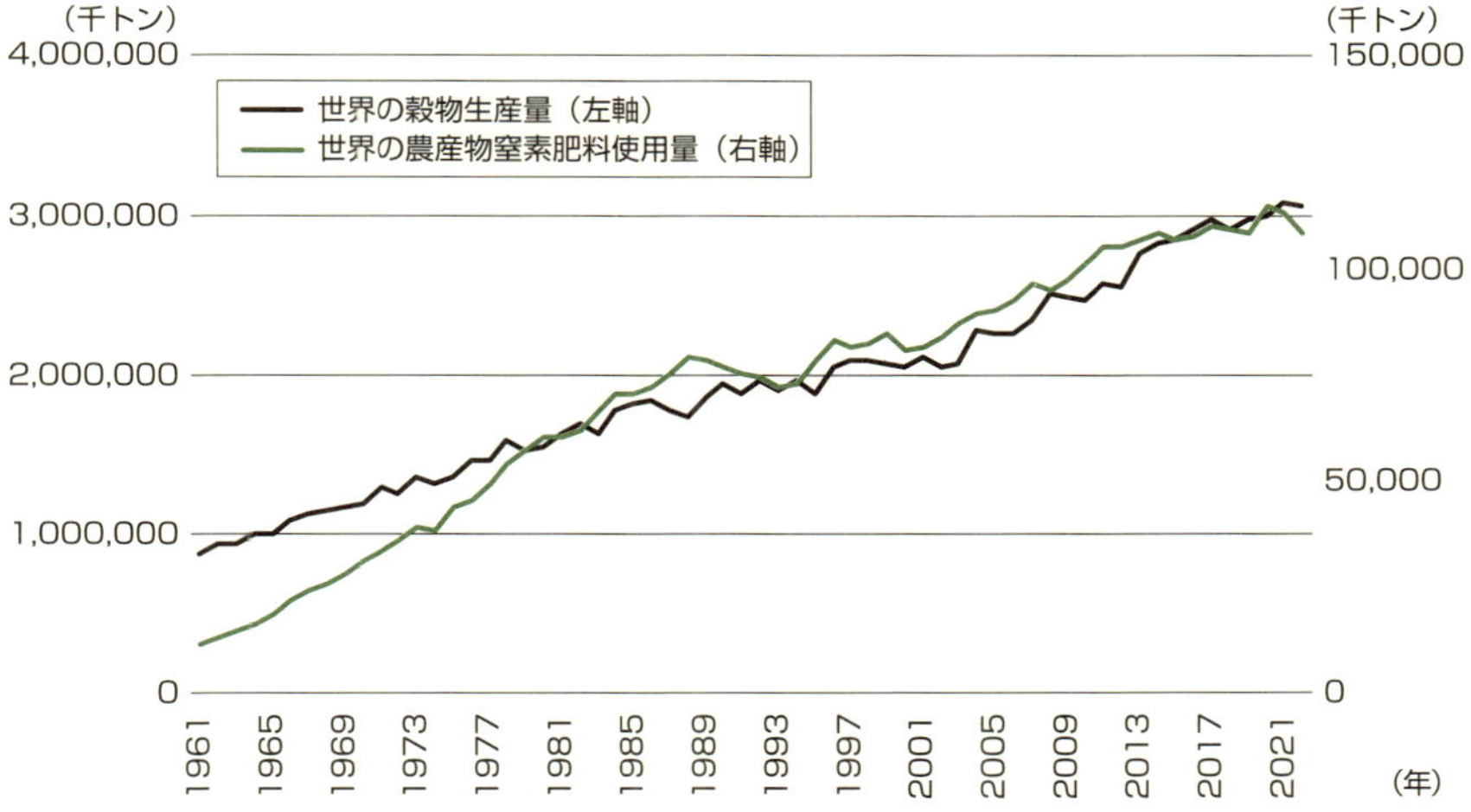

資料：FAOSTATより作成

カリウム
元素記号はK。植物体内の新陳代謝を促し、根の発達をよくする成分。

窒素
元素記号はN。光合成を促し、葉や茎の成長に欠かせない成分。土壌中ではアンモニア態窒素あるいは硝酸態窒素の形で植物に吸収される。

マルサスの罠
→16ページ。

1961年時点で農業分野の窒素・リン酸・カリウムの使用量はほぼ三等分でしたが、その後、窒素肥料の使用はリン酸とカリウムを大幅に上回り、80年代になると3つの肥料合計に占める窒素の割合は5割、90年から今日までは約6割を占めています。

化学肥料の使用はヨーロッパや日本などの先進国が先行し、中国やインドなどの途上国が追い上げてきました。1961年の耕作地単位面積当たりの窒素肥料使用量を見ると、日本は84・3kgでイギリスなどヨーロッパの先進国とともに最高水準です。これは当時の中国の16倍、インドの54倍にもあたります。中国は70年代後半から、ベトナムは80年後半から使用量が急増し、インドは今日まで緩やかに増えています。

化学肥料の投入に比例する穀物の単収

2022年までの半世紀でみると、農業分野の窒素肥料の施用量は199・5%増加しましたが、これによって世界の穀物生産は143・1%の増産となりました。まさに窒素肥料の投入増加による穀物の大増産が、倍増した世界の人口を養ったのです。もちろん、これは世界全体を平均しての話であり、地域や国の経済水準によって、化学肥料の使用量は大きく異なり、結果的に穀物の単収も、国民1人当たりが消費できる食料のカロリーも、大きく異なります。

アジアとアフリカを比較してみると、耕作地単位面積当たりの化学肥料使用量は、21年までの60年間に、アジアが21・7倍増したのに対して、アフリカは4・6倍増にとどまりました。穀物の単収は同期間でアジアは2・6倍になりましたが、アフリカは1・2倍の上昇と、アフリカにおける化学肥料の普及は漸進的です。また、化学肥料が穀物増産に効果を発揮するためには水も不可欠なため、アジアでは灌漑設備の整備がなされてきました。このことからアフリカでは今後、肥料増投と灌漑の拡大を進めることで、穀物の単収が増加する余地のあることを示しています。

世界農業分野の窒素、リン酸、カリウム肥料の使用量

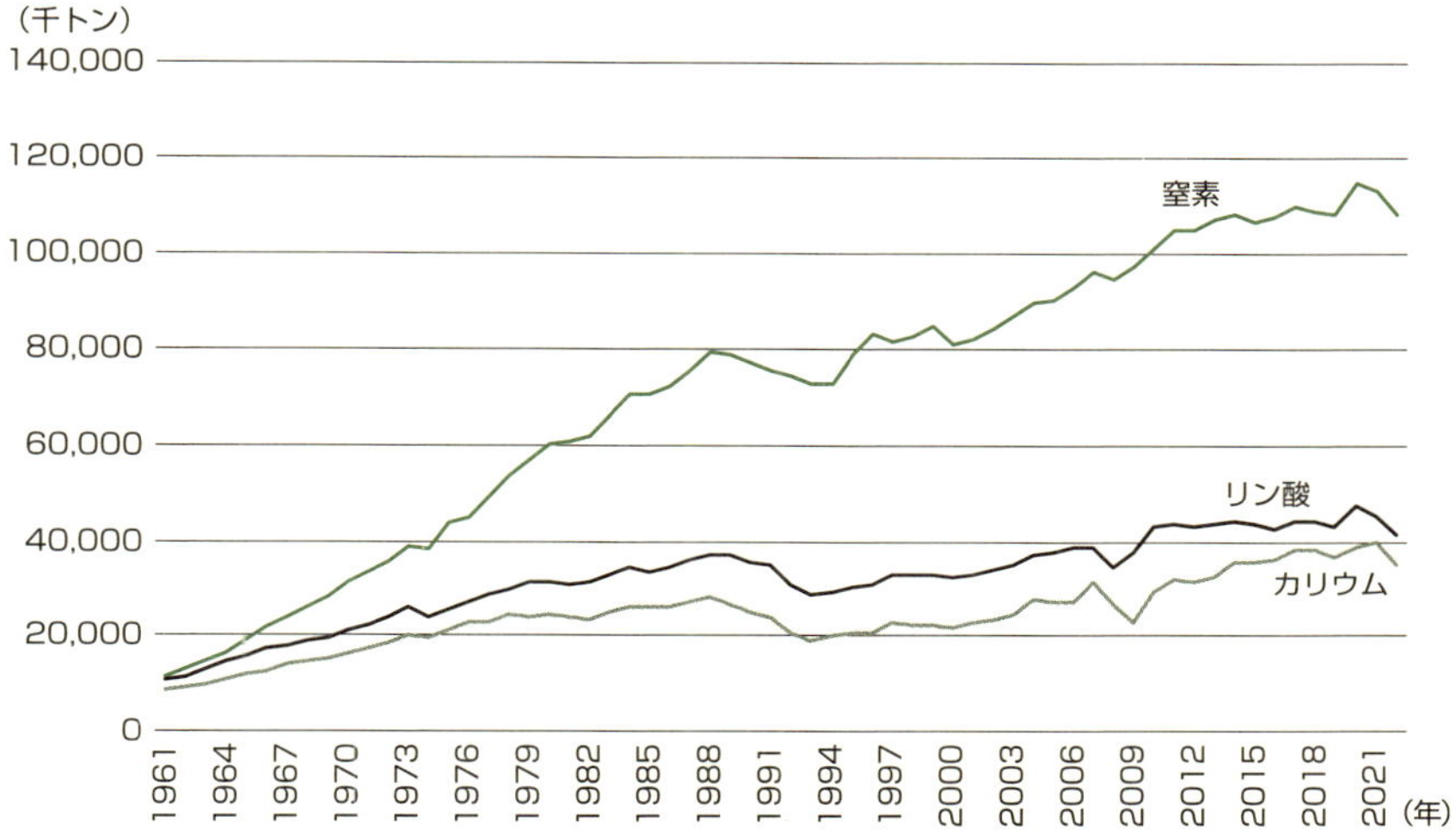

資料：FAOSTATより作成

アジアとアフリカの作物単位面積当たりの化学肥料使用量と穀物単収

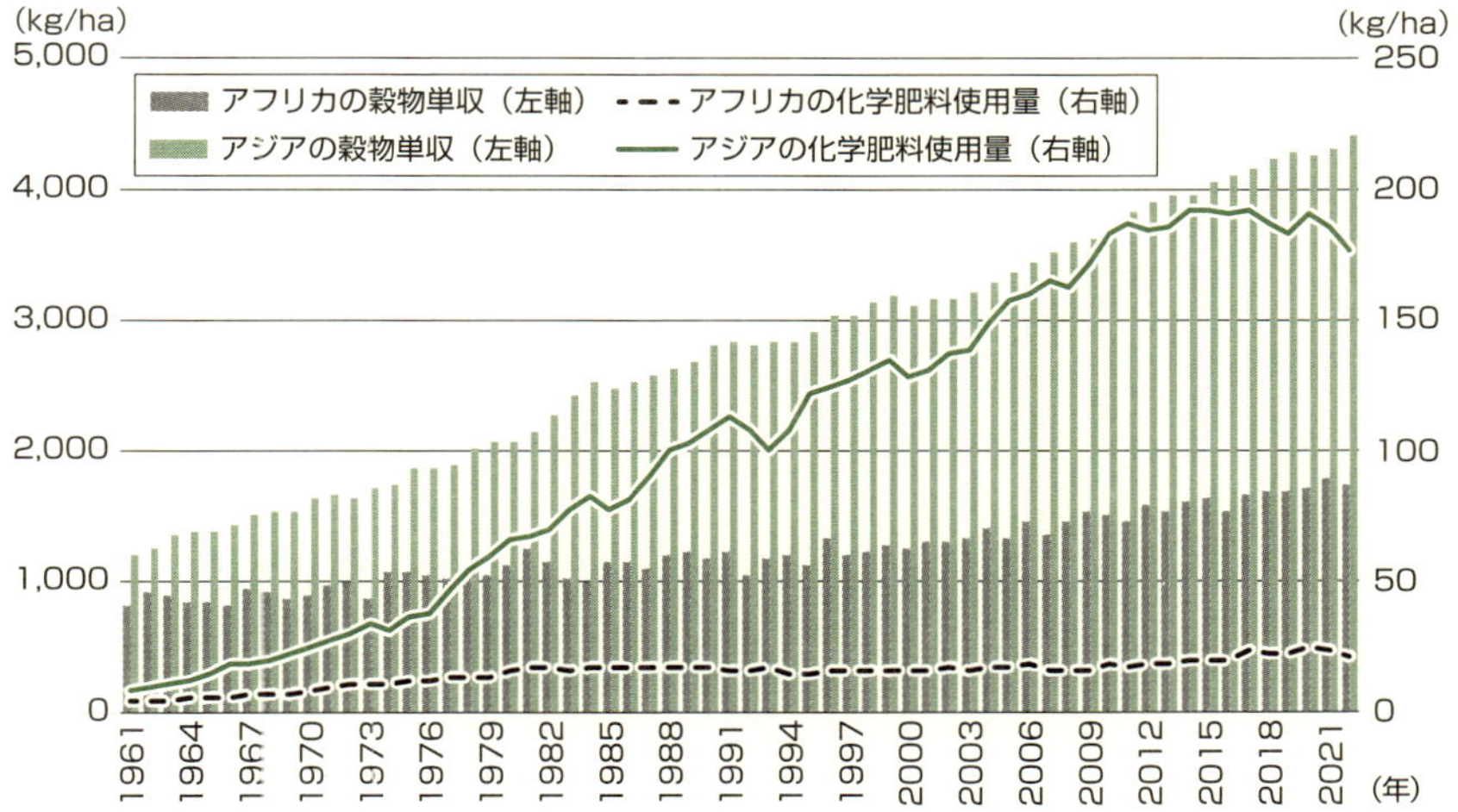

資料：FAOSTATより作成
注：農業分野の窒素、リン酸、カリウムの合計使用量となる

10 環境に配慮した持続可能な農業の模索

化学肥料がもたらす環境や人間への悪影響

数十年にわたる化学肥料の施用は、食料の大幅な増産をもたらしました。しかし反面、化学肥料による地下水汚染や、土壌有機質低下などの耕地劣化、農産物の肥料吸収率の低下、ＧＨＧ（温室効果ガス）の排出増加などが多くの国で発生しています。これ以上化学肥料を増やしても、収量の増産ができないところも増えてきています。また、化学肥料とともに農薬の使用も増えてきましたが、その残留は環境や人類の健康に影響し、大きな社会問題となっています。

一方で、古代から貴重な有機質肥料として循環的農業を支えてきた家畜糞尿も、いまや多くの国で環境汚染をもたらしています。食肉需要の増加に応えるため、大規模な近代的畜産業が世界中で発展しましたが、大量の家畜糞尿は利用しきれずに、地下水汚染や河川・海水の富栄養化、温室効果ガス排出などの環境問題を引き起こす汚染源となりました。現在、家畜糞尿が有機質肥料として利用されないところも少なくありません。その要因の一つは、化学肥料に比べてその輸送や散布などの利用コストが高いことです。また、化学肥料に比べて肥効が弱く、速効性も乏しいため、作物が短期的には減産となってしまうことも要因として挙げられます。

化学肥料と有機質肥料の組み合わせで持続可能な農業を試みる

化学肥料による食料増産も、近代的な畜産業も、人類を養っていくには不可欠ですが、度を過ぎてしまうと、持続性が脅かされてしまう可能性があります。多くの国では、規制と助成の両面から、家畜糞尿の肥料利用や、エネルギー利用の拡大を模索しています。

家畜糞尿の肥料利用の場合、安全性を高めるため、農地の栄養分などをモニタリングして農地への家畜糞尿の施用量を決めます。さらに国が輸送などの施用コストを補助して、施用拡大を図ってきました。肥効が不足したら、化学肥料を追加します。こうした組み合わせで土地の有機質が増え、農産物の収量も維持できます。このような取り組みはEU諸国が先行し、日本、アメリカ、中国、インドなどが追随しています。

作物の化学肥料の吸収率を高める方法や、家畜糞尿の肥料利用の拡大など、環境にやさしい農業の持続的発展の道は今後も模索されていくでしょうが、すでに一定の効果も見られています。耕作地単位面積当たりの窒素肥料の使用量を見ると、イギリスやフランスなどの先進国は90年代からすでに減少に転じています。日本は早くも80年代から米の生産量の減少とともに化学肥料の使用を縮小しています。中国は大幅に遅れましたが、2015年に化学肥料使用量のピークを迎え、減少の道を進んでいます。

耕作地単位面積当たりの窒素肥料使用量の推移

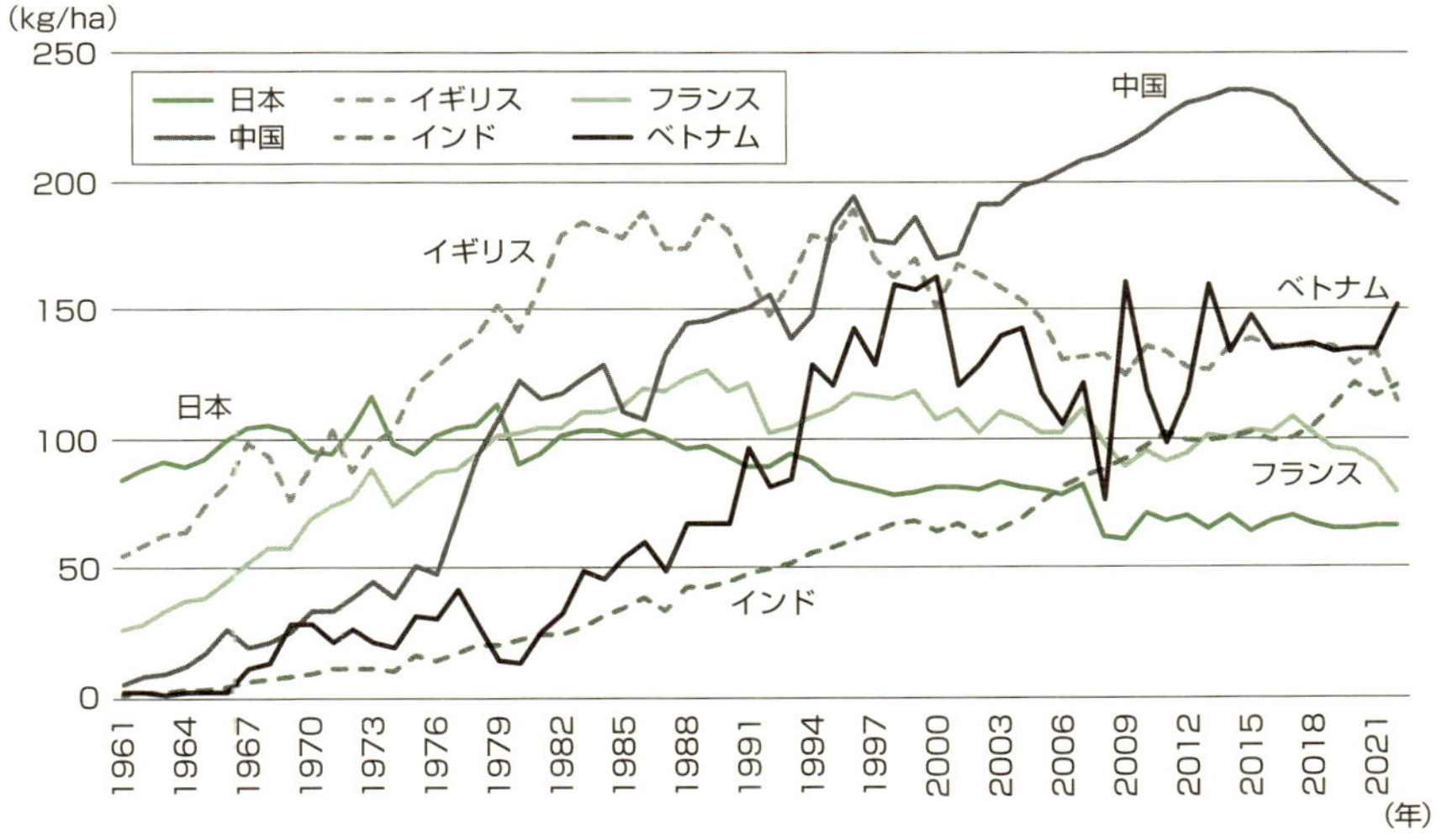

資料：FAOSTATより作成

column

国民として考え、消費者として行動する

世論調査からわかる国民感情の矛盾

食料自給率や国内農業の維持向上を求める世論が根強い一方で、自給率の低迷や自給力指標の低下に示されるとおり、世論は必ずしも行動に反映されてはいないようです。

政府の世論調査では、これまで大多数の回答者がほぼ一貫して、国内食料生産の維持強化を支持してきました。2014年の調査結果によると、食料について、「外国より高くてもコストを下げつつ国内で作る方が良い」９割超、「将来の供給に不安がある」８割超、「日本の自給率は低い」７割弱、「自給率を高めるべき」８割という具合です*。

2008年と2010年の調査では、「食料自給率を引き上げるために米中心の食事を心がける」と回答した人は全体の７割弱いましたが、１人当たりの米消費量は減り続けています。「国産食材を積極的に選ぶ」と回答した人は全体の４割強にとどまりました。2023年の調査ではこの割合は７割強に増えましたが、それは「農業者の数が４分の１に減少する見込みである」ことを知らせた上での結果です。ただし、食生活は加工食品・外食・中食への依存度を高めており、そこでは安価な輸入原料が多く使われています。

所得が停滞する「消費者」は、「国民」として国策に期待する

国民は国の政策に対して、消費よりも生産に期待する傾向にあります。2008年と2010年の調査では、自給率向上の施策として「国内生産対策」が５割弱、「消費面の取り組み」が３分の１の支持を得ました。2010年の調査では同時に、食料供給の不安要因として「自給力の低下懸念」が多く（８割超）挙げられ、向上が必要だとする回答者は９割半に上りました。

勤労者の所得が停滞し、食料価格が上昇する昨今では、高価な国産品の購入拡大は難しい面もあります。2023年調査では「安価な食品への切り替え」６割弱、「外食の削減」４割強と、生活防衛の色合いが濃くなっています。

上記の状況は日本に限ったことではありません。スイス農業者連盟の会長は国際会議で講演し、スイスの社会には農業と食料に対する姿勢に２つの側面があると指摘しました。国民としてのスイス人は環境保全や食料安全保障を欲するのに対して、消費者としてのスイス人は低価格と食品選択の機会を欲する、そしてこの乖離に対処する上ではコミュニケーションが鍵になるというのです。スイスは高水準の直接支払いで農業を支えていますが、それは国民としての側面に相当するのでしょう。

*各項目はそれぞれ、1987年、1990年、2000年、2008年以降調査

第２章

世界の食料安全保障はどうなっているのか

1 世界の人口80億人を養う3大穀物

3大穀物の発祥と世界への広がり

食料安全保障を確保するにあたって、まずは基本的な主食穀物の自給が重要です。

世界中の穀物のなかでも、米・小麦・トウモロコシは3大穀物といわれています。現在、主食穀物は世界的に米と小麦の2種類に収れんしつつあり、トウモロコシを主食とする地域は今ではわずかになっています。

穀物は人類が最初に栽培作物化した植物だといわれています。穀物はでんぷんの含有量が高いだけではなく、水分の含有量が約14%と低いため、長期保存が可能です。人類は穀物のおかげで、寒い冬を乗り越えることができるようになり、養える人口も増えていったのです。定住生活の人口が増えるとともに、開拓も進み穀物の栽培面積は増えていきました。

アジア発祥の米は、アジアの伝統的な主食穀物で、生産地域もアジアに集中しています。小麦の発祥地は、ペルシャ湾に注ぐチグリス川、ユーフラテス川の流域からエジプトに至る東地中海沿岸に広がる**「肥沃な三日月地帯」**とされています。小麦は伝統的にはヨーロッパの主食穀物ですが、その後、アジアやアメリカ大陸、オーストラリア大陸に広がり、サハラ以南のアフリカ地域を除いた世界全域で、主食穀物の地位を獲得しました。

トウモロコシはメキシコ周辺が発祥地で、伝統的にアメリカ大陸の主食穀物ですが、こちらはアフリカなどにも広がりました。トウモロコシは今でも、メキシコやサハラ以南のアフリカ地域で主食穀物の一つとなっています。しかし、これらの地域を除けば、トウモロコシは基本的には人間の主食ではなく、飼料穀物となっています。

用語

肥沃な三日月地帯
早くから農耕文化が成立したメソポタミアからシリア・パレスチナにいたる地域。

主食穀物の確保のため単収増加へ

多くの穀物のなかで、3大穀物が長らく人類の主食であり続けたのは、単位面積当たりの収穫量や栄養価、消化吸収率などにおいて、効率が抜群に高いためです。この3大穀物の作付面積は世界トップ3であり、現在、世界の農産物の作付総面積の4割を占め、地球上の80億人の人口を支える最も重要な作物となっています。

主食穀物を確保するため、世界各国は未開地を次々と開拓し、農耕地の面積を増やしてきました。ただし、当然ながら地球上の陸地面積は有限であり、森林や沼地など生態系の維持の面から、これ以上の耕地開拓が許されない段階に来ています。そこで各国は、穀物単収の増加に力を入れてきました。品種改良、灌漑システム、化学肥料や農薬の投入などにより、見事な結果を出しました。

世界平均の単収（ha当たり）をみると、1961年～2021年の60年間に、米は1869kgから4

世界の3大穀物の単収

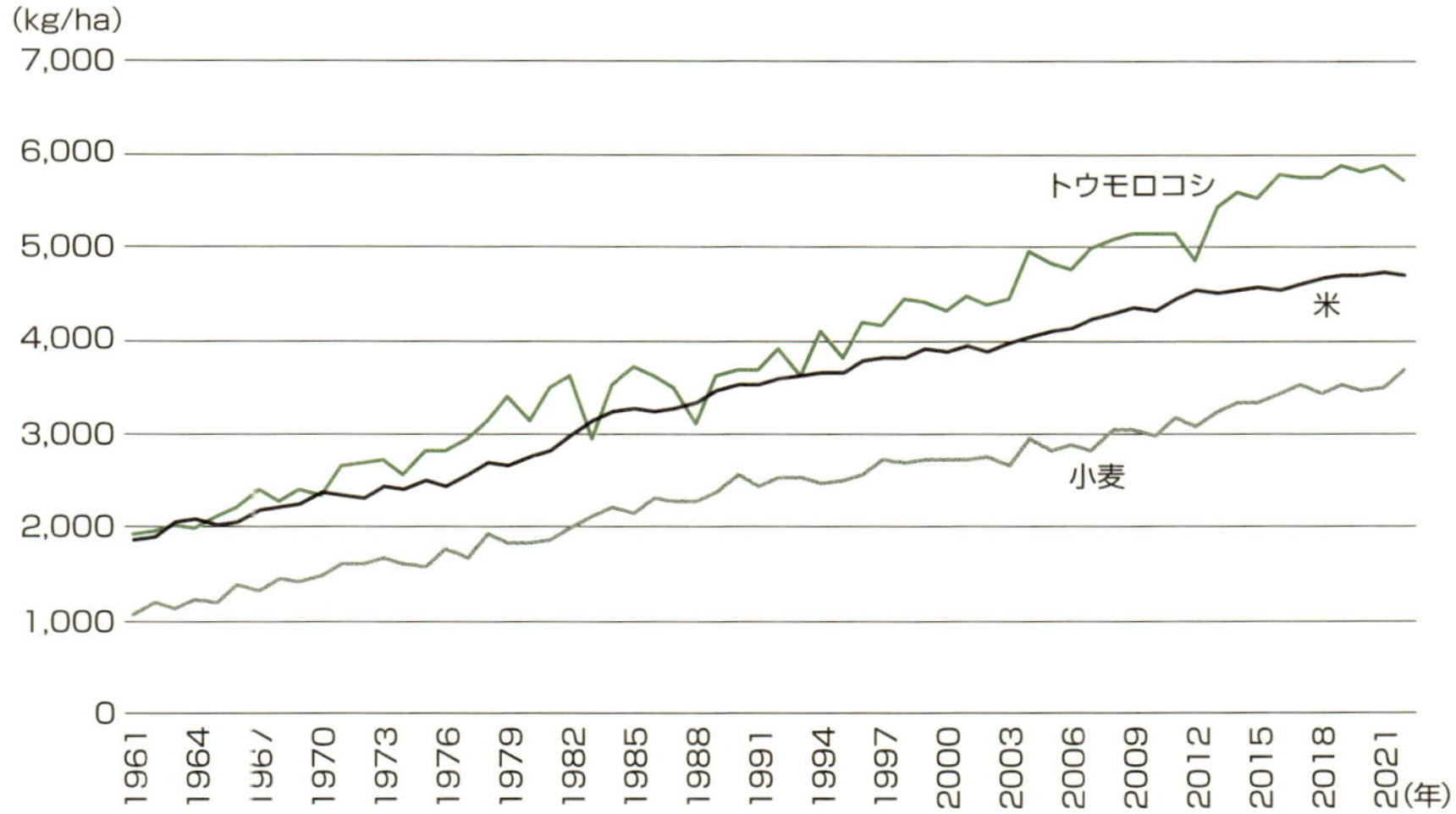

資料：FAOSTATより作成

744kgへと2・5倍に、小麦は1089kgから3506kgへと3・2倍に、トウモロコシは1942kgから5873kgへと3倍に、いずれも大幅に単収が伸びています（FAO統計）。品種改良や灌漑設備、肥料投入には投資が必要なので、資金力のある先進国が農業生産をリードし、新興国や途上国はそれに追いつこうとしている状態です。

　こうした単収の増加により、21年までの60年間に、世界の生産量は小麦では3・5倍に、米は3・7倍に、トウモロコシは5・9倍になりました。いずれも2・6倍に増えた人口の伸びを上回っています。ちなみに、作付面積の増加ぶりを見ると、小麦は1・1倍とほぼ増加せず、米は1・4倍と緩やかな増加、最も拡大したトウモロコシも1・9倍の水準にとどまっていますから、単収増加の効果が大きいことがわかります。人類は単収の引き上げを追求した結果、内戦や異常気象など特殊なケースを除き、量的な主食不足による「絶対的飢餓」を地球上からなくすことにかなりの程度成功したのです。

各国の穀物及び大豆の生産量割合

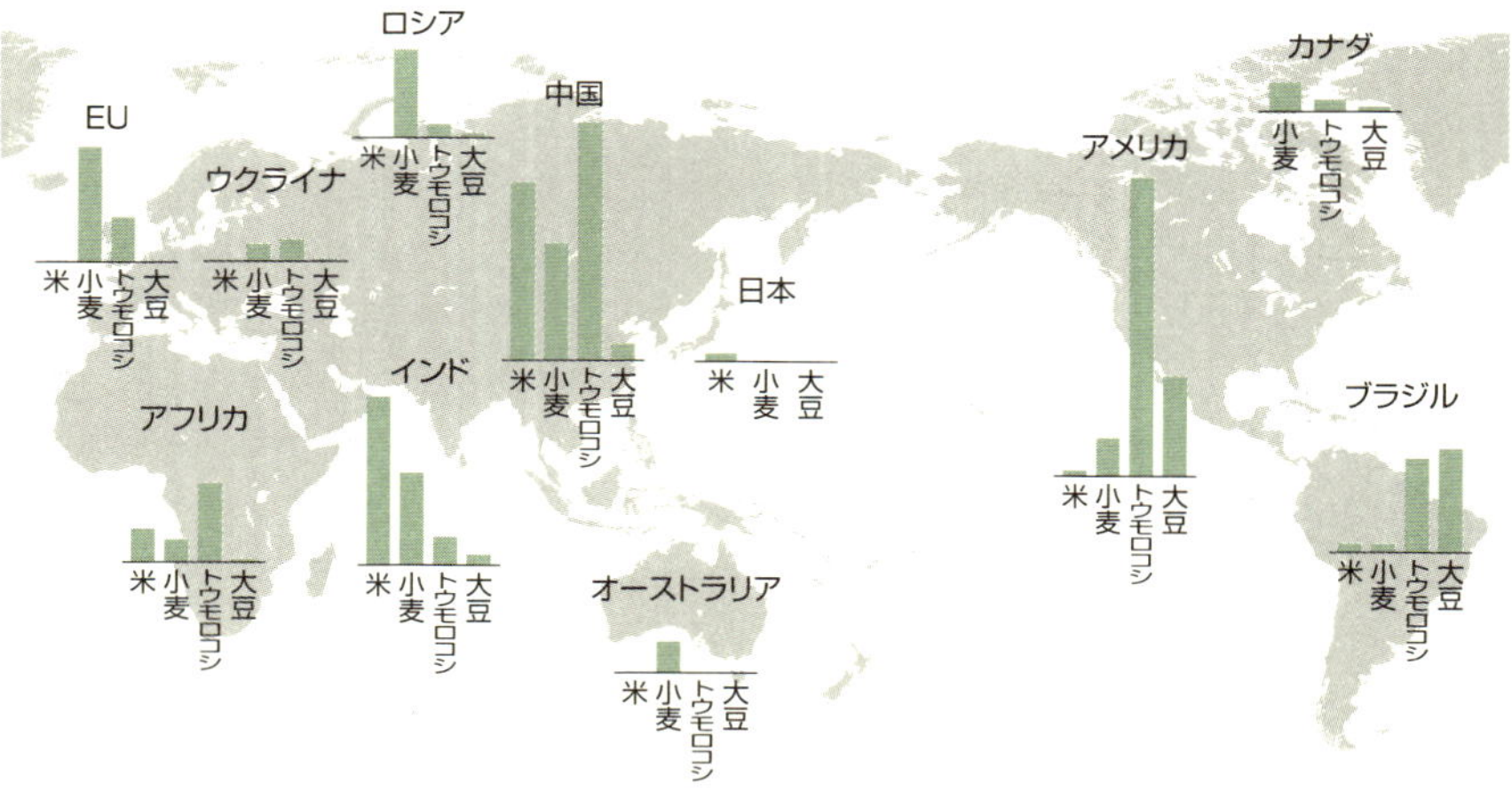

資料：FAOSTATより作成
注：米は籾ベースの生産量。係数0.667を掛け算すると「精米ベース」の生産量になる

2 米欧・ロシアの小麦増産をめぐる世界の変化

世界穀物貿易ルートは19世紀末から本格化

世界のほとんどの国にとって、主食穀物を自給自足することは極めて重大な責務です。

近代以前、穀物の生産量の増加ペースは、人口の増加ペースに追い付かず、穀物を備蓄できる余地はわずかでした。そのうえ、輸送能力は弱く、遠隔地から食料を調達することは困難を極めました。紀元前2世紀~紀元後15世紀半ばに結ばれたシルクロードは、東西交易の幹線として本格的なグローバル貿易ルートではありましたが、馬やラクダなどで運べる量は限界があり、品物もシルク、お茶、香辛料など高価な農産物に限られました。穀物を輸送できないため、当時はどこかの地域で天候不順で凶作が起きると、たちまち飢饉の引き金となりました。

穀物貿易が本格的に行われるようになったのは、19世紀になってからのことです。19世紀後半のアメリカやヨーロッパでは、鉄道がすさまじい発展を遂げました。また同じ時期に汽船の積載能力が拡大し、これによって長距離の輸送費が大幅に低下、穀物貿易は急拡大していきます。

イギリスでは18世紀後半に産業革命が起こります。自由貿易と**リカード**の**比較優位論**を基に、イギリスは工業製品を輸出し、農産物を輸入するようになりました。ヨーロッパ諸国も工業化を進め、イギリスと同じような農産物市場がヨーロッパ大陸に生まれていきます。これは穀物貿易が拡大する重要な背景となりました。

2つの大戦の反省からヨーロッパは小麦の増産へ向かう

第二次世界大戦以降、穀物貿易は大幅に拡大していきます。

用語

リカード
イギリスの経済学者。著書『経済学および課税の原理』(1817年)で国際分業と自由貿易を唱えた。

比較優位論
各国が得意とする産業に特化して生産し、自由貿易を進めることで、全体の生産性が上がるという考え方。自由貿易を推進する考え方の根拠となった。

当時、第一次、第二次世界大戦の戦場となったヨーロッパに向けて、アメリカを筆頭にカナダ、オーストラリア、アルゼンチンなどが食料を供給していました。こうしたヨーロッパ向けの食料輸出は、アメリカにおいて農地開拓や農業投資を促し、大幅な食料増産につながりました。

一方、ヨーロッパ諸国は、戦時中の食料難の経験から、主食穀物の自給の重要性を改めて認識し、戦後すぐに主食穀物である小麦の自給を図りました。農業機械や化学肥料の使用増加、さらに価格支持政策などの保護政策も使い、懸命に小麦の増産に努めました。

ヨーロッパやアメリカは余剰小麦の輸出が課題に

しかしこれは、世界的な小麦の供給過剰と価格下落という結果を招きます。特に第二次世界大戦後、ヨーロッパの農業大国フランスでは、いち早く取り組んだ小麦の生産復興が大きな成果をあげ、輸入どころか、1950年代には余剰小麦の輸出が課題となりました。イギリスやドイツなどのヨーロッパ諸国も、ともに主食としての小麦の増産に力を入れたため、ヨーロッパ全域で小麦が過剰となり、域外へ輸出せざるを得なくなりました。

アメリカはヨーロッパ向けの食料供給を目的に、大規模な農地開拓と農業投資を行ってきましたが、ヨーロッパの小麦生産が活発化したため、その市場を失いました。しかし、投資回収のために、余剰であっても生産を継続せざるを得ません。アメリカはヨーロッパと同様に手厚い補助金で小麦価格を切り下げてでも、輸出市場を争わなければならなくなります。この余剰小麦の輸出シェアの奪い合いは「米欧小麦戦争」と呼ばれました。米欧はともに生産コストを下回る価格水準で小麦輸出を続け、その結果、輸出先として日本などのほか、アフリカがターゲットとなりました（64ページ）。

ソ連を中心にチェルノーゼムを活用した小麦生産の拡大へ

第二次世界大戦後は同時に、アメリカとソ連の対立で世界が東西両陣営に分かれ、冷戦に突入した時代でもあります。ソ連や東欧も同様に、戦後すぐに食料の自給自足に取り組んでいます。しかし、ソ連をはじめとした社会主義国は、経済原理を無視した農業集団化を進めました。さらに国家による農産物価格の統制などの政策を推進した結果、世界最大面積の肥沃な**チェルノーゼム**（黒土）を抱えながらも、穀物生産を伸ばせませんでした。1991年にソ連が崩壊してロシアが成立し、農産物価格の自由化、**コルホーズ**や**ソフホーズ**の民営化といった市場経済改革が行われたことで、90年代末から農業生産はようやく上向くようになりました。

その後、ロシアの小麦生産量は2000年の3446万tから22年の1億4423万tへ3・0倍に増え、中国、インドに次ぐ世界第3位となりました。2016年以降は世界の最大の小麦輸出国となっています。ソ連の崩壊で独立したウクライナも穀物の大増産を果たし、小麦やトウモロコシなどの一大輸出国となりました。

アメリカ・ロシア・ウクライナ・フランスにおける小麦輸出量

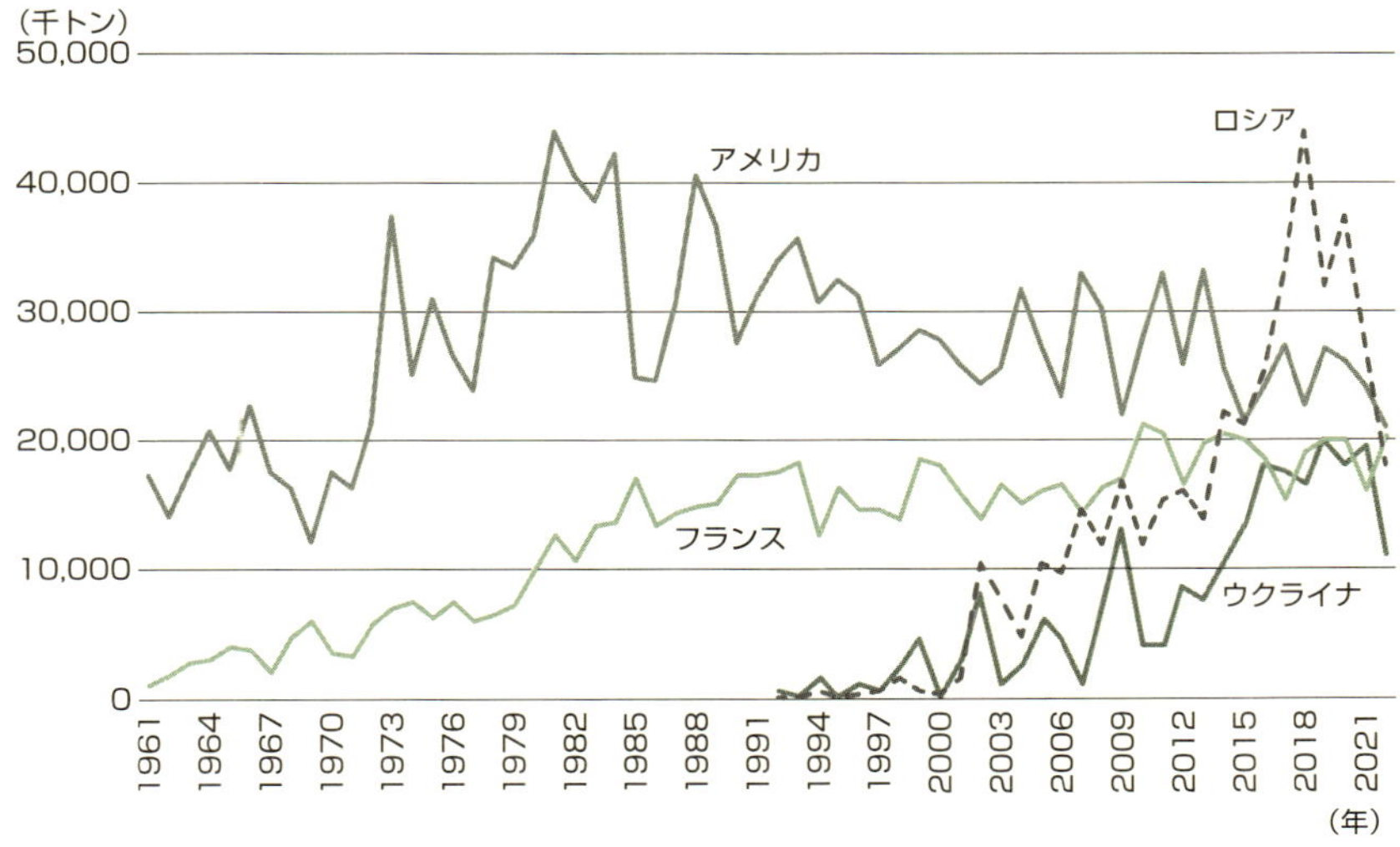

資料：FAOSTATより作成

チェルノーゼム
世界でも有数の肥沃な黒土が広がる地帯。小麦の大産地であり、世界の食料庫としての役割を担う。

コルホーズ
日本語で集団農場と訳される。スターリン政権の下、第1次五カ年計画の中で設置された農業の集団化政策の一つ。協同組合形式で、土地や家畜、農具などを組合員である農業者たちで共有し、農場の共同経営化をはかった。ソ連崩壊後、解体された。

ソフホーズ
日本語で国営農場と訳される。土地や家畜、農具などが国有で、農業者は賃金を受け取る労働者という位置付けだった。1920年代末の土地改革やコルホーズからの転換で組織された。

3 人口大国中国・インドの主食穀物自給の固守

アジアの主食穀物である米はほとんど自給自足を達成している

世界人口の55％以上を占めるアジアにおいて、米は最大の主食穀物です。アジアの米生産量は世界の約9割を占め、代表的な自給自足の主食ともいえましょう。世界の米の輸出量は、２０２１年になってようやく５０００万ｔ台に上りましたが、その量は約2億ｔ輸出する小麦の4分の1に過ぎません。米の輸出比率（輸出量対生産量）は長年にわたって1桁台で推移する一方、小麦は20％前後で動いています。米はもともと、アジアの地産地消型の主食穀物で、米の貿易は自給自足を前提にした過不足調整の範囲内にとどまっているのです。

米輸入国であっても米の自給率は高い水準で維持されています。近年、最大の米輸入国は中国となっていますが、中国の米自給率は１００％近辺で推移しています。中国は年間、数百万ｔの米を輸入していますが、その内訳はインドやバングラデシュ産の「バスマティ・ライス（香り米）」、タイ産の「ジャスミン・ライス」など高級米がメインとなっています。2位の米輸入国であるフィリピンも、米自給率は8割を超えます。

多くの人口を抱えるアジアでは、食料確保は統治者最大の使命です。インドや中国、東南アジアなどは１９５０～60年代から、経済発展の資金を農業部門から収奪しながらも、国民の食料確保のために農業部門にも投資してきました。米の増産のために優良品種の開発と普及、化学肥料や農薬の投入、灌漑設備の整備という「緑の革命」に力を入れ、その成果が大きく実っています。

インドのように米の流通や備蓄を政府が管理する国もあり、それがうまく機能し、十分な米備蓄が確保され、米価格の安定につながっています。また、米はおもに水田で栽培するため、水の浄化作用のおかげで他の作物のような連作障害が起きにくく、生産量を安定させやすいという点も、米の自給率の高さの理由の一つです。

中国とインドを中心にした小麦の増産・自給化

アジアでは、もう一つの主食穀物である小麦でも自給を目指し、米同様に「緑の革命」と呼ばれる増産対策に取り組んできました。92年にアジアの小麦生産量は、それまで最大だったヨーロッパを上回りました。その後も増産を続け、92年以降はコンスタントに世界小麦生産量の4割を占めています。これは中国とインドという2大人口大国が、主食穀物の米と小麦の自給自足に取り組んでいる影響が大きいといえます。2021年の世界人口の59・4%を占めるアジアは、世界の米の89・8%、小麦の44・1%、トウモロコシの30・9%を生産しており、主食穀物の自給自足へのこだわりが窺えます。

アジアの主要国の米自給率

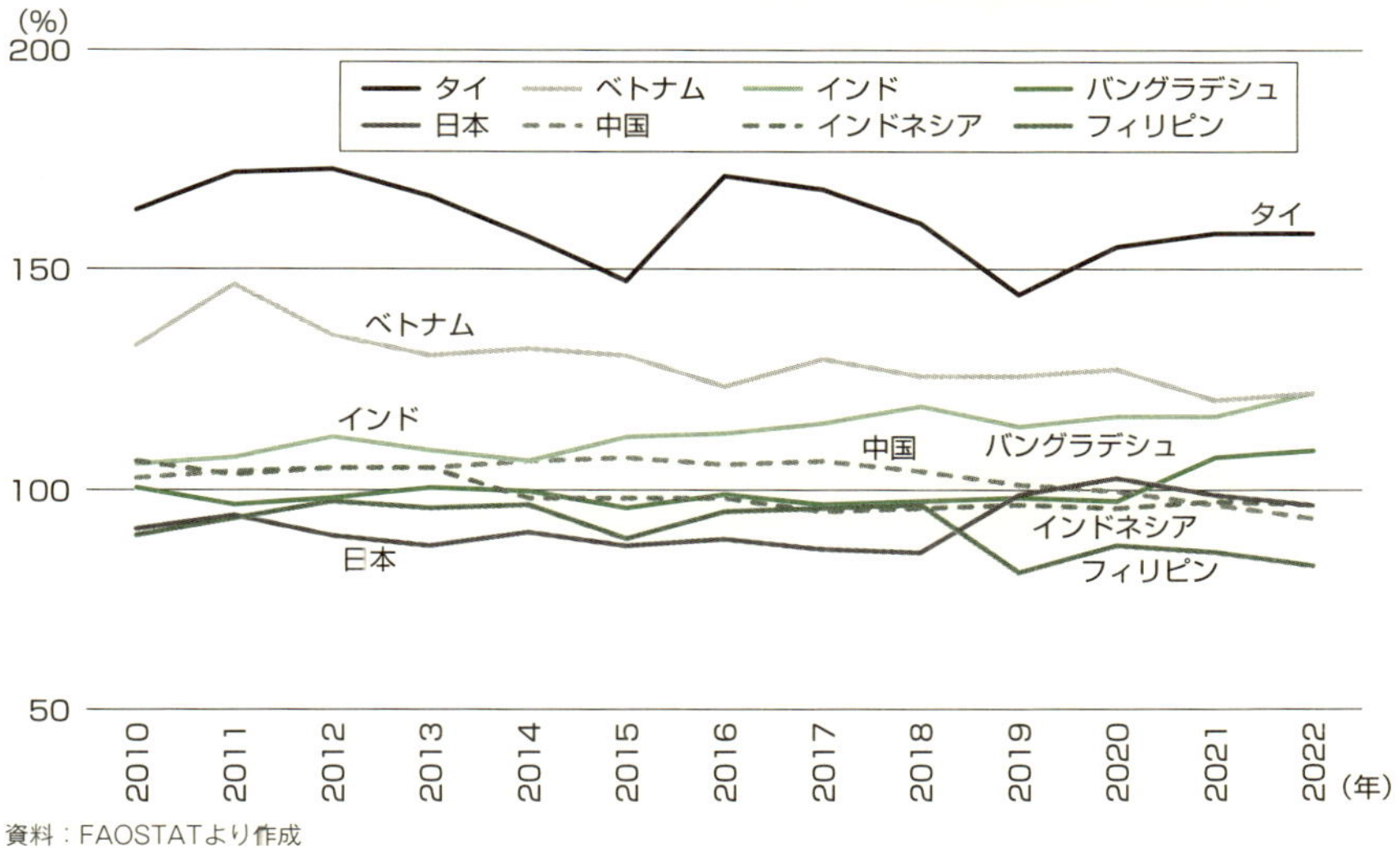

資料：FAOSTATより作成
注：自給率は生産量と国内供給量により計算

4 主食穀物を上回る勢いの食肉需要

経済発展に伴い、食肉消費量が増え、穀物消費量は減る

経済成長によって人々の生活が豊かになると、宗教上の制約のある国を除き、ほとんどの国で食肉の需要が増え、主食穀物を上回る伸びを示します。食肉を生み出すには飼料原料が必要であり、食料安全保障は主食穀物のみならず、食肉、さらに飼料原料にまで広がっています。

食肉の1人当たり年間消費量を見ると、2022年にはアメリカが123kgと突出して高く、次いでブラジルが99kg、メキシコが78kgなど南北アメリカの国々が続きます。一方で、かつては食肉消費が少なかったアジアでも、マレーシアが71kg、中国が70kgなど、いずれもヨーロッパ平均の78kgに近づきつつあります。近年、東南アジアでトップクラスの経済成長を示すベトナムでも54kgと急増しました。豊かさと食肉消費は、ある段階まで正比例するといっていいでしょう。

ただ、米欧などの先進国では高齢化が進み、1人当たり食肉年間消費量はすでにピークアウトし、減少傾向にあります。日本でも60kgで横ばいになっています。ブラジルやメキシコ、中国などの新興国でも、次第にその水準に近づいていきます。

食肉と主食穀物の消費量は、多くの国でトレードオフの関係にあり、食肉消費が増えると穀物消費が減ることがわかっています。その意味では、食肉、つまり飼料原料は、主食穀物を補完しているといえましょう。

そもそも備蓄の「蓄」は家畜の「畜」から来ており、動物の飼育は「食料の備蓄」とされています。家畜は英語で「Livestock」、つまり「生きている備蓄」と同じ意味になります。

拡大する食肉生産の中でも鶏肉がとりわけ人気

世界の食肉総生産量の84～88％は、牛肉と豚肉、鶏肉が占めています。これら3大食肉の生産量は、1961～2021年の60年間に5998万tから3億957万tと、5・2倍に拡大しました。同じ期間の米と小麦の生産量の伸びは約3・6倍で、食肉生産の伸びが主食穀物を大きく上回っています。

3大食肉でも生産の伸びには違いがあります。1961～2021年の期間で最も伸びが小さいのは牛肉で2・5倍増ですが、豚肉は4・9倍、鶏肉はなんと15・9倍の伸びとなっています。鶏肉生産が爆発的に増加した最大の要因は、飼料効率が牛や豚よりも大幅に高く、価格が安いためです。また、鶏肉は「高たんぱく・低脂肪・低カロリー」といわれ、健康志向の高まりから生産増につながりました。さらに、宗教的な要因もあり、牛肉を食べない**ヒンズー教**、豚肉を食べない**イスラム教**の双方が、教義上、鶏肉は食べてよいことになっています。

1人当たりの食肉消費量（2022年）

kg/1人/年

	食肉計		食肉計
世界平均	45	アメリカ	123
ヨーロッパ	78	フランス	85
南北アメリカ	93	ブラジル	99
北アフリカ	28	メキシコ	78
中部アフリカ	16	マレーシア	71
西部アフリカ	12	中国	70
南部アフリカ	11	ベトナム	54
東アジア	69	日本	60
中東	42	トルコ	47
東南アジア	30	フィリピン	35
南アジア	9	インド	7

資料：FAOSTATより作成

用語

ヒンズー教
シヴァ神・ヴィシュヌ神が中心となる多神教。特定の開祖を持たない。牛は神聖な動物とされ、最も厳格な掟として牛肉を食さない。豚は不浄な動物とされ、基本的に食べない。ほか、五葷（ニンニク、ニラ、ラッキョウ、玉ねぎ、アサツキ）も禁じられている。

イスラム教
唯一神アッラーを信仰し、「コーラン」を根本聖典とする一神教。豚肉を食すことが禁止されている。

5 食肉需給に影響を及ぼす世界各国の動き

食肉生産量の推移からみる各国の経済発展

食肉生産量を国ごとにみると、１９９１年に中国に抜かされるまで、アメリカが世界最大の食肉生産国でした。現在、中国は世界最大の食肉生産国として、概ね世界の４分の１の量を生産しています。食肉生産は中国、アメリカ、ブラジルという上位３か国が世界の生産量のほぼ半分を占めている状態です。

各国の増産ぶりをみると、１９６１〜２０２１年の期間に中国が40・９倍、ブラジルが13・８倍、ベトナムが12・７倍、インドネシアが13・０倍、エジプトが11・２倍、パキスタンが13・６倍、インドが６・０倍、メキシコが７・７倍と、いずれもアメリカの２・９倍を上回っており、食肉の生産から世界経済発展の動きを垣間見ることができます。

３大食肉のうち、豚肉は１９７９年に牛肉を超えて１位となりましたが、これは中国の大幅な増産と関係しています。しかし、中国で２０１８年に「アフリカ豚熱（ＡＳＦ）」という豚が罹患する強い伝染病が発生したため、多数の豚が殺処分され、生産が急減しました。その影響を受け、翌年の19年に世界の鶏肉生産量が、豚肉を上回り１位となりました。

注目すべきインドとアフリカの動き

人口が中国を超えて世界一となったインドですが、22年の１人当たりの年間食肉消費量はまだ７kgと、世界で最も消費量が少ない国の一つとなっています。インドは食肉消費量が少なく飼料穀物が不要なため、中国の約半分の穀物生産量で同じ規模の人口を養うことができており、穀物輸出国にもなっています。問題は今後、インドでの食肉消費が東アジア並みに増え、飼料穀物輸入国に転じる可能性があることです。実際に、インドでは近年、鶏肉の消費が増えています。インドの鶏肉生産量は世界の中ではまだ小さいですが、それでも10年の223万tから22年の495万tへと2倍以上に成長しました。

インドと似た状況にあるのは、アフリカの中部、東部、西部の国々で、1人当たり年間食肉の消費量が11～16kgといずれも低い水準です。これらの国々も、インドと同様に近年、鶏肉の消費が増えています。アフリカ全体の鶏肉の生産量は10年の478万tから22年の819万tへと71・3%拡大しました。インドやアフリカなどの人口大国や途上国の食肉消費増は、膨大な飼料の需要増を意味します。

17億人分の食肉、飼料原料の確保が課題

また、世界の人口は23年の80億人から、50年には97億人まで増加すると国連は予測しています。新たに17億人分の主食穀物が必要となり、それ以上に食肉の需要、いわば飼料の需要が増える可能性があります。

世界の食肉生産量

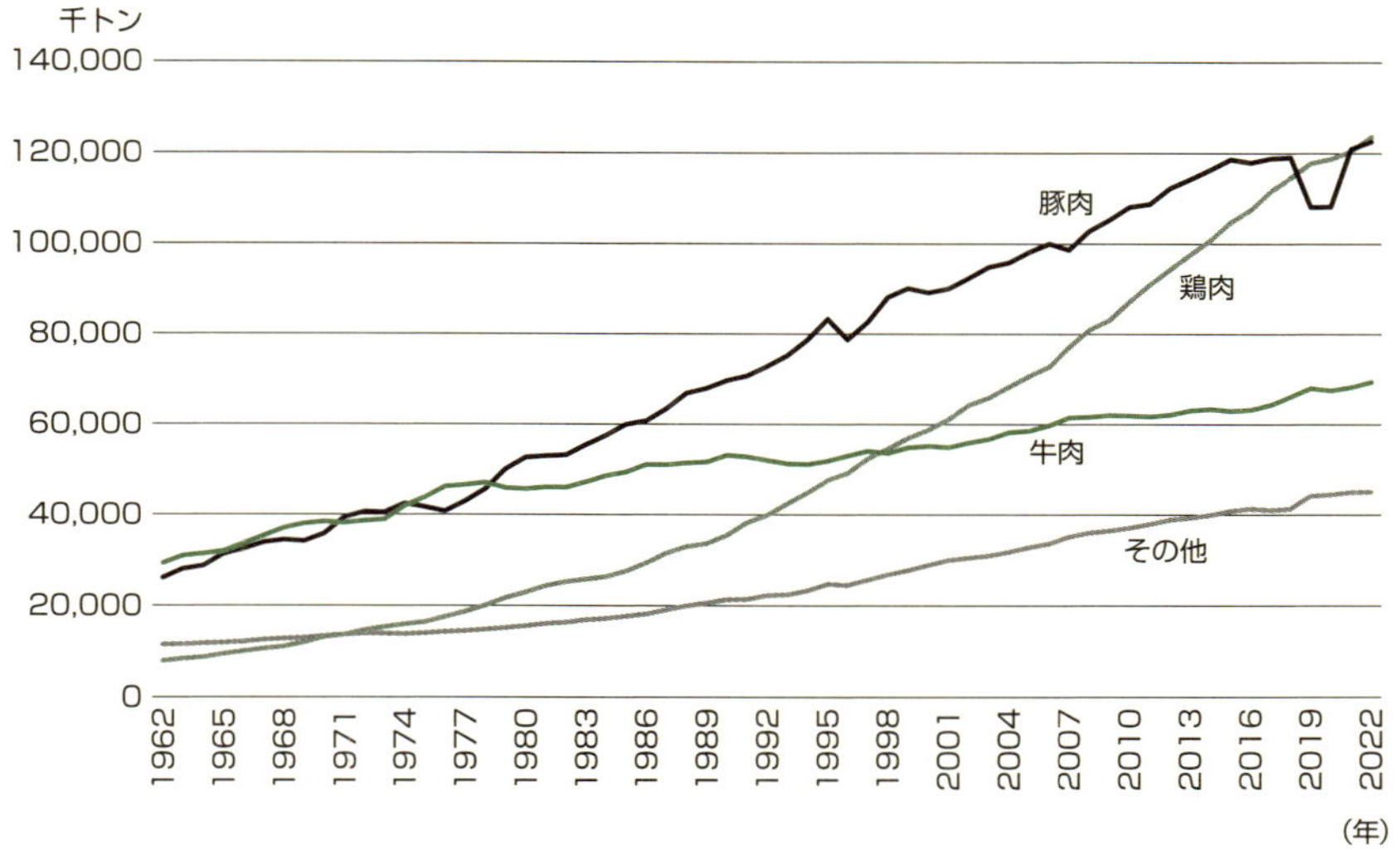

資料：FAOSTATより作成

6 食肉生産に不可欠な飼料穀物の特徴

人間が食べる穀物の伸びを上回る飼料穀物の伸長

増加する食肉の需要を支えているのは、飼料原料の生産増です。動物も人間と同様に、炭水化物とたんぱく質を必要とします。畜産業においては、炭水化物はトウモロコシ、たんぱく質は大豆がそれぞれ飼料の需要増に対応しています。

２０２１年までの60年間で飼料穀物の作付面積の年平均伸び率は、トウモロコシは１・１％、大豆は２・９％でした。主食穀物である小麦の０・１％、米の０・６％を大きく上回っています。トウモロコシは１９９８年以降、小麦を超えて、生産量で１位の作物となっています。大豆も近年、米の作付面積に近づきつつあります。いわば、主食穀物の作付面積が横ばいしているうちに、飼料原料の作付面積が急速に拡大し、世界の食料生産の構図が激変したのです。ちなみに、この４種類の作物の作付面積合計は、農産物全体の面積の約半分を占め、人類を支える最も重要な４大作物に数えられます。

大豆は栄養価の高いたんぱく源として飼料に重宝される

トウモロコシが最大の飼料原料となった要因は、単収が米より2割、小麦より5～7割も高いからです。またトウモロコシは乾燥に強く、米のように水田にこだわる必要もありません。

もう一つの大豆は「畑の肉」と呼ばれるように、たんぱく質含有量が乾燥豆の重量ベースで30％以上と非常に多く、効率的なたんぱく源です。大豆の原産地とされる中国にはたくさんの種類の豆があり、その中で大豆の粒は、空豆や花豆、ひよこ豆など、ほかの多くの豆よりむしろ小さく、「大きな豆」というのは奇妙な名前です。ただ、最も栄養価が高く、人に貢献する食料ということで、尊敬と感謝の意味を込めて「大」という文字を冠して「大豆」と呼ばれるようになった、という説があります。

大豆は、その重量の約2割を脂質が占めるため、世界の農業統計では豆類に入っておらず、菜種やひまわり、胡麻など搾油して植物油を生産する「油糧種子」に組み込まれています。油を搾った後の大豆粕は44～48％に達する高いたんぱく質含有量で、畜産業の最も重要なたんぱく質飼料となっています。

国別に見ると、トウモロコシについては、60年間で、中国は年間平均4・6％の伸びで、世界のトウモロコシ生産量に占める割合は1961年の8・8％から2021年の22・6％へと大きく伸び、トウモロコシの増産を牽引してきました。

大豆については、ブラジルが年間平均10・9％と驚異的な伸びを見せ、世界の大豆生産量に占める割合は、1961年の1・0％から2021年には36・2％へと急拡大し、アメリカを抜いて世界最大となりました。

世界の4大作物の作付面積

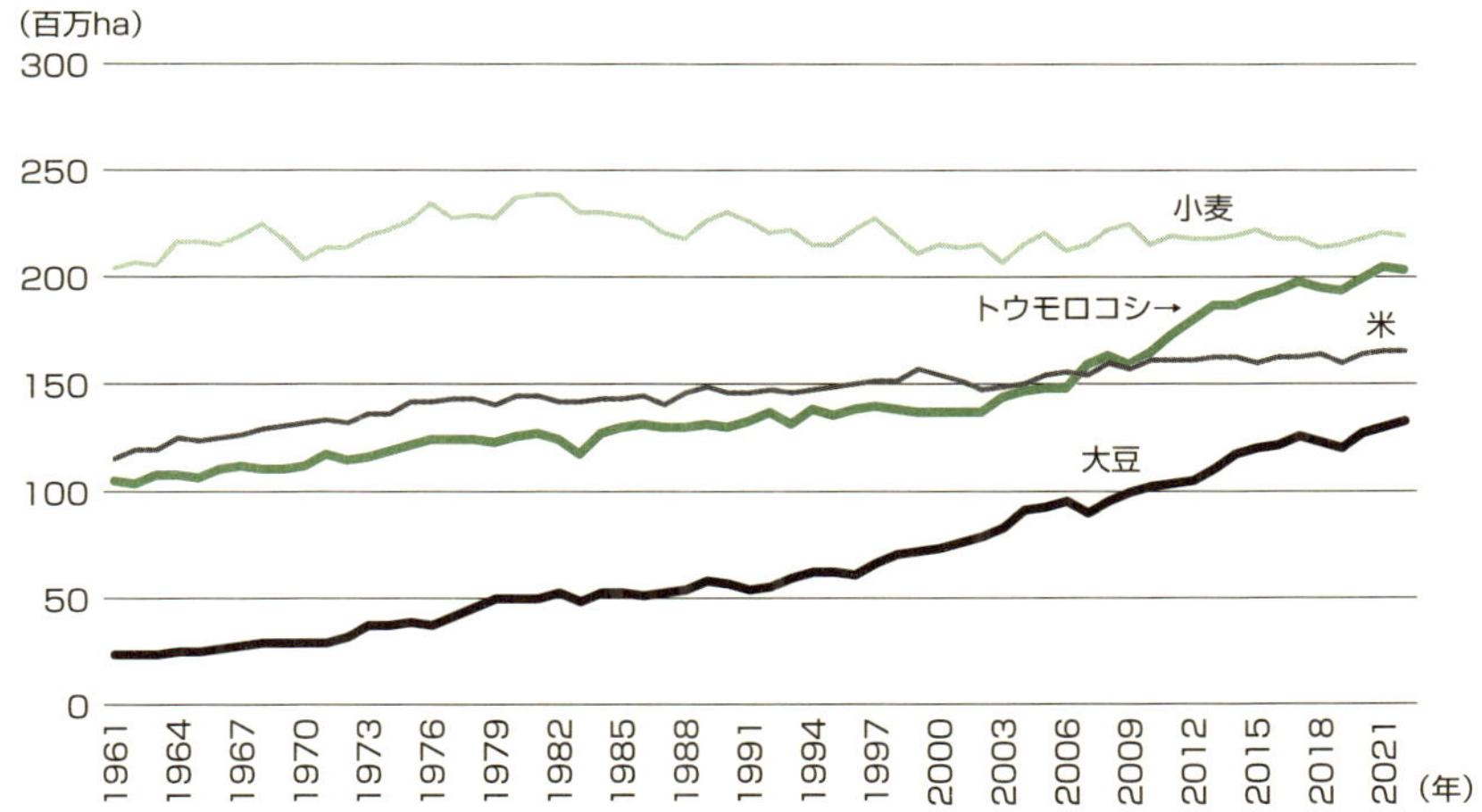

資料：FAOSTATより作成

7 輸入飼料で維持される各国畜産業

耕地資源の不足を補うための飼料の輸入は畜産業には不可欠

経済成長に伴って食肉需要は増えていきますが、多くの国は食肉そのものではなく飼料原料を輸入しています。国内の畜産業を発展させるため、また、家畜を飼育し、「食料の備蓄」を有するためです（48ページ）。慢性的な外貨不足に悩む新興国や途上国では、外貨を食肉の輸入よりも、国内経済発展のための先進技術や先進設備の輸入に使いたい、という側面もあるでしょう。

畜産業では、安価な飼料を投入して付加価値を高めます。関連する産業も多く、国内のバリューチェーンが広がるので、雇用創出効果は穀物生産より大幅に高くなります。ただし、食肉1kgの生産にはトウモロコシ換算で、牛肉の場合は11kg、豚肉は6kg、鶏肉は4kgの飼料が必要となり、畜産業の発展には大量の飼料供給が不可欠です。耕地面積の制限で、飼料原料を国内で供給しきれない場合、輸入を増やすことで対応するのです。

食料生産の基盤となる耕地面積は、当然ながら国によって大きく異なります。特に人口の多いアジア各国は、耕地面積の厳しい制約に直面しています。世界銀行の統計では、国民1人当たりの耕地面積は日本、中国、インド、ベトナム、インドネシア、バングラデシュといったアジアの人口大国においては、いずれもアメリカの6～23％しかなく、まったく次元が異なります。耕地に制約のある国は、主食穀物の自給に貴重な耕地を割り当て、飼料原料は不足したら輸入に頼るのです。

日本は輸入飼料で国内畜産業を振興してきた

海外の安い飼料原料の積極的な輸入は、国内畜産業の発展をもたらします。耕地の少ない日本は特に、飼料原料となるトウモロコシや大豆を輸入して国内畜産業を振興してきた代表的な国ともいえます。日本は１９６８～２０１７年の半世紀にわたって世界最大のトウモロコシの輸入国であり、大豆の輸入も１９６０～90年代の約40年間にわたってほぼ世界一でした。

飼料原料の国産か輸入かを問わず、国内で生産された畜産物は「国産」と認められます。日本は１９８０年頃まで、牛肉、豚肉、鶏肉すべてに高い国産率を維持していました。その後、91年の牛肉輸入自由化に至る対米交渉で、海外から安い食肉が入ってきたため国産率が下がったものの、２０２０年も依然として50％前後を維持しています。

日本が飼料として輸入したトウモロコシや大豆などの量は、国内農地の2倍以上にあたる９５６万ha相当の海外の農地を使った計算になります（２０２０年）。輸入飼料がなければ、日本が現在の畜産業を維持できないことは明白です。

国民1人当たりの耕地面積

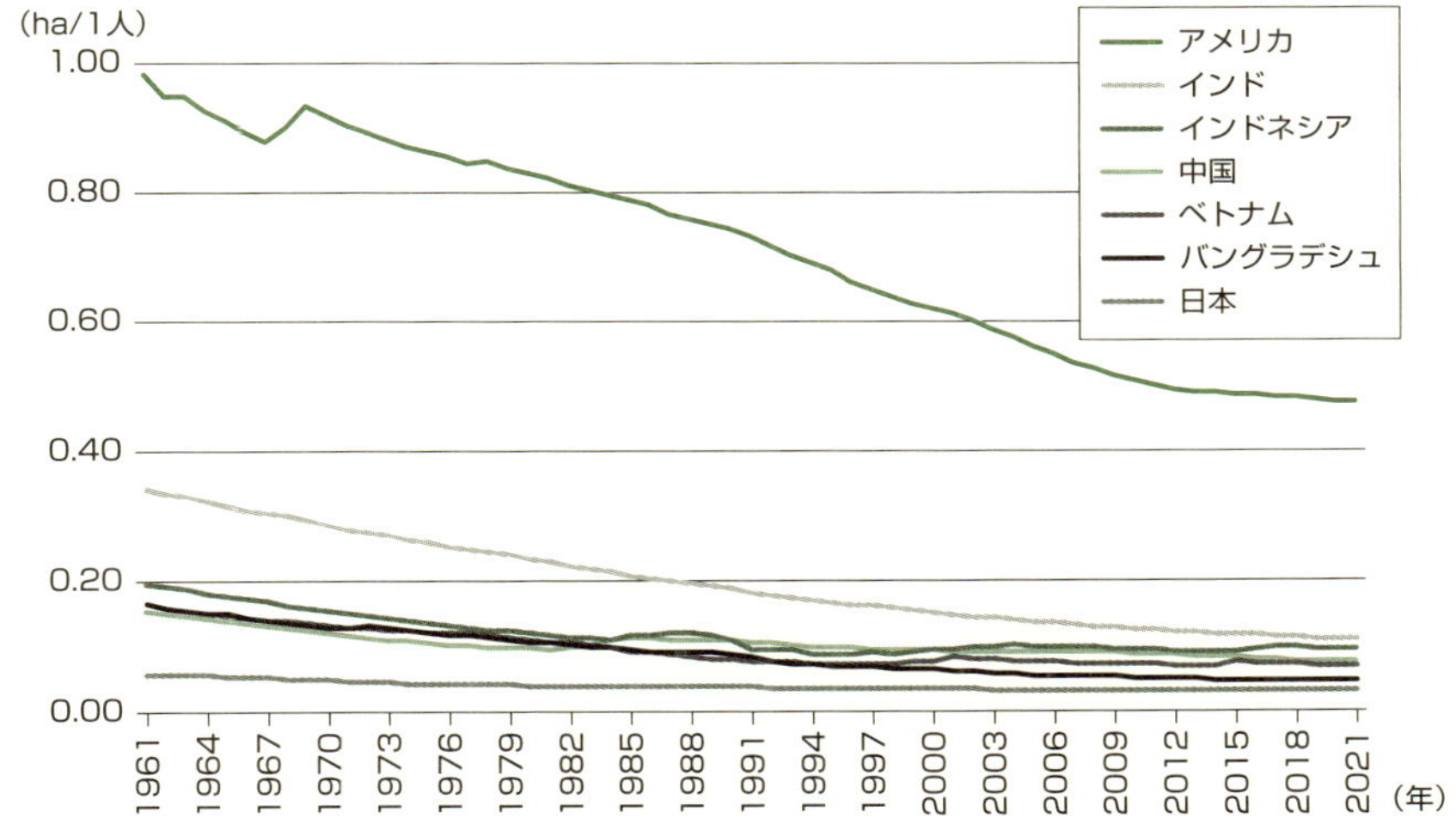

資料：世界銀行のデータより作成

8 飼料需要により世界穀物貿易が空前の拡大をみせる

各国で飼料原料の輸入は拡大している

世界最大の畜産国である中国は、飼料原料の輸入を大幅に拡大してきました。2000年に日本とオランダを超えて世界一の大豆輸入国に、21年にはメキシコを超えて世界一のトウモロコシ輸入国となりました。中国の後を追うベトナムやタイ、バングラデシュ、トルコ、インドネシア、エジプトなども大豆とトウモロコシの輸入を増やしています。ベトナムのトウモロコシ輸入量は00～22年で47倍に増え、19年に約1000万tを突破、バングラデシュは同期間で8・4倍に増え、227万tの輸入国となりました。大豆も22年間でベトナムは1681倍に、パキスタンは58倍、エジプトは13倍、トルコは7・9倍と、爆発的に増加しました。インドも同時期に約3700倍以上と驚異的な増加ぶりです。飼料輸入増の結果、00～22年の間で、食肉生産量はインド2・9倍、ベトナム3・2倍、インドネシア3・5倍、パキスタン3・1倍、トルコ4・0倍、エジプト2・5倍と、大きく伸長しました。飼料原料の輸入拡大は、輸入国側の**WTOルール**による関税引下げも要因ですが、かつて米欧が過剰小麦をアフリカへダンピング的に輸出した例とは異なり（64ページ）、自国の畜産業の発展のため、政策的に飼料輸入を選択したといえます。

各国の飼料原料輸出の急速な拡大

飼料の輸入需要が高まり、世界の穀物貿易は空前の拡大を迎えました。00～22年の22年間に世界のトウモロコシの輸出量は154・3%増の2億946万tとなり、小麦を超えた世界最大の輸出穀物となっています。大豆は232・7%増の1億5764

用語

WTOルール
WTOの加盟国・地域は、他の加盟国・地域に対して一定以上の関税を課してはならないというルール。約束された税率をWTO協定税率と呼ぶ。

万tで、伸び率が最も高い輸出作物となりました。

1990年代半ばまで、アメリカが世界の大豆輸出量の7~9割、トウモロコシ輸出量の5~7割を占め、飛びぬけて世界一の輸出国でした。しかし、ブラジルが大豆とトウモロコシの輸出を急速に拡大し、2017年以降はアメリカに代わって、最大の大豆輸出国として一国で世界輸出量の約半分を占めています。トウモロコシの輸出量も、12年にアメリカに次ぐ2位となり、3位のアルゼンチンと合わせて、アメリカに匹敵する輸出規模になります。

大豆は、ブラジルとアメリカの2国で世界輸出量の8割以上を占め、その他の上位輸出国のアルゼンチン、カナダ、ウルグアイ、パラグアイを含めてもすべてが南北アメリカ大陸の国です。トウモロコシはアメリカ、ブラジル、アルゼンチン以外に、ウクライナ、ルーマニア、ポーランドなど東欧諸国も上位輸出国に入り、特にウクライナの輸出量は00~22年までに154倍に増えました。輸出国の多様化は、アジアなどの輸入国にとって安心材料となります。

トウモロコシ輸出量の世界上位国

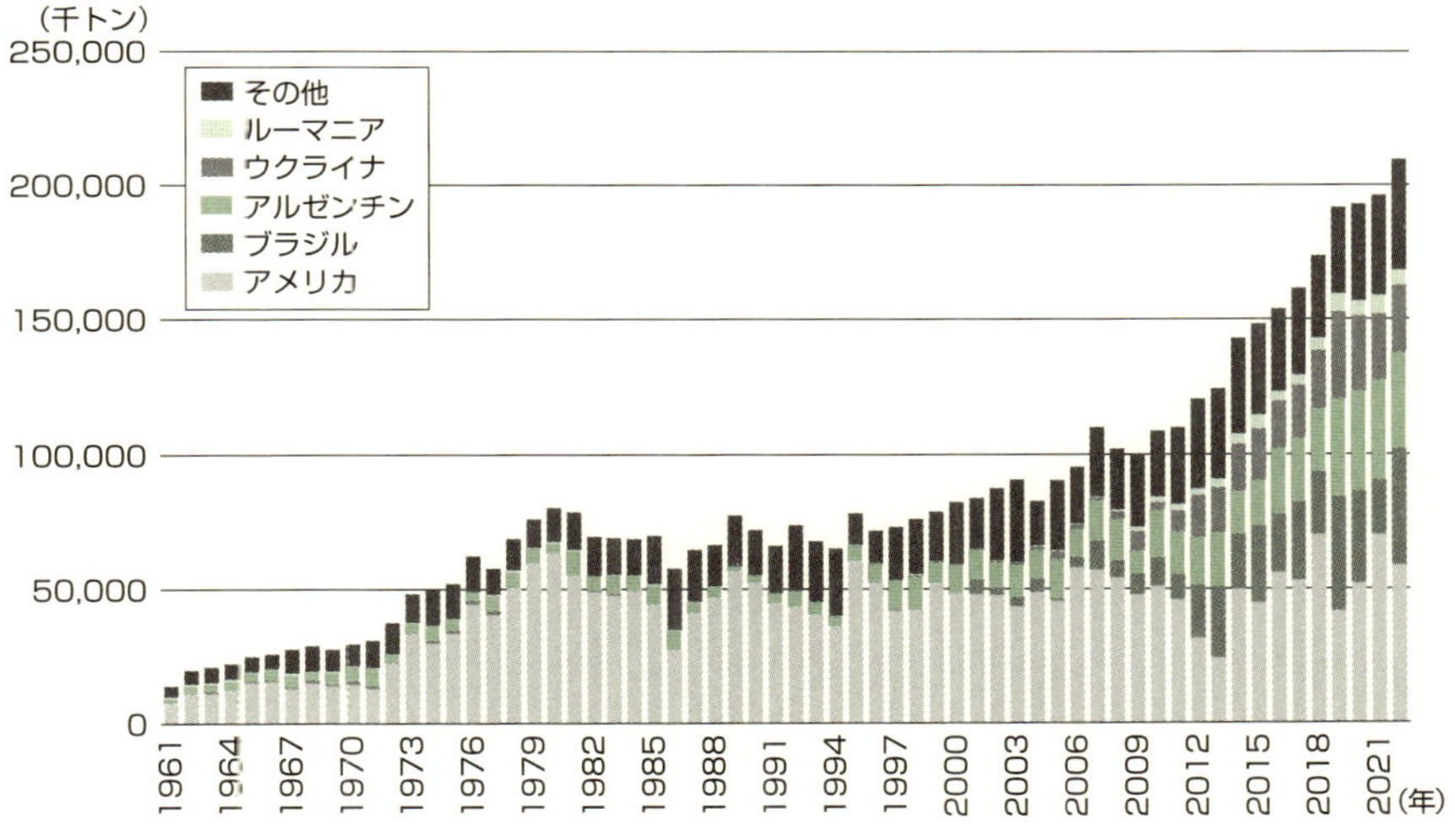

資料：FAOSTATより作成

9 中国における食料安全保障

農政改革による穀物増産

中国は1958年の**大躍進政策**以来、計画経済から市場経済へ転換する78年の**改革開放政策**の実施に至るまで、長きにわたって食料不足に見舞われました。58年に編成された農業の集団所有制**人民公社**制度は、農民の土地の所有権など、生産資材の私有制を完全に否定したため、農民の生産意欲は低下し、食料増産どころか、59～60年にかけて膨大な数の餓死者が発生するなど、深刻な食料危機を引き起こしました。また、食料を輸入するための外貨が不足し、厳しい配給制により国民は苦しい生活を強いられました。

そのため、78年から農地の使用権を農家に分配し、個々の農家に生産を請け負わせる制度が始まりました。その後、政府による統制価格での食料買付の廃止、農業税の廃止など、一連の改革が実施されます。同時に、穀物生産農家への直接支払い、優良種子や化学肥料の導入、農業機械等の購入への補助、米と小麦の「最低買付価格」という価格支持制度、トウモロコシと大豆生産農家への生産者補償制度など、次々と新しい農業助成制度が整備されました。

その結果、農家の生産意欲が大幅に刺激され、穀物のみならず、食肉など農畜産物の増産をもたらしました。99年に米、小麦、トウモロコシという3大穀物の生産量は80年に比べて、それぞれ41・9％、106・3％、104・6％という大幅な増産です。20世紀末には、中国は食料不足の問題をほぼ解決し、各種配給制は終焉を迎えました。

飼料の輸入は増えるが、自給率は維持

主食穀物の需要が充たされると、経済成長と所得

用語

大躍進政策
毛沢東が1958年より行った政策。ソ連に対抗して、農業・工業の急速な増産を目指した。

改革開放政策
鄧小平の主導のもと、1978年に始まった本格的な経済近代化政策。人民公社の解体、経済特区の設置、市場経済の導入などにより、2000年代初頭まで外資や技術の導入、中国経済の急激な成長をもたらした。

人民公社
大躍進政策のために農村で編成された組織。その地区の農工業生産や行政、教育、軍事を統括管理した。実情は生産力が停滞し、1982年に憲法によって

増加により、中国では国民の食肉需要が増えるようになります。国内での食肉増産に取り組み、その成果があって、2023年に食肉総生産量は1980年比708・7%と急増しました。これによって、中国国民14億人の1人当たり年間食肉の消費量は70kgと、日本の60kgを上回ったのです（48ページ）。

こうした高い消費水準の下でも、中国は食料自給率を維持しています。主食穀物である米の自給率は長い間100%近辺で動いており、小麦は9割以上、近年輸入が増えている飼料穀物のトウモロコシでも9割以上を維持しています。食肉消費の約6割を占める豚肉の国産率（飼料の国産・輸入は問わない）はアフリカ豚熱発生後の2019～21年の3年間を除き、95%以上を維持しています。こうした高い自給率は、中国が食料安全保障を重視している結果とも言えましょう。

また、食料安全保障の一環として、食肉の市場を安定させるための備蓄制度が作られました。食肉総生産量の約6割を占める豚肉がおもな対象となっていますが、豚肉の市場価格が養豚の平均生産コストを下回れば国が買付・備蓄し、逆の場合は市場に放出して、養豚産業の収益と消費者利益のバランスを図っています。

食料安全保障法の施行へ

習近平政権下では食料安全保障を強化するために、これまで実施してきた対策を法的な形にして、24年6月に中国初の「食料安全保障法」が施行されました。

食料安全保障法は、これまで達成してきたことを再確認するように、「主食穀物の絶対的安全、基礎穀物の基本的自給の確保」を目的として掲げています。それに向けて、食料作付面積の確保、生産農家の収益保障、単収増加、食料備蓄などにおいて、中央政府と地方政府の責任を明確化しています。特に、農地面積の確保を最も重要な条件として強調しています。中国は可能な限りの措置で、14億人の食料安全保障を確保しようとしているのです。

廃止が決定された。

注：中国は穀物などの国内消費量及び在庫量を公表していないため、自給率は「国内生産量／（国内生産量＋輸入量－輸出量）」とした。

中国の4大作物生産量

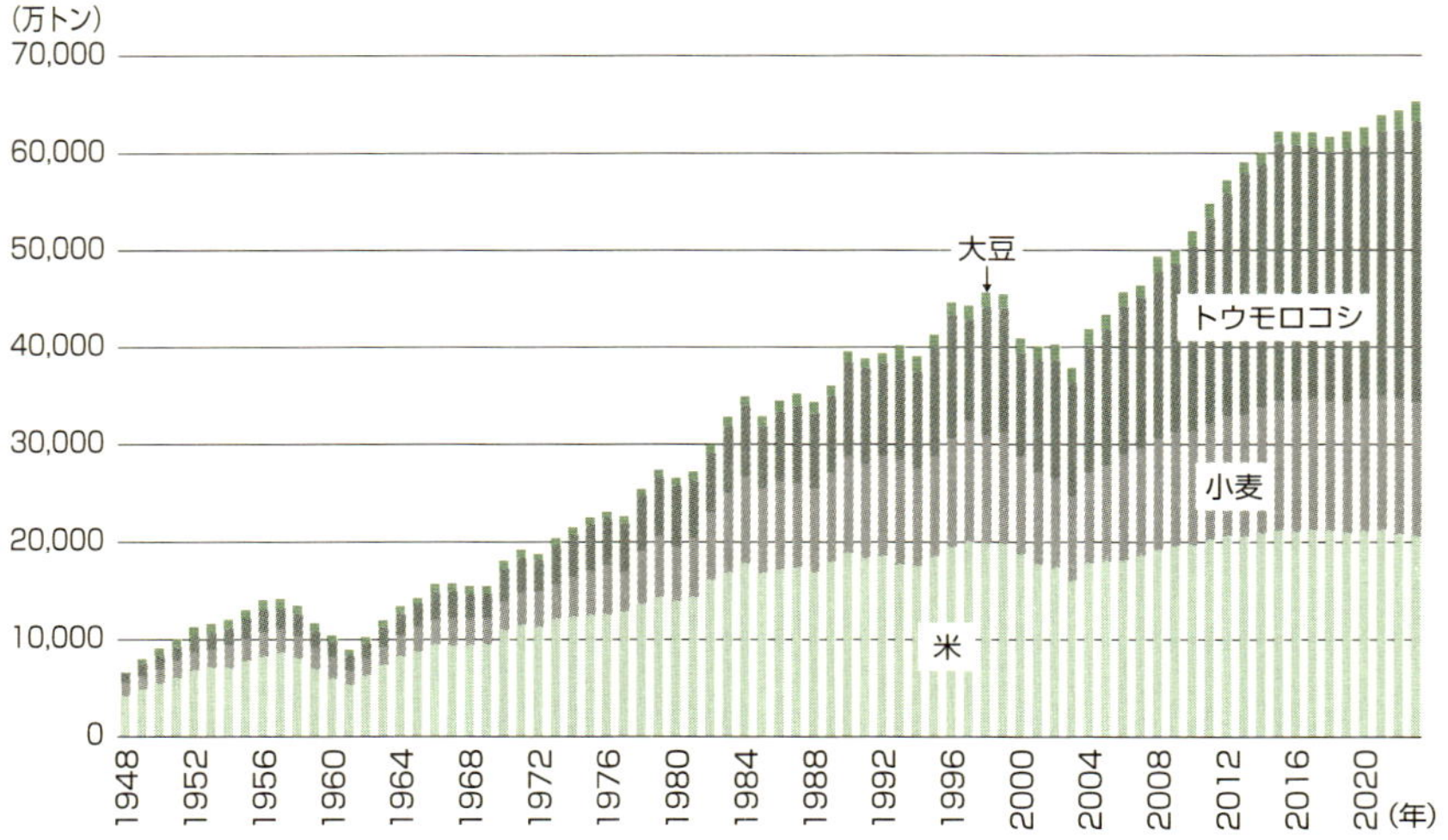

資料：中国国家統計局より作成

中国の畜産物生産量

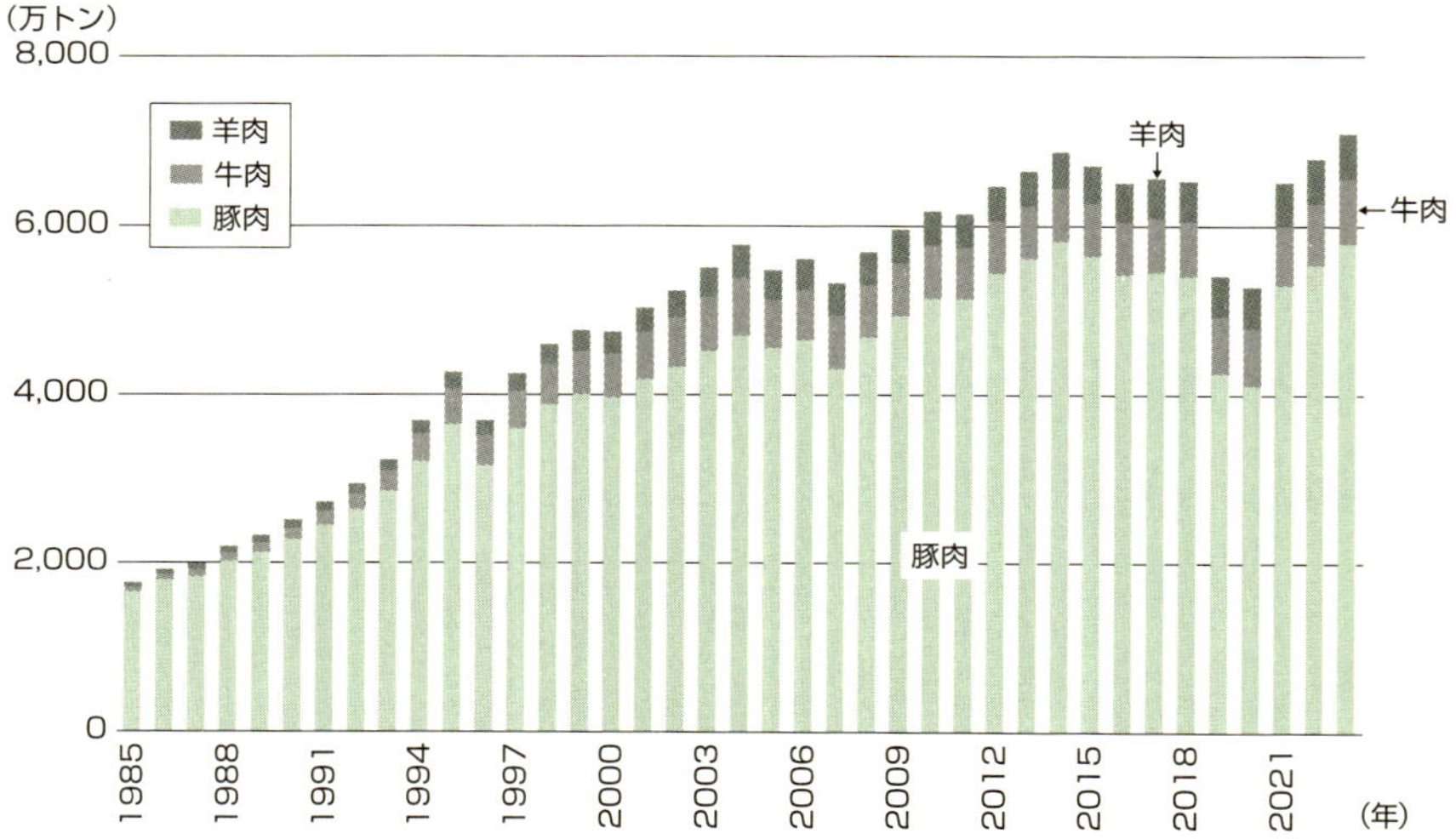

資料：中国国家統計局より作成

10 中国の大豆輸入依存と単収増加の行方

大豆の輸出国から一大輸入国へ

主食穀物の高い自給率を維持する中国ですが、自給率の低下した食料もあります。その代表は大豆で、近年は15％前後で動いています。大豆の自給率の低下は、中国国内での食肉増産にこだわった結果といえます。中国は数千年にわたる開拓で、耕地面積をこれ以上増やせない状況にあります。飼料原料の一つである大豆を確保するために、1996年に輸入を自由化し、輸入大豆と国内で増産したトウモロコシによって、国内の食肉増産を促しました。

中国は元々大豆輸出国でしたが、貿易自由化以降、輸入国に転じます。輸入量は2000年に1000万t台へ、10年に5000万t台へ、20年に1億tへと激増し、世界の大豆輸出量の6割は中国向けとなりました。世界最大級の人口を抱え、生態系

回復のために農地の縮小すら求められている中国は、大豆の国内自給を諦め、単収が大豆の3倍以上もあるトウモロコシの自給を選択したのです。

鶏肉の生産拡大、飼料は大豆節約

近年中国は、食肉生産に必要な飼料原料を節約するため、また国民の健康意識の高まりに応えるために、世界の動きと同様に、飼料効率の高い鶏肉の生産を奨励しています。2013～23年の10年間に豚肉の生産量は3・1％しか伸びていませんが、鶏肉を主とする家禽肉の生産量は48・0％も拡大しました。また、大豆の輸入をこれ以上増やさないために、飼料の中の大豆粕の添加率を引下げ、その代わりにアミノ酸等の添加を増やす対策を奨励しています。23年には飼料の中の大豆粕添加率は13・0％と22年より1・5ポイント引き下げられました。これを23

年の飼料使用量で計算すると約730万tの大豆粕、大豆の量としては約900万tが節約されることになります。

単収増加に向けて

中国の穀物の増産は、耕地面積の拡大よりも、単収の上昇によるところが大きいといえます。1980～2023年の期間では、トウモロコシの作付面積こそ倍増しましたが、米と小麦はともに1割以上減少しています。それでも、米は47・7％、小麦は147・4％、トウモロコシは361・4％の大増産となっています。これは同時期の単収が米72・8％、小麦203・3％、トウモロコシが115・2％増と大幅に上昇したためです。

穀物の単収増加には品種改良、灌漑設備の整備などのほかに、化学肥料の増投が大きな役割を果たしました。耕地単位面積当たり化学肥料使用量データ(世界銀行)を見ると、1980年代半ば以降中国はインド、アメリカに比べ2～3倍もの化学肥料を

中国における穀物の単収の変化

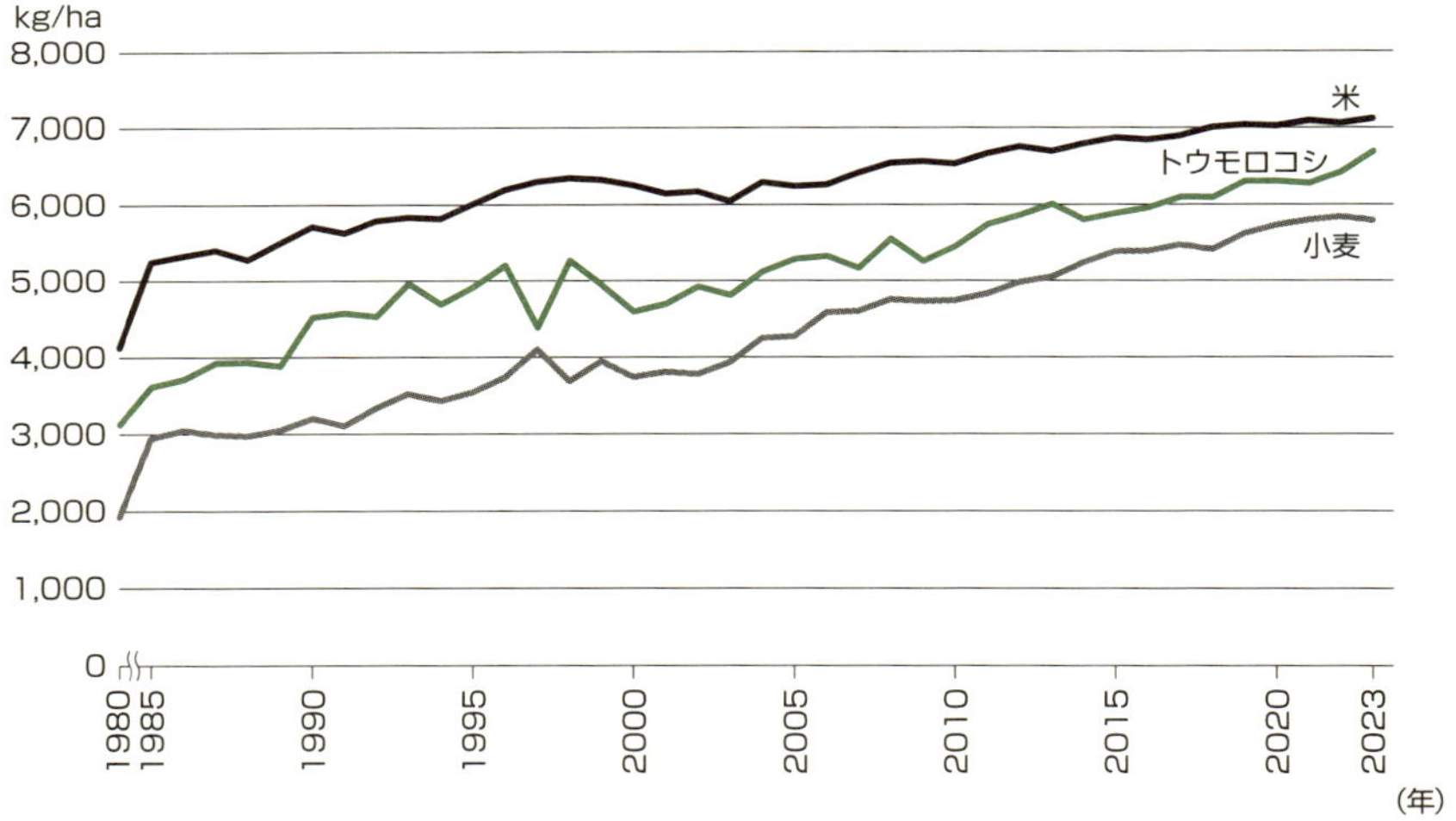

資料：中国国家統計局のデータより作成

使っています。近年、中国は化学肥料の使用削減に取り組み、その効果があって、2021年の耕地単位面積当たりの化学肥料使用量は15年に比べて22・0%減少しました。

遺伝子組換えでトウモロコシと大豆の単収増を試みる

トウモロコシと大豆の単収増加に向けて、中国が今取り組んでいるのは、**遺伝子組み換え（GMO）**品種の導入です。すでに23年までの3年間に27・5万haのGMOトウモロコシと大豆の試験栽培を行いました。試験栽培の結果、トウモロコシに関しては発生率の高い鱗翅目《りんしもく》害虫への防除効果が高く、単収は平均して8・9%の伸びとなっています。大豆でも8・8%の単収増加が得られました。

本格的なGMO品種の商業栽培に向けて、中国は22年に種子法などを改定し、23年に37のGMOトウモロコシと14のGMO大豆の品種査定を採択し、24年から全国8つの省で大規模な試験栽培を行うことにしました。

各国の単位耕地面積当たりの化学肥料使用量

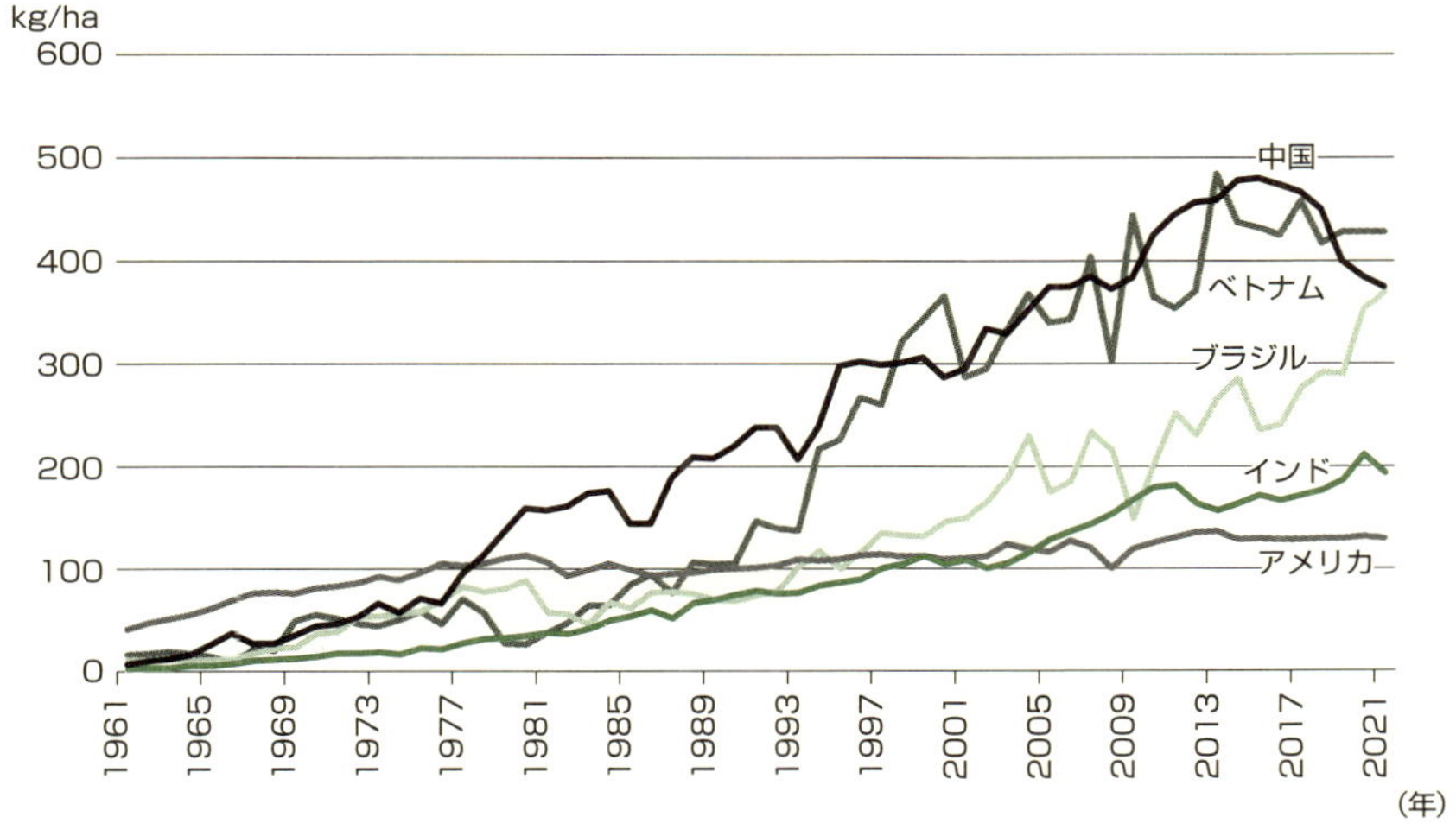

資料：世界銀行

用語

遺伝子組み換え（GMO）
DNA組み換え技術などによって生物のDNAに加工を施すこと。病気に強い作物や収量が多い作物などを生み出せる反面、生物多様性への影響が懸念される。

11 アフリカにおける食料安全保障

海外の食料に依存して達成したアフリカの都市化

アフリカ以外の地域は基本的に、主食穀物においては自給自足が叶っています。しかしアフリカの小麦の自給率は、30％台にまで落ちています。一方の小麦の輸入は、１９６１～２０２１年の60年間に２３０万ｔから４６５７万ｔへと20倍に増え、年間平均伸び率は５・１％にも達しています。

同時期にアフリカの都市人口は、年間平均４・１％の伸びを示しており、21年の都市化率は43・７％とアジアに迫る勢いです。これは、農村から都市への人口移動が激しくなっていることを表します。輸入小麦の量を、都市人口に換算すると、１人当たりの年間輸入小麦量は80～90kgにもなっています。言い換えれば、アフリカの都市部の人口増加に伴って発生した主食穀物の新規需要分は、アフリカ農家の生産ではなく、ほとんどが輸入によって賄われてきたのです。国内農民を保護し、国産の作物を優先するという先進国のような政策は、アフリカではみられません。アフリカの都市の成長はアフリカの農民ではなく、海外の農民を潤しているのです。

ここで言う海外とは長い間、米欧などの先進国を意味していましたが、２０１０年代ごろから穀物輸出が伸びたロシアとウクライナが食い込んできています。さらに21世紀に入って、アフリカはアジアからの米輸入も増やしており、22年に生産量の約7割に相当する１８５１万ｔの米を輸入し、その大半を都市部が消費しています。

米欧の過剰小麦のはけ口となったアフリカ

アフリカの小麦輸入拡大の歴史は、米欧先進国で生産余剰となった小麦を処理する試みの歴史といってよいでしょう。第二次世界大戦後、アメリカとEUは価格支持政策などの保護農政を続けたため、小麦の供給過剰状態が長期化し、1960年代以降、アメリカやEUの農政は過剰小麦の処理に追われることとなりました(43ページ)。その最も効果的な手段が、アフリカなど農業が脆弱な地域への輸出でした。米欧は過剰小麦の輸出先を、旧植民地としてのつながりのあるアフリカに求めたのです。

もちろん人口の多いアジアにも求めましたが、アジアは米欧からの小麦輸入圧力に屈せず、「緑の革命」に代表される国内の穀物増産の道を選びました。対照的にアフリカの多くの国は、穀物増産による食料自給自足政策を採らずに、米欧からの輸入に頼りました。

植民地時代の影響で遅れるアフリカ諸国の主権の確立

このような状況になった理由のひとつに、国家主権の強いアジアに比べて、アフリカは国民国家としての基盤が脆弱だったことが挙げられます。植民地

小麦純輸入依存率とアフリカの都市化率(右軸)

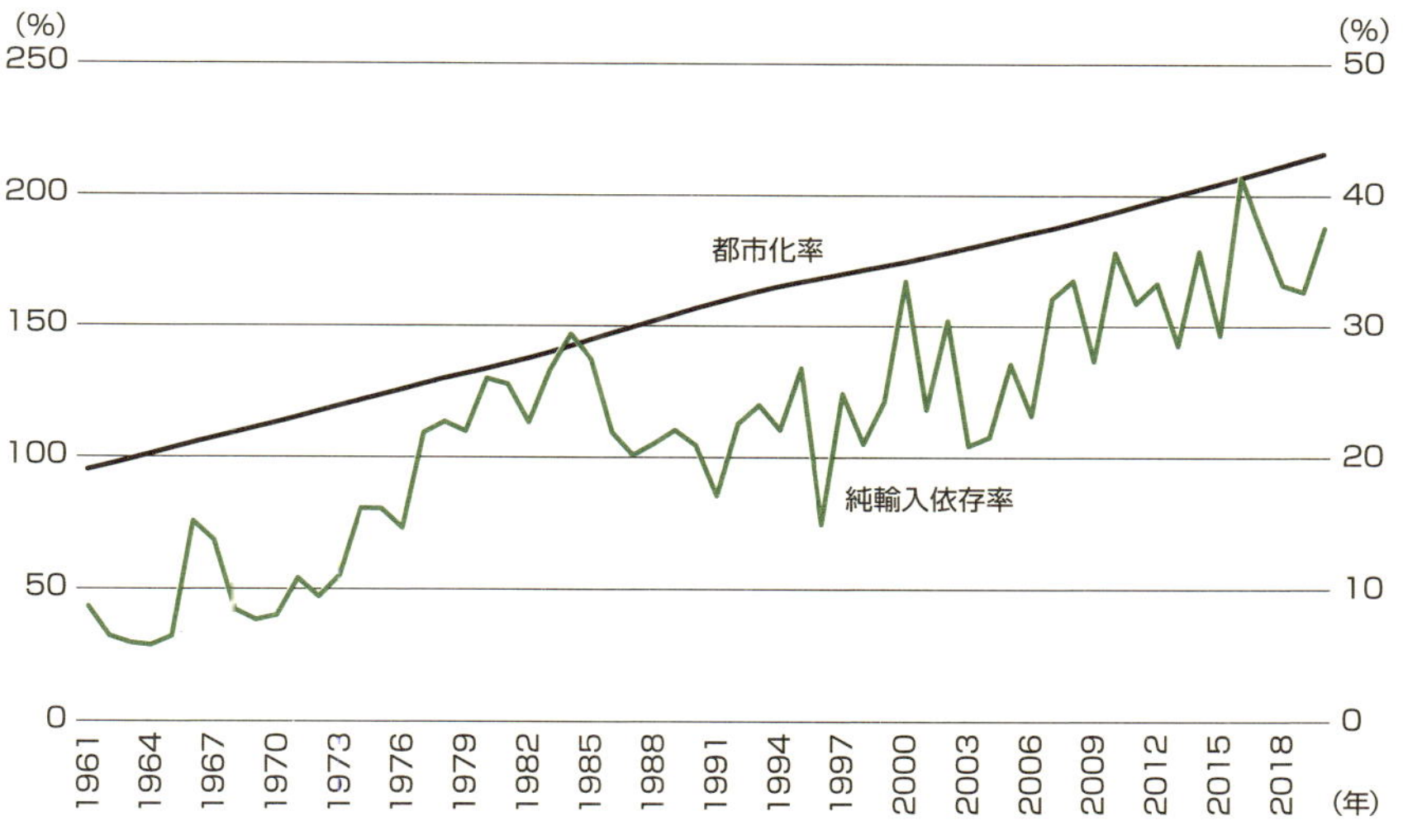

資料:FAOSTATより作成

時代に、イギリス、フランス、ドイツなどの宗主国はアフリカ諸国に食料の自給自足型農業を定着させず、おもに綿花、コーヒー、ココアなど付加価値の高い輸出用商業作物を栽培する**プランテーション農業**しか残さなかったことが大きな原因でしょう。

また、アフリカ諸国の政権の基盤がおもに都市部にあるため、農業を軽視し、農村から収奪する政策が採られてきました。自国産の食料を都市部で消費するには、貯蔵や加工、輸送、道路など、物流インフラが必要となります。しかし、沿海部に集中する大都市なら、輸入小麦に依存したほうが輸送を含めたコストが安いのです。国内流通インフラなどへの投資を怠ったアフリカの国は少なくありません。

アフリカの多様な主食文化の衰退

米欧の自国農民を優先した食料輸出戦略は、アフリカの農業基盤と食料自給体制を弱体化させました。

同時に、アフリカの主食の多様性を衰退させ、農村と都市の食の二極化をもたらしています。

歴史的には大雑把に、アジアは米、ヨーロッパは小麦、アメリカ大陸はトウモロコシという主食穀物の分化と定着が進んできました。一方のアフリカは乾燥地帯が多かったこともあり、**ソルガム**やトウモロコシ、**ミレット**、**キャッサバ**など、地域によって異なる多種多様な主食が選択され、アフリカ全体でひとつにまとまることはありませんでした。

ところが、小麦の輸入が増えるにつれ、アフリカの都市部では伝統的主食が減少し、代わりにパンなどの小麦消費が増加しました。一方の農村ではキャッサバやトウモロコシ、ソルガムなどの伝統的作物が自給自足的に消費されています。アフリカでは、都市と農村の「食の二重構造化」が進んでいるのです。

主食穀物の自給率向上に向かうアフリカ

アジアの経済発展にはさまざまな要因がありますが、主食穀物の自給体制を確立したことも大きく関係しています。経済成長を始めたアフリカも食料自

用語

プランテーション農業
商品作物栽培を目的とした大農園制。多くの場合、宗主国が植民地で実施し、単種耕作の性格から現地の農業構造を破壊する。現在もその弊害が残っている。

ソルガム
イネ科の穀物。日本では「モロコシ」、中国では「コーリャン」とも呼ばれる。アフリカが原産で乾燥に強く、小麦、米、トウモロコシ、大豆とともに世界5大穀物に数えられる。

ミレット
ヒエ、アワ、キビなど雑穀類の総称。降雨量が少なくても栽培が可能で、アジアやアフリカの乾燥地帯で栽培されている。

キャッサバ
イモ類の一種。ジャガイモ、サツマイモに並

給率向上なくしては、貧困からの脱却、持続的な成長は難しいでしょう。食料の自給率向上を実現するには、品種改良や農業技術の普及、灌漑など生産にまつわる分野への投資はもちろん、同時に農産物の貯蔵、輸送等のインフラ整備も必要になります。

国際社会からアフリカへの援助も重要であるのは当然のことながら、必要なのは穀物の実物援助ではなく、生産性向上のための資金、技術、資材などの援助なのです。アフリカの食料自給率が向上することは、アフリカの食料安全保障はもちろん、まわりまわって輸出国の耕地が保全され、安定した輸入環境が整い、ひいては世界全体の食料安全保障の強化につながるという認識を、国際社会でさらに広めていく必要があるでしょう。

アフリカは21世紀に入ってから、農業関連の投資を増やし、域内の穀物などの増産をもたらす兆しが見えています。2022年のアフリカの米生産量は、00年より128・4%増の2660万tになっています。

アフリカの小麦生産量と輸入量

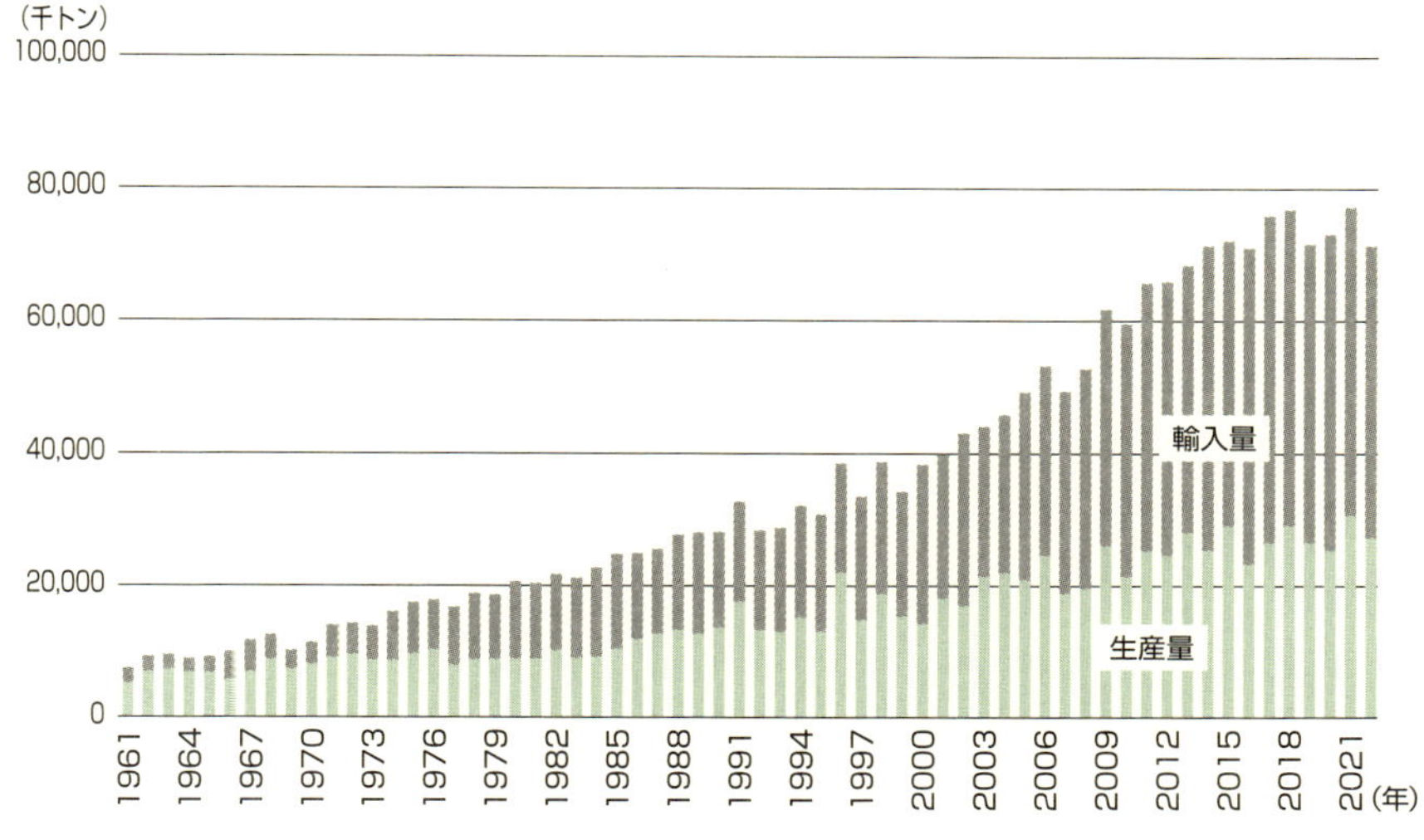

資料：FAOSTATより作成

んで世界3大イモ類とされる。熱帯地域で栽培され、タピオカの原料としても知られる。

12 インドにおける食料安全保障

インド農業・食料政策の3つの柱

2023年に世界一の人口大国となったインドは、イギリス植民地時代の**ベンガル飢饉**をはじめ、大きな飢饉を何度も経験しました。また、天水依存の農地が多いため、インド農業は「モンスーンとの賭け」と言われるほど天候に影響を受けやすく、生産量が不安定です。1990年代に本格化した経済自由化によって、インドは急速に発展していますが、国際的な基準からすればまだ貧困国で、多くの国民が貧困状態にあります。こうしたことからインドは、農民保護と食料安全保障に力を入れています。

インドの食料安全保障政策の柱は3つあります。①最低支持価格による国内農業の振興、②貧困層を対象とした配給制度である公的分配システム（PDS）、③国境措置です。

①の最低支持価格とは、農業の収益性を保障するために設定された、政府買い上げ価格のことです。市場価格が最低支持価格よりも低い場合、農業者は最低支持価格で、無制限に**インド食料公社（FCI）**などの政府機関に買い上げてもらえます。買い上げられた農作物は政府が保管し、食料不足に備えます。

政府は、買い上げた米や小麦、砂糖などを、公正価格店を通じて低価格、あるいは無償で貧困世帯や社会的弱者に配給しています。これが②の公的分配システム（PDS）と呼ばれる配給制度です。2013年に制定された**全国食料安全保障法**では、国民が質量ともに適切な食料を、手の届く価格で得られることを保障しており、現在8億人以上がその受益者となっています。

③の輸出入管理による国境措置も重要です。現在、インドは世界最大の米の輸出国です。世界市場

用語

ベンガル飢饉
第二次世界大戦末期の1943年にインド東部ベンガル地方で起きた大飢饉。200万人以上の犠牲者が出たといわれる。子どもの時にこの飢饉を目の当たりにした経済学者アマルティア・センは、飢饉や貧困はなぜ生じるのか、それを防ぐ方法は何かを研究し世界の貧困緩和政策に大きな影響を与えた。その功績により、1998年にアジア初のノーベル経済学賞を受賞した。

インド食料公社（FCI）
Food Corporation of India。穀物の買付・保管・市場や州政府への供給を担う中央政府の機関として、大不作の年であった19

で米価が上昇すれば輸出量は一層増え、それに伴い国内価格が上昇し、国民の生活を悪化させます。また、米に次ぐ主要作物である小麦は、生産量によって700万t近くも輸出する年があれば、逆に600万tほど輸入する年もあります。国際市場や作柄の変動に影響を受けやすいため、輸出制限をしたり、輸入を促進したりすることで、国内の食料価格を安定させ、国民の食料を確保しています。

インドの食料事情に翻弄される世界

大国インドのこうした行動は、世界市場に大きな影響を与えます。世界の穀物需給がひっ迫し、価格が高騰した2007年、08年、またロシアのウクライナ侵攻により世界の穀物価格が上昇した22年に、インドは米や小麦の輸出を一時的に禁止・抑制しました。これは国際価格上昇につながり、食料を輸入に頼る国に大きな打撃を与えました。世界の農産物市場で存在感を増すインドの動向に、食料の多くを輸入に依存する日本も目が離せません。

インドの米と小麦の純輸出量の推移

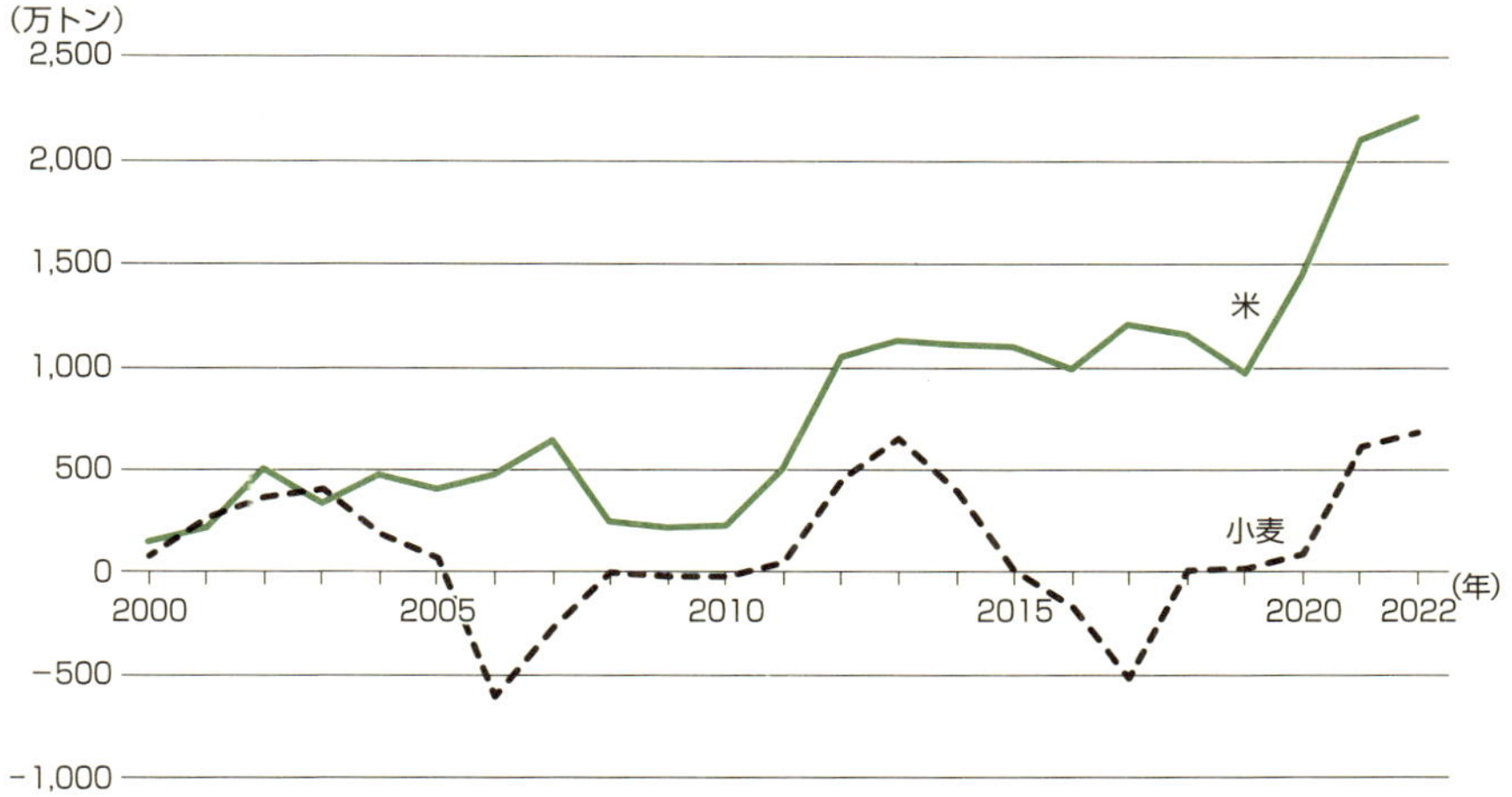

資料：FAOSTATをもとに作成。
注：純輸出量とは、その国の輸出量から輸入量を差し引いた量のこと。純輸出量がマイナスであることは、輸入量が輸出量より多いことを示す。

65年に設立された。

全国食料安全保障法　2013年に制定された法。尊厳のある生活を営むため、適切な量と質の食料を手の届く価格で入手できるのは、国民の権利であるとした。農村住民の75%、都市住民の50%、全人口のおよそ3分の2がPDSを通じた食料配給の対象となる。誰が受益者になるか、また配給量や価格は、経済・社会的基準により決められる。最貧困層の場合、一世帯当たり月35kgの米や小麦などを極めて低価格で得られる。

13 韓国における食料安全保障

尹錫悦政権の食料安全保障・農政方針

尹錫悦《ユン・ソンニョル》政権は2022年に、国民との約束として「120大国政課題」を公表しています。その中の、食料や農業に関わる課題の1つに「食料主権の確保と農家の経営安定強化」があります。具体的には、①基礎食料を中心に自給率の向上を図る、②安定的な海外供給網の確保、③直接支払い交付金の拡大などが打ち出されています。

韓国の食料自給率は大幅に下落

①の食料自給率を確認すると、カロリーベースでは00年に50%を有していましたが、現在は30%強まで低下しています。つまり、韓国の豊かな食卓は、多くの輸入食料・農産物によって成立しているのです。

しかしこれは、品目によって異なります。穀物では、米はむしろ過剰問題を抱えていますが、それ以外の穀物はほとんどを輸入に依存しています。その輸入先も、アメリカやブラジルといった特定の5か国に集中しており、しかも輸入量の大部分を占めている状況です。

海外農業開発とは

②は、李明博《イ・ミョンバク》政権が09年にはじめた海外農業開発が関係しています。海外農業開発とは、おもに海外に進出して現地の農地を確保し、食料生産を進める国内企業を、韓国政府が融資を通じて後押しするという事業です。そして、現地生産した農産物を韓国国内に搬入することで、食料安全保障を確保する狙いがあります。海外で確保した農地は22年時点で合計20万haであり、それは国内農地の2割弱に相当し

用語

尹錫悦
1960年、韓国ソウル市生まれ。2022年より大統領に就任。

120大国政課題
尹錫悦政権が「再び飛躍する大韓民国、誰もが豊かになる国民の国を作る」というビジョンの下、解決すべき課題として2022年に公表した。

李明博
1941年、韓国慶尚北道浦項市生まれ。2008年に大統領に就任し、2013年まで務めた。退任後、収賄罪などで懲役17年の実刑判決を受けた。

韓国の食料自給率

（単位：%）

		2000	05	10	15	20	22年
カロリーベース		50.6	45.4	46.8	42.5	33.9	32.9
重量ベース	米	102.9	96.0	104.5	101.0	90.7	96.2
	小麦	0.1	0.2	0.9	0.7	0.5	0.8
	トウモロコシ	0.9	0.9	0.9	0.8	0.7	0.8
	大豆	6.8	9.8	10.1	9.4	7.5	7.7
	野菜類	97.7	94.5	90.1	87.7	86.4	85.6
	果実類	88.7	85.6	81.0	78.8	73.2	77.1
	牛肉	53.2	48.1	43.2	46.0	37.2	37.8
	豚肉	91.6	83.7	81.0	72.8	77.2	73.7
	鶏肉	79.9	84.3	83.4	86.6	88.2	83.1
	鶏卵	100.0	99.3	99.7	99.7	99.4	99.4
	牛乳類	81.2	72.8	66.3	56.6	47.9	45.5

資料：韓国農村経済研究院『食品需給表』（各年版）より作成

韓国の海外農業開発における海外での農産物確保量

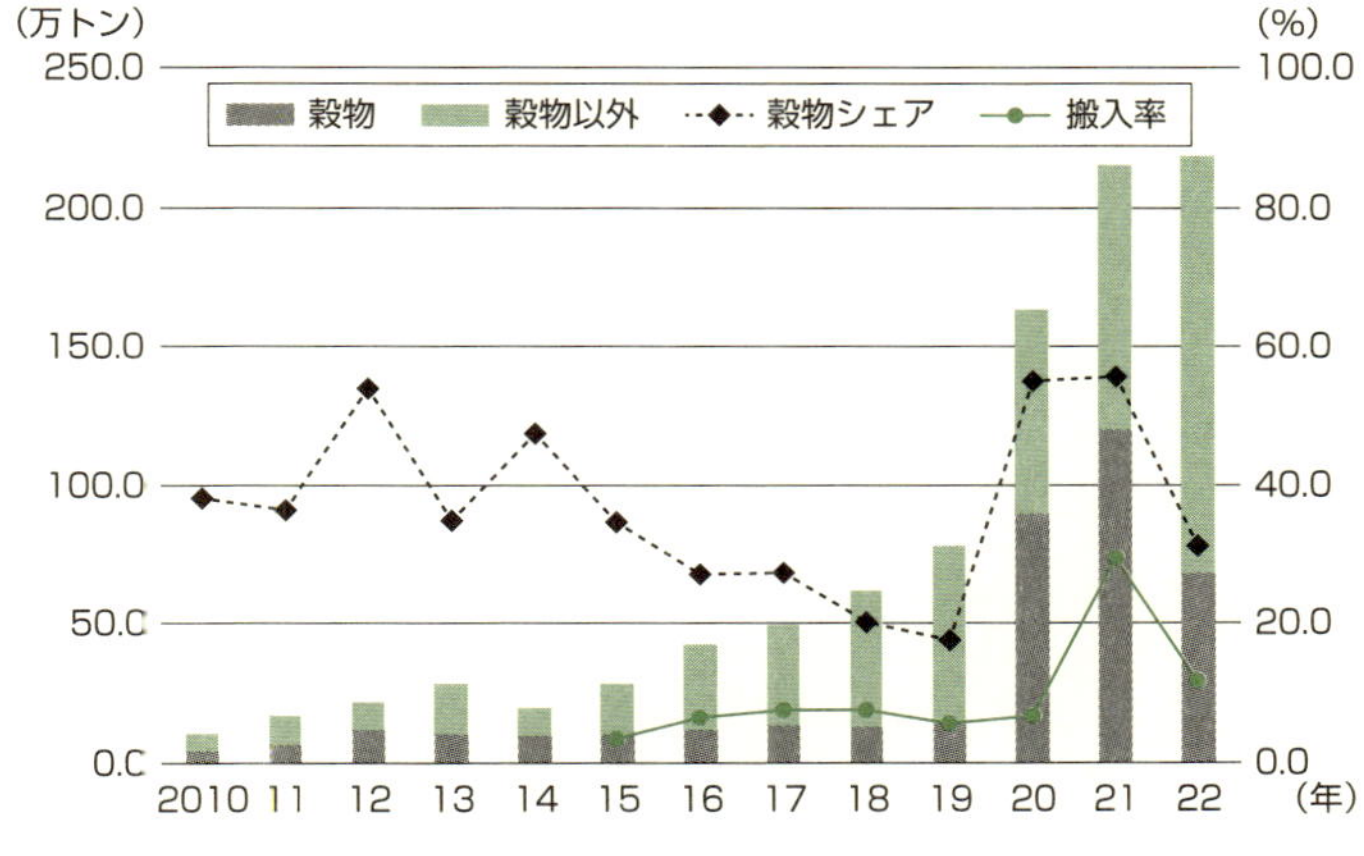

資料：「韓国農漁民新聞」（2022年３月22日付け）、チョン・ジス「第４次海外農業支援開発５カ年総合計画」（『2023下半期 海外農業開発ジャーナル』Vol.32、海外農業支援開発協会、2023年）より作成

注1）：「穀物」は、小麦、大豆、トウモロコシを指す。

2）：「搬入率」は、穀物と穀物以外の合計の数値である。

ます。

農地の拡大は順調に進んでいますが、海外農業開発には多くの問題点が指摘されています。1つ目は、進出国の産業インフラの劣悪さや文化・慣習の相違などから、進出した企業の定着率が2~3割にとどまることです。2つ目は、確保した穀物の多くは、現地生産ではなく現地購入によるものであり、しかもその多くは現地で販売され、国内への搬入は限られていることです。

3つ目は、国内搬入といっても、その実態は進出国と韓国との貿易活動です。つまり当然、進出国からの輸出は進出国の主権に制限されるのです。一方で、国内搬入の際には韓国の関税が課せられます。

そこで、政府はトウモロコシや大豆の輸入管理制度を改定し、海外農業開発には**特恵関税**を適用しています。さらに食料の不足時には、融資を受けた進出企業に対し政府が国内搬入を命令できるように関係諸法の改正も行っています。

公益直接支払い

国内生産を支える③の直接支払い交付金の拡大は、おもに「公益直接支払い」（20年）と「戦略作物直接支払い」（23年）を指します。

まず簡単に、韓国の農業生産にかかるおもな指標を見てみましょう。現在、韓国では農家数が減少して経営主の高齢化が進み、農地面積も大きく減少しています。規模別では、0・55ha未満の小規模農家が全体の半分を占めています。一方、5ha以上の大規模農家は少数ですが、農地では3割を集積しています。

このような状況下で導入されたのが公益直接支払いです。公益直接支払いは**文在寅**《ムン・ジェイン》政権が制度設計し、尹政権がそれを継承し実施しました。特徴の1つは、競争力強化を目指す大規模農家だけではなく、その対極にある小規模農家の国内農業生産への貢献も評価し、直接支払いを通じてその生産、営農継続を支える点です。

特恵関税
開発途上国の経済発展を援助するために、途上国等からの輸入品に対して、先進国からの輸入品よりも低く設定した税率を適用する制度。

文在寅
1953年、韓国慶尚南道巨済市生まれ。2017年に大統領に就任し、2022年まで務めた。

全体の半分を占める0・55ha以下の農業者等に対する「小農支払い」と、0・5haを超える農業者等には面積に応じて単価が異なる「面積支払い」で構成されます。受給には、農地機能の維持、農産物の安全性、環境保護や生態系保全など、公益性に関する17の活動遵守が求められます。

戦略作物直接支払い

一方、戦略作物直接支払いは、水田での栽培を米から戦略作物に転換させることで、米の需給改善・安定化、輸入依存度の高い作物の生産増、水田利用率の向上（二毛作）、それによる農業所得のアップ、食料自給率の向上を図ります。

戦略作物は、粗飼料をはじめ、冬季作物である小麦などの麦類、夏季作物は大豆や米粉です。支給単価は、米の生産を抑制するために夏季作物を高く設定し、二毛作の場合は、さらにインセンティブを付与して、戦略作物の生産拡大と自給率の向上を図っています。

韓国農業の基本指標とおもな直接支払い

◎国内農業の基本指標
・農家数：2000年138.3万戸（43.2%※）→ 20年103.5万戸（56.0%）
［0.5ha未満シェア：2000年32.9% → 20年52.8%
5.0ha以上シェア：2000年1.7% → 20年3.2%］

・農地面積：2000年160.2万ha → 20年111.6万ha
［0.5ha未満シェア：2000年7.8% → 20年12.7%
5.0ha以上シェア：2000年10.7% → 20年30.0%］

↑

◎公益直接支払い
・小農支払い
120万ウォン（1戸当たり一律）
・面積支払い
100万～205万ウォン（1ha当たり）

↑

◎戦略作物直接支払い
・冬季作物
50万ウォン（1ha当たり）
・夏季作物—大豆，米粉
100万ウォン（1ha当たり）
・夏季作物—粗飼料
430万ウォン（1ha当たり）
・二毛作
100万ウォン（1ha当たり）

資料：筆者作成
注：1）() 内は経営主65歳以上の割合である。また※は，データの制約のため2005年の数値である。
2)「公益直接支払い」には、表中以外に「選択型」がある。しかし、交付実績はかなり少ない。

14 EUにおける食料安全保障

食料安全保障への意識の高まりと農政改革

欧州連合（**EU**）は二つの大戦による食料難の経験から、自給率を高く維持するよう努めてきました。その結果、かつての穀物の輸入地域は輸出地域へと転換し、主要な食料は概ね自給できるようになっています。残った輸入依存品目はたんぱく質飼料（大豆など）です。また、EUは日本に比べ、人口1人当たりの農地が豊富であるため、食料安全保障への対応には比較的余裕があります。

EU農業政策の目的の一つは、「(食料の）安定供給の確保」であり、**EEC設立条約**（1957年）以来引き継がれています。EUは62年から「**共通農業政策**」を導入し、EU内の食料自給を目指して農業保護と増産を進めてきました。

しかし、70年代半ばには生産過剰が広がり、80年代以降は貿易自由化交渉によって競争力が重視され、さらに冷戦が終結して戦争の懸念が薄れたことなどから、EUにおける食料安全保障に対する意識は後退します。EU諸国が独自に行っていた食料備蓄などの対策も、大幅に縮小していきます。

2000年代後半以降は再び、食料安全保障への意識が高まります。中国などによる活発な食料輸入や、アメリカなどによるバイオ燃料向け需要の拡大（109ページ）により、食料の国際市場が高値基調に転じたためです。さらに、気候変動などの不安定要因も増してきます。これらを受けたEUは、**農政改革**（13年）の立案時に食料安全保障を第一の課題として位置づけ、23年からの今期農政改革では法定目標の第一に食料安全保障を組み込みました。農政の主要な施策である「直接支払い」は、農業所得支持を通じて、EU全域で多様な農業生産を維持す

用語

EU
欧州連合。人・財・サービスの自由な移動、共通通貨（ユーロ）、金融政策および政治など、幅広い分野での協力を進めている共同体。2024年現在、27か国が加盟している。なお、前身であるEECとECもすべてEUと表記した。

EEC設立条約
欧州経済共同体設立条約。EUの前身であるECの基本条約。

共通農業政策
EU共通農業政策。通称CAP。EU加盟国27か国における農業政策に共通の大枠を定めている。EU予算を財源として欧州全体レベルで運営される。

る役割を担っています。

新型コロナとウクライナ紛争の影響

また、新型コロナウイルス感染症（COVID－19）の蔓延によって**フードサプライチェーン**が混乱したため、2021年に「危機の際における食料供給・食料安全保障を確保するための緊急時対応計画」を策定し、その下で加盟各国が参加する常設の専門家会合（欧州食料安全保障危機準備・対応機構）や、民間部門のネットワークを設置するとともに、各種リスクの調査・整理や、統計データの提供など情報共有を進めています。

さらに、22年にウクライナ紛争が始まると、**欧州首脳理事会**は植物性たんぱく質（豆類など）のEU域内生産拡大を行い、輸入依存を削減する方針を打ち出しました。24年5月の調査報告書では対策として研究開発、作目別助成金、収穫保険、バリューチェーンの整備などを提言しています。また植物性たんぱく質以外についても、22年以降は穀物などの食料増産を促進するため、農業者が直接支払いを受ける際の環境要件を一部免除しています。そして欧州首脳理事会は24～28年における政策の重点に食料安全保障を加えました。

ヨーロッパ各国ごとの食料安全保障

EU加盟国レベルでは、ドイツや北欧諸国が独自の食料安全保障対策に注力しています。ドイツは17年に食料確保準備法といった、緊急時における食料安定供給の統一的な法制度を整備しました。フィンランドは23年に主食用穀物の備蓄を6か月分から9か月分に拡大。スウェーデンでは国の任命した委員会が24年に報告書を提出し、食料安全保障への対応にかかる国の体制整備や、食料安全保障法の制定（農産物の緊急備蓄や、市町村による食品のニーズ把握と流通計画）、農地の保護、食料庁に常時警戒を担う部署を設置することなどを提案しました。

イギリスは2020年にEUを脱退したため、独自の食料安全保障体制を築く必要に迫られました。

農政改革
1992年以来、数年ごとに共通農業政策（CAP）の内容を変更している。通称CAP改革。

フードサプライチェーン
農林水産物を生産し、食品加工、流通、販売により消費者に食品が届き、最終的に廃棄されるまでの一連の流れ。

欧州首脳理事会
通称EU首脳会議。全EU加盟国の首脳および欧州委員会委員長、常任議長をメンバーとする最高政治機関。EUの政策について全体の方針を示す。

定期的に食料安全保障を点検する制度を設けたほか、22年の政策文書において、「国内生産は不確実な世界において弾力性を提供する」と評価し、将来にわたる自給度の維持（国内生産可能な温帯産品の自給率約4分の3）を主張しています。また、ノルウェーは03年に廃止した穀物備蓄を24年に再開しており、数年間かけて3か月分を積み増す予定です。

食料安全保障と相反する環境・気候対策の兼ね合い

EUでは新たな問題として、食料安全保障と環境・気候対策の兼ね合いが浮上しています。EUは包括的な環境・気候戦略である**欧州グリーンディール**（19年）の一環として、農業・食品部門を対象とする**ファームトゥフォーク戦略**や**生物多様性戦略**（いずれも20年）を打ち出して農業の環境・気候対策を推進しようと試みました。

農業生産の基礎となる土壌や生態系サービスの保全は、長期的な食料安全保障にとって重要です。一方で、少なくとも短期的には農産物の生産量や農業の収益を減らす方向に働きます。20年以降発生した各種混乱や、異常気象などに直面した農業者から不満の声が上がり、農業の環境・気候対策の各種規制案は大幅に縮小されました。今後の持続可能性と食料安全保障の両立を目指して、24年に農業者を含む広範なステークホルダーによる「**農業の将来に関する戦略的対話**」が実施されました。

食料安全保障に大きな影響を及ぼすウクライナのEU加盟交渉

EUの食料供給に大きな影響を及ぼす可能性があるのは24年に始まったウクライナのEU加盟交渉の行方です。ウクライナはチェルノーゼムの穀倉地帯を有し、世界の主要な穀物輸出国の一つです。人口はEUの10分の1弱に過ぎないのに対し、耕地面積はEUの3分の1近くあります。加盟が実現すれば、EUの食料自給度を大幅に引き上げる道が開けます。ただし、高い価格競争力を有するウクライナの農産物を、EU域内の生産を維持しながらEU共通市場に取り込むには課題が残されています。

欧州グリーンディール
環境を守りながら持続可能な経済へ移行を目指す包括的な環境・気候政策。EUの成長戦略でもある。

ファームトゥフォーク戦略
農場から食卓まで戦略。通称F2F。欧州グリーンディールで自然環境保全を実現するための核になる戦略の1つ。持続可能で公平な食料システムを目指す。日本のみどり戦略が参考とした。生物多様性戦略とともに、2023年までに農業リスク・養損失・畜産抗生物質を半減、有機農業を土地の25%にするなどの目標を掲げた。

生物多様性戦略
欧州グリーンディールを実現するための核になる戦略。生物多様性の損失阻止と持続可能な食料システムを目指している。

人口1人当たり農地面積の国際比較（2021年）

（単位：アール）

	日本	スイス	EU	世界平均	アメリカ
農地	3.74	17.25	36.56	60.53	122.72
耕地	3.28	4.55	22.32	17.51	45.32
永年作物	0.21	0.29	2.67	2.38	0.93
永年草地	0.25 （7%）	12.41 （72%）	11.57 （32%）	40.63 （67%）	76.46 （62%）

資料：FAOSTATより算出。スイスは夏季山岳放牧地を含む。括弧内は農地に占める割合

EU中期農政（2023～2027年）の目標と施策

全般的目標の第一「食料安全保障を確保するスマートかつ回復力のある多様な農業部門を促進する」

↑

詳細目標の第一「食料安全保障を増進するためにEU全域で存続可能な農業所得と回復力を支える」

↑

所得支持を目的とする直接支払い
- 持続可能性のための基礎的所得支持
- 持続可能性のための補足的再分配所得支持（中小農業者向け）
- 補足的青年農業者所得支持
- 小規模農業者制度
- 品目別所得支持

資料：CAP戦略計画規則などより作成

農業の将来に関する戦略的対話　2024年1月に欧州委員会によって立ち上げられ、生産者の適切な所得、環境保護と両立する農業支援策、先端技術の活用やEU農業の国際競争力といった課題が議論される。

15 スイスにおける食料安全保障

食料安全保障への意識と農政改革

スイスは食料安全保障の意識が強い国の一つです。国内の食料需要に対する耕地の不足や内陸国であるため海運による輸入ができないこと、中立国としての独立性、EUに非加盟であることなどが背景にあります。スイスの農業は、限られた耕地や山がちな地形など条件的には不利で、日本と似通った面があります。ただし、草地は日本よりもはるかに豊富で、酪農が盛んです。かつては食料の多くを輸入に頼っていましたが、第一次世界大戦中の食料不足が**ゼネスト**とその鎮圧といった社会不安を引き起こしたため、その後は農業保護に転じ、以降70年ほどの間にパン用穀物の自給率を数倍に引き上げました。

やがて第二次世界大戦後に平和が訪れ、乳製品等が生産過剰となる中で、EUと同様に食料安全保障に対する関心は低下し、貿易自由化と農政改革によって食料自給率は一段低下しました。現在、畜産物の自給率は高いものの、飼料穀物などは輸入が過半を占めています。輸入飼料の寄与を差し引いた**純総合食料自給率**（カロリーベース）は50％前後です。

１９９６年に定められた農業政策の目的は、農業の多面的機能*（国民への食料供給の保障、自然資源の保全と農業景観の維持、国土の人口分散）による貢献の確保です。そのための第一の施策は、環境保全要件を伴う「直接支払い」による農業収入の補完です。なお現在では、直接支払いは農業からのサービス（多面的機能の提供）に見合ったものとするよう定められています。伝統的に国民への供給の保障が重要視されるものの、環境対策の重視が加わり、農業保護は後退しました。

輸入自由化と農業保護の削減によって、飼料穀物

用語

ゼネスト
ゼネラルストライキの略。1918年、食料難などを背景にスイス全土で労働者によるストライキが発生した。

純総合食料自給率
食料の国内消費仕向量に対する食料の国内生産量の割合を熱量に換算して%で示したもの。畜産物のカロリーベースの自給率の計算は、飼料の自給率を含めた計算をする必要がある。

の生産や草地面積が縮小し始めます。また２０００年代後半以降に農産物の国際価格が高値基調に転じたため、再度危機感が醸成されて農政の見直しにつながりました。14年に直接支払制度を全面改正し、農業の多面的機能への貢献を強め、農地での生産を維持するための「**供給保障支払い**」と「**農業景観支払い**」を導入し、農業予算の最大の割合を配分しました。その中には条件不利地域への加算や、傾斜地に対する高単価の助成が含まれます。適地の限られる畑作や、飼料穀物にも追加の助成がなされました。

同時に、食料主権、品質戦略、持続可能な消費といった国内農業生産の維持に資する新たな政策概念が導入されました。食料主権とは、食料の作り方と政策をその国自らが決め、また自らの土地で食料を生産する権利です。加えて、17年にはスイス連邦憲法に食料安全保障条項を導入し、実現すべき食料安全保障のあり方について国民の合意を得ました。この条項は、農業生産基盤の維持をはじめ、環境、市場、貿易、消費についてそれぞれ食料安全保障との

スイスの穀物自給率の長期推移

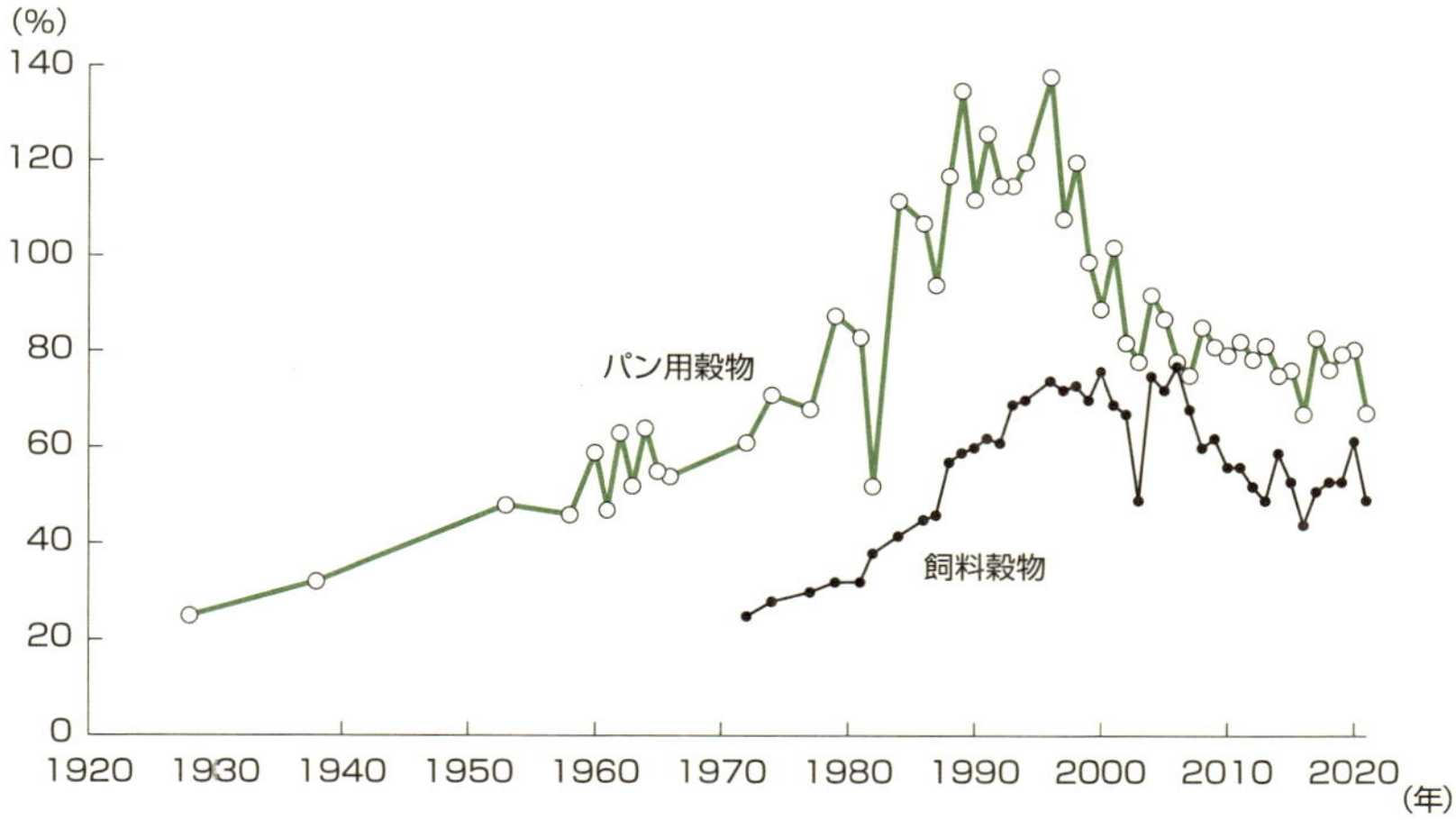

資料：「農業報告」等のデータにより作成

*スイスにおける「多面的機能」には食料供給の機能が含まれるが、日本の定義においては含まれない。

供給保障支払い
中長期的な供給力の維持確保を狙いとして、最低限の農業生産に対し、直接支払いを行う。

農業景観支払い
おもに丘陵・山岳地帯で問題となっている農地の森林化を食い止めるため、放牧や採草など、開放農業景観を維持することを狙いとして、面積に応じて直接支払いを行う。

関係を整理した結果、国民投票で78％の高い支持を得ています。

食料安全保障上の課題

食料安全保障や食料供給の保障を確保する上で対処すべき国内の課題もあります。まずスイスの食料自給率は近年低下傾向にありますが、これは人口の増加が影響しています。スイスの人口は移民の流入により20年間で2割程度増加しています。農地面積は**開発圧力**により若干減少しており、収量の底上げによって自給率を下支えしています。今後もこうした生産性の向上を維持する必要があります。

また、食料安全保障と環境・気候対策の両立も課題です。スイスの農業政策は、食料安全保障と並んで環境対策にも重点を置いており、農業者には1990年代以降、EUよりも高度な環境規制や補助金受給要件を課しています。さらに農薬のリスクや養分流出を大幅に削減しようとしており、これらは農業生産の減少につながる可能性があります。政府は2050年の将来像として「生産から消費までの持続可能な開発による食料安全保障」を掲げ、今後より具体的な方策を検討することになっています。

緊急時の食料供給と備蓄

もう一つの重要な分野は緊急時の食料供給です。スイスでは農業政策とは別の枠組みである**国家経済供給制度**で対処しています。食料などの重要物資や、輸送や情報通信などサービスの深刻な不足が起こった場合、政府は広範な経済介入措置を取ることができます。食料分野の介入策は不足期間の長さに応じて3段階に分かれ、3か月未満の場合は備蓄放出・輸入促進・輸出制限、1年以下の場合は消費抑制、それ以上の場合は生産転換や配給が行われます。

食料関連の備蓄は食用穀物と油脂4か月分、食料・飼料兼用小麦と砂糖3か月分、飼料2か月分、資材（窒素肥料、家畜の抗感染症薬、包装資材原料のプラスチック）です。これらの物資を輸入・製造・加工・(国内で最初に)販売する業者は備蓄が

開発圧力
人口の急激な増加等によって住宅地や市街地が必要となり、農村地帯等の開発需要が高まること。

国家経済供給制度
「深刻な供給不足」が訪れた際、サービス部門（輸送、情報通信、エネルギー分配インフラ）も含めて、迅速に措置発動を可能とする制度。

義務付けられており、穀物、食料、肥料については業界ごとに備蓄を行う団体を組織しています。

また、生産転換をはじめ各種食料供給を最適化するための計算システムを有しており、平時からさまざまなシミュレーションを行っています。仮に輸入が途絶えたとしても国内生産の転換により1人1日当たり2300kcal分の食料を生産できるよう、必要な優良農地を維持することが定められています。土地利用計画制度の中で各州に面積を割り当て、維持を義務付けています。

ここまでに説明した食料安全保障に関する政策の全体像を憲法の条項に沿ってまとめると、深刻な不足時の経済供給（憲法第102条　国家供給）によって不測の事態に備える一方、緊急時に備えて平時から農地など生産基盤を維持（同第104a条　食料安全保障）し、かつ国民への供給の保障（第104条　農業）を実現できるように農地で農業生産を維持するため直接支払いなどの各種施策を整備している、ということになります。

スイスの食料安全保障を支えるおもな法制度

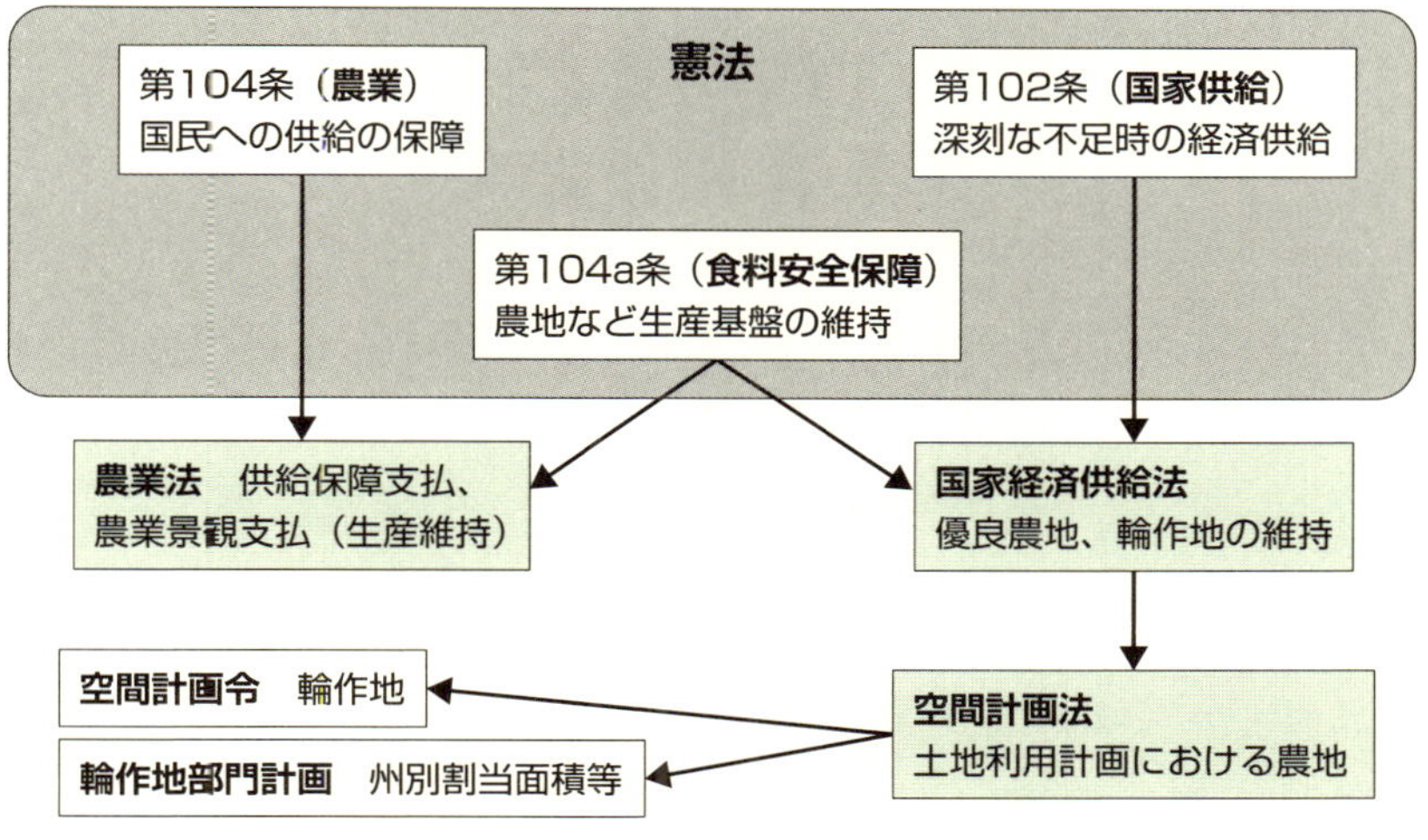

資料：スイスの法制に基づき作成

16 国際的な食料安全保障の制度と取り組み

食料安全保障は地球規模の課題

現在、日本の食卓には世界中から輸入された食肉、魚介類、果物が当たり前のように置かれています。これは日本に限ったことではなく、世界中の食料システムは、貿易を通じて深くつながっています。食料安全保障の問題の解決には、食料生産のための資源管理、生産物の輸送インフラ、国民の所得格差の是正など、複雑な要因が関連しており、一国では解決できない貿易政策や地球環境問題も含まれています。多くの地球規模の課題の中でも、最も解決困難な人類の永遠のテーマです。そして、究極の解決策は、国連の**持続可能な開発目標**のように「飢餓をゼロに」を実現するしかないのです。

この目標に向かって、多くの国際機関・組織が、日夜活動を続けています。実際に飢餓が発生している地域へ食料の緊急援助を実施しているのは**ＷＦＰ（国連世界食糧計画）**です。食料の調達から現地への輸送・配給などで優れた手法を確立しています。民間では、数多くの国際ＮＧＯが、難民や子どもなど世界中の立場の弱い人たちに、現地のニーズに合った食料援助や農業指導を展開しています。

一方、**ＦＡＯ（国連食糧農業機関）**は、加盟する各国政府との間で、農林水産業の技術や政策に関する情報交換を行っており、食料サミットの開催などを通じて、世界の食料安全保障の議論をリードしています。現場での技術実証的事業も数多く実施しています。**世界銀行**（ＷＢ）やアジア開発銀行（ＡＤＢ）、アフリカ開発銀行（ＡｆＤＢ）は、巨額の資金を導入して、インフラ整備などの農業開発事業を推進しています。農業生産性の向上、住民の所得向上などを通じて食料安全保障の確保に貢献します。

用語

持続可能な開発目標
→ＳＤＧｓ。21ページ。

ＷＦＰ（国連世界食糧計画）
食糧欠乏国への食糧援助と天災などの被災国に対して緊急援助を実施し、経済・社会の開発を促進する国際連合の機関。

ＦＡＯ（国連食糧農業機関）
→19ページ。

世界銀行
開発途上国に対して幅広い融資・援助を行い、貧困の削減、経済成長と開発を促進する機関。

ＷＴＯ（世界貿易機関）
世界貿易の自由化と秩序維持をめざす国際機

食料安全保障を地球化するために

食料安全保障は、常に各国首脳の関心事であり、G7やG20の諸会議でも重要なテーマとなっています。**WTO（世界貿易機関）**や**OECD（経済協力開発機構）**における、貿易と各国食料政策に関する議論は、各国の利害が対立する場面がありますが、今後の世界の食料安全保障の確立にとって避けて通れません。技術開発研究を通じて貢献する**CGIAR（国際農業研究協議グループ）**のIFPRI（国際食料政策研究所）では、食料不安や栄養問題の実証分析によって理論面の強化が図られています。

日本の食料安全保障は、日々の食事の内容を見直し、地場の産物を再評価して、国産食材の利用を増やすことで改善されます。一方で、わたしたちが毎日大量に消費している輸入食品の生産者の生活や、自然資源の使われ方など、輸入食材についても同様の関心を忘れてはなりません。公平な眼で世界の食料安全のための選択を継続する必要があります。

食料安全保障に貢献する国際機関・組織

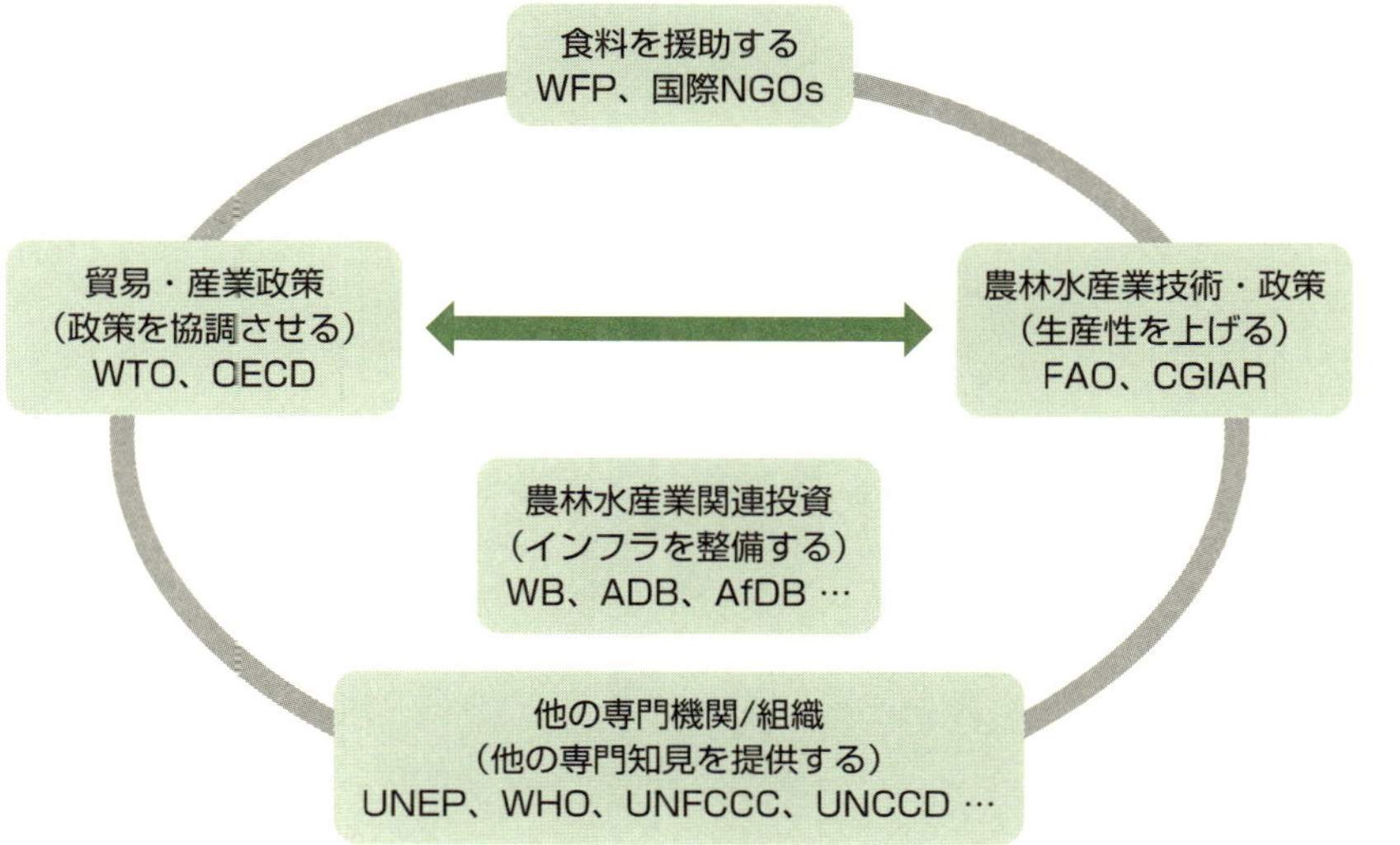

関で、国際貿易のための世界共通ルールを作ろうとしている。

OECD（経済協力開発機構） 国際経済全般について、加盟国(先進国)間で協議することを目的とした国際機関。

CGIAR（国際農業研究協議グループ） 開発途上国の農林水産業の生産性向上、技術発展、貧困削減、環境保全を目的として1971年に設立された国際組織。

第3章

食料安全保障を脅かすリスクを知る

1 気候変動がもたらす食料安全保障上のリスク

世界中で顕在化する地球温暖化の影響

ＥＵの地球観測プログラムであるコペルニクスは、２０２４年９月６日に同年夏（６～８月）の世界の平均気温が１９４０年の観測開始以来、最も高温だったと発表しました。平均気温の高温記録の更新は２０２３年に続き、２年連続です。こうした記録的な猛暑は、農業にはっきりと影響します。

高温・少雨・豪雨・熱波などさまざまな異常気象

日本では23年の高温によって米の作況が悪化、本格的に新米が出回る前の24年９月の端境期に、店頭から米が消える事態が起きました。

22年夏には、北半球にあるライン川、長江、ミシシッピ川という穀物生産を支える３大河川の流域で、同時に極端な少雨と熱波に襲われました。ちょうどトウモロコシの生育期間だったため、ヨーロッパのトウモロコシ生産量は前年比27・６％の減産、アメリカも８・９％の減産となりました。

中国はなんとか前年並みのトウモロコシ生産量を確保しましたが、それは**人工降雨**などの可能な限りの措置を取ったためであり、米は２％の減産となりました。同じ22年夏にパキスタンは長期の豪雨に襲われ、国土の３分の１が水没し、80万haもの農地が収穫不能に陥り、米の生産量は前年比21・５％の大幅減産となりました。豪雨の後の排水作業も難航し、11月の小麦の作付けにも大きく影響しました。

気候変動によって適地の変動が起こっている

商業作物にも気候変動の影響が広がっています。ワインは特定地域の土壌や気候が育むブドウの品種によって味が左右されます。世界的なワイン産地で

用語

人工降雨
人工的な技術で強制的に雨を降らせる取り組み。航空機やミサイルを使い、水蒸気と結びつきやすい性質を持つヨウ化銀などを雲の中に散布し、雨雲を育てるやり方が主流。

あるフランスのボルドー地方では１９５０年以降、平均気温が2度上昇し、従来のブドウ品種だけではワインの味を維持できなくなりつつあります。そのため、２０２１年に高温に強い6つの新たなブドウ品種の栽培を、ボルドーワイン委員会（ＣＩＶＢ）が認めました。

一方、かつては高緯度で気温が低いため、ブドウが栽培できず、ワイン不毛の地とされてきたイギリスが今や、温暖化によってワインに適した良質なブドウの産地として注目されています。また、チョコレートの原料のカカオやコーヒー豆などの産地が気温上昇や干ばつの影響を受け、チョコレートやコーヒーの価格が値上がりするといった事態も起きています。

地球温暖化によるこうした気候変動は、水不足による干ばつや、豪雨による洪水の多発などをもたらし、農産物の収量減少、品質低下、病虫害の多発、畜産や養殖業における疾病発生など、世界中の食料供給に広範な影響を及ぼしています。

各国のトウモロコシ生産量

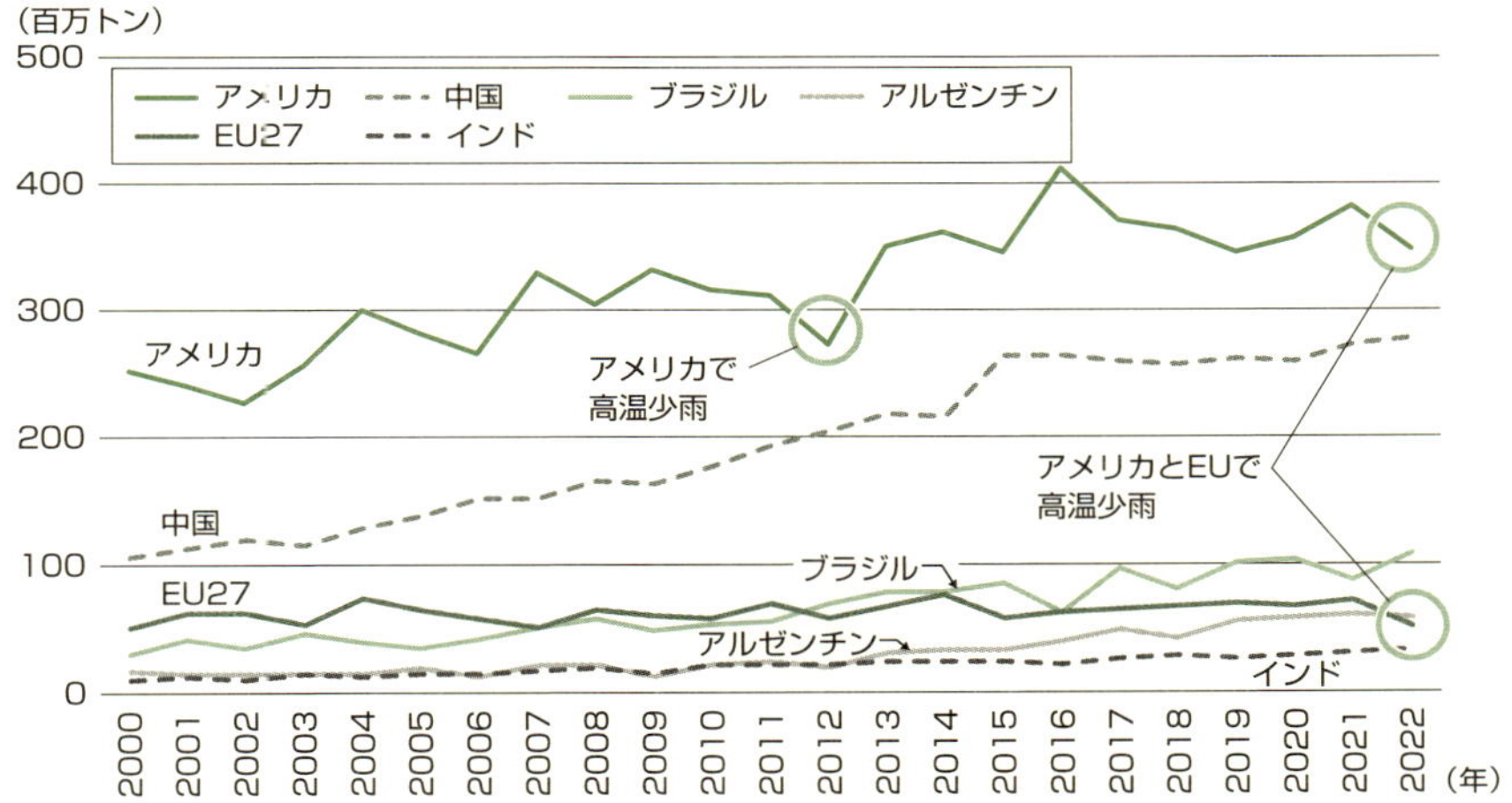

資料：FAOSTATより作成

2 気候変動の悪影響を最小限にする適応

気候変動は避けられない

気候変動を抑えるためには、**GHG（温室効果ガス）**の排出の大幅な削減が不可欠です。しかし、向こう数十年の間に最大限の排出削減の努力を行っても、過去に排出されたGHGの大気中への蓄積があるため、気温上昇は続き、気候変動は避けられないと「気候変動に関する政府間パネル（IPCC）」第6次評価報告書（AR6）は指摘しています。将来の穀物や畜産の生産維持には、気候変動による打撃を最小限にする「適応」の取り組みが必要です。

まず、農作物等の生産量や品質の低下を軽減する適応技術や対応品種の研究開発を加速させる必要があります。日本では2023年夏の高温障害で、一等米比率が過去最低を記録しましたが、これは高温耐性品種への転換が遅れたためともいえましょう。洪水や干ばつによる農作物被害を軽減する水管理システムの強化とともに、土壌の有機炭素を増やし、同時に保水力を高め、干ばつと高温に耐えられる農業システムを構築する必要があります。

一方、温暖化には農業生産へのプラスの側面もあります。まず耕作に不適だった寒冷地の平均気温が上がり、耕作が可能になります。また、気温上昇に伴い、亜熱帯・熱帯作物が栽培できるようになった例は世界で増えています。

農業分野のGHG排出量削減の努力

農業は地球温暖化に苦しむ被害者であると同時に、加害者でもあります。農業分野もまた、大量のGHGを排出しているからです。2019年の世界の農業・林業・その他土地利用分野（**AFOLU**）からのGHG排出量は、世界の人為起源GHG総排

用語

GHG（温室効果ガス）
→109ページ。

AFOLU
Agriculture, Forestry and Other Land Use の頭文字を取った略称。2006年のIPCCガイドラインで、それまで区別されていた農業分野と土地利用、土地利用変化及び林業分野（LULUCF）が統合された。

2℃目標
今から約80年後に当たる21世紀末の世界的な平均気温上昇を、工業化（産業革命）以前と比べて2℃未満に抑える目標のこと。同時に、できる限り1・5℃以内に抑えるように努めるという目標を1・5℃目標という。

出量の約22％を占めます。国連は15年のパリ協定で「世界共通の長期目標として**2℃目標**の設定、1・5℃に抑える努力を追求すること」を合意しましたが、農業分野もその例外ではありません。

GHGとは二酸化炭素やメタン、一酸化二窒素などですが、温室効果は大きく異なります。二酸化炭素を1とした場合、メタンは25、一酸化二窒素は298と強力な温室効果があります。二酸化炭素の最大排出源はエンジンを持つ自動車ですが、メタンと一酸化二窒素は農業・畜産が主要な排出源です。牛は**反芻動物**で、胃の中でエサを発酵させメタンが発生、ゲップや放屁として排出します。自動車は電気化や二酸化炭素排出の少ない再生可能燃料の使用が進められ、同時に牛もメタン排出を減らす飼料の開発や、食肉消費量削減が提唱されています。

また「気候スマート農業」という気候変動に強く、環境に優しい持続可能な農法も広がりつつあります。**不耕起栽培**や**アグロフォレストリー**、緑肥作物の栽培、化学肥料使用量の削減が行われています。

世界の経済部門別のGHG排出量

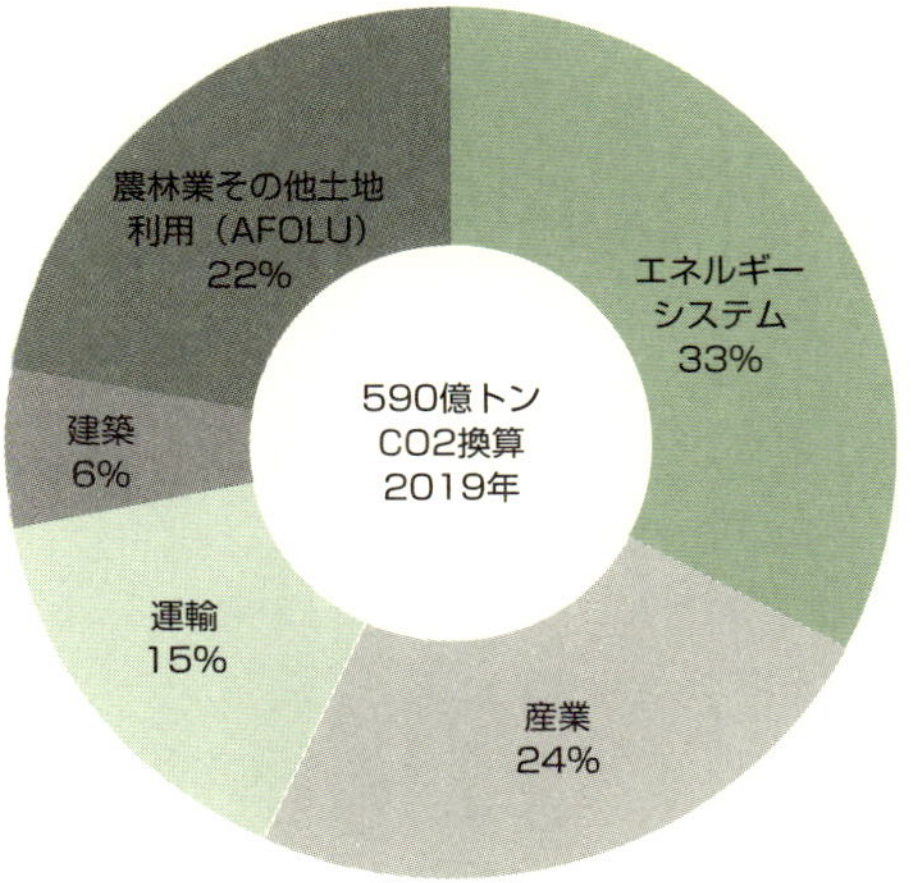

資料：IPCC「第6次評価報告書（R6）」第3次作業部会報告書より作成

反芻動物
4つの胃があり、いったん食べたものを口の中に戻し、ふたたび咀嚼する動物。人間や豚のように、1つの胃しか持たない動物は単胃動物という。

不耕起栽培
農地を耕起せず、表面を攪拌したり、切れ込みを入れたのち、種まきや植えつけ、施肥等を行う栽培方法。

アグロフォレストリー
森林農法。同一の土地で樹木と野菜などを栽培し、農業と林業を複合経営すること。農業収益と林業収益を同一の土地から得られるため熱帯地域などの貧困問題の解決につながる他、樹木のもつ土壌肥沃化の効果などもあり、持続可能な土地利用形態として期待されている。

3 ロシアのウクライナ侵攻が顕在化させた世界の地政学リスク

国や地域によって異なる食料安全保障上のリスク

中東、アフリカ、アジアなど、輸入食料に依存している地域の一部は、潜在的に地域紛争などの政治や社会、軍事的な緊張を抱えています。グローバリゼーションの進展とともに、多くの国で食料や化学肥料の貿易依存度が高まり、その調達は少数の供給国に集中しています。その供給国において、政治や社会、軍事的な問題が勃発した際、世界はたちまち食料や化学肥料などの供給不足と価格高騰に直面します。こうした場合、深刻な影響を受けるのは先進国ではなく、主食穀物を輸入に依存している低所得国になりがちです。

このような、特定地域の問題が世界にもたらす不安定性、不透明性を**地政学リスク**といい、悲劇をもたらす要因になりえます。

黒海の地政学リスクが途上国の食料輸入を直撃

近年、地政学リスクを強く意識させたのは、2022年2月にロシアがウクライナに軍事侵攻したことによる、食料や化学肥料、燃料の高騰です。ロシアは21年までの6年間、世界最大の小麦輸出国であり、世界最大の化学肥料と石油・天然ガス輸出国でした。ウクライナも21年に世界第5位の小麦輸出国であり、第4位のトウモロコシ輸出国でした。

この2国からの小麦、トウモロコシの輸出は、おもにオデッサなど黒海沿岸の港から黒海、ボスポラス海峡、地中海を通って世界に輸送されていました。ロシアはウクライナの経済基盤である農業輸出の妨害のため、黒海で穀物運搬用の貨物船や港湾の出荷設備を攻撃し、一時はウクライナからの穀物輸出が全面的に止まりました。一方、国際社会がロシアを

用語

地政学リスク
地域が抱える政治や社会、軍事的な緊張が地域や世界の経済に与える不安定性、不透明性を指す。紛争や戦争の展開だけでなく、特定地域に賦存する資源や産出する産品、その輸送にかかわるサプライチェーンの混乱まで含まれるようになった。

非難し、経済制裁に踏み切ったため、ロシアの農産物輸出も制約を受けることになりました。

　両国からの穀物輸出の中断によって、アフリカや中東などの一部の途上国では食料輸入が困難になり、食料不足を招きました。量的な不足に加え、世界の穀物市況の高騰で庶民は食料を購入できなくなったのです。WFP（国連世界食糧計画）のデビッド・ビーズリー事務局長は、侵攻から時を置かず「ウクライナ危機は食料、燃料、肥料の世界的な価格高騰を招き、世界中の国々を飢餓に追い込む恐れがある」と警告し、各国に飢餓救済への支援を呼びかけました。国連が主導して関係国が参加した「黒海穀物イニシアチブ」は、ウクライナの港からの輸出再開を実現しました。

　ロシアによる軍事侵攻は長期化しており、世界有数の穀倉地帯であるウクライナ東部の農地は荒廃の危機にさらされています。東欧の地政学リスクは劇的に高まり、世界の食料供給に大きな影響を与えているのです。

アフリカ・中東に集中するロシアの小麦輸出先上位10か国（2020）

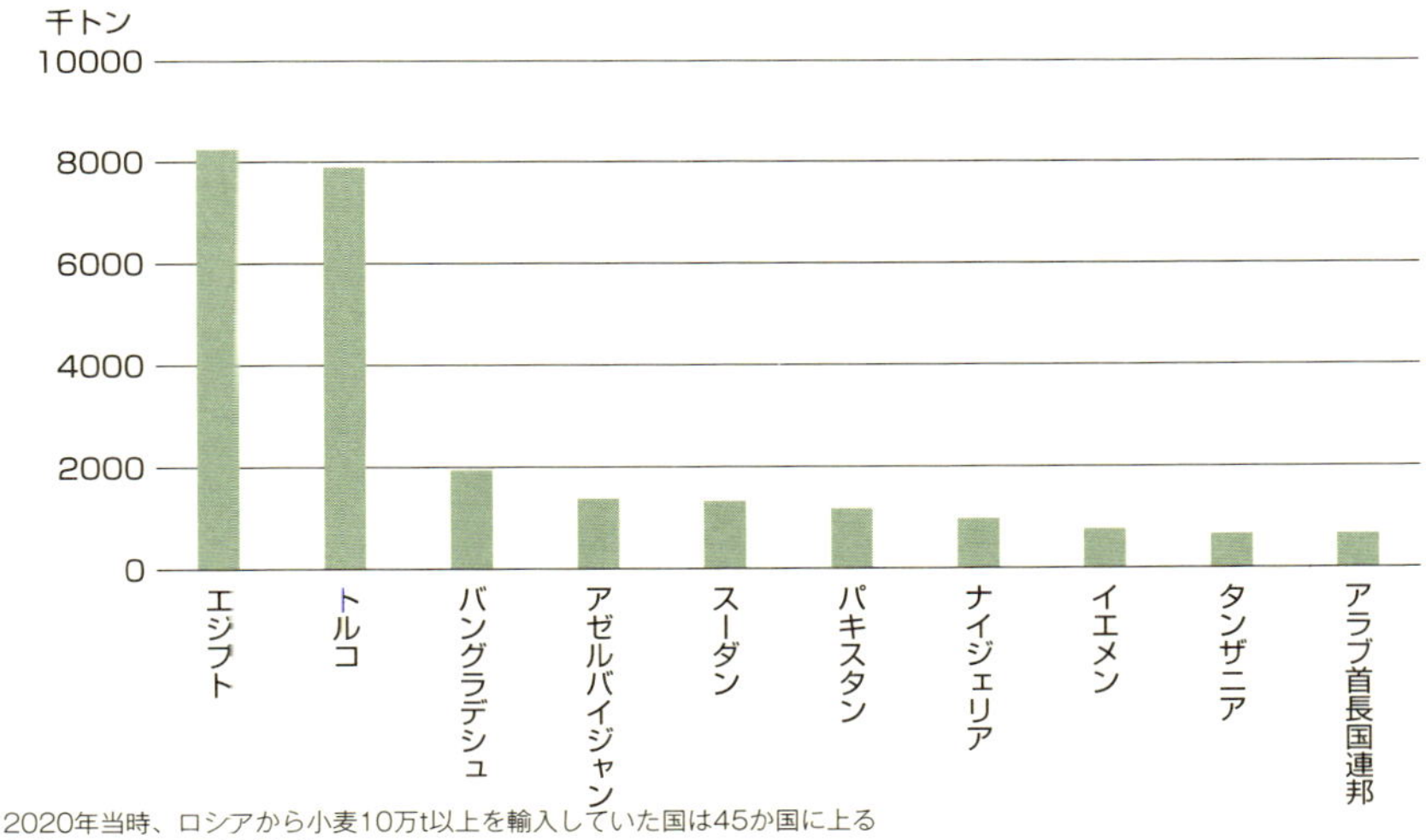

2020年当時、ロシアから小麦10万t以上を輸入していた国は45か国に上る
資料：FAOSTATより作成

4 米中対立がもたらす世界食料貿易へのリスク

世界の食料貿易における アメリカと中国の存在感

世界の食料安全保障にとって、米中対立は最も大きな不安定要素といってよいでしょう。米中は2国で世界全体の国内総生産（GDP）の34％を占め（2023年）、世界の経済や政治に大きな影響を与えるだけでなく、食料生産・貿易でも主要なプレイヤーだからです。アメリカは世界最大の穀物輸出国、中国は世界最大の穀物輸入国という関係にあります。実際、米中の穀物などの食料貿易は、二国間としては世界最大です。

米中間の対立は世界の政治、経済に影を落としていますが、中でもアメリカが半導体などの先端技術を中国に供与しないという技術封鎖は深刻です。対抗して中国がアメリカからの食料輸入の一部を減らし、ブラジル、アルゼンチン、ロシアなどに輸入国を切り替える動きも出ています。

トランプ政権下で中国はアメリカからの輸入を激減させる

米中間の最大の農産物取引の品目は大豆です。中国は対米貿易黒字の削減のため、アメリカからの農産物輸入を増やしており、大豆はその象徴でした。2017年には中国は、アメリカ、ブラジルそれぞれから3000万t以上を輸入していました。

ところが、**トランプ**政権下で米中摩擦が高まった18年以降、中国は輸入の重心をブラジルに移し、アメリカからの輸入は18、19年に2000万t以下に減少、ブラジルからの輸入が一気に6000万t超まで増加、アメリカを上回るようになりました。

調達先の多様化が 地政学リスクを軽減させる

中国がアメリカからの大豆輸入を減らすことがで

用語

トランプ
ドナルド・トランプ。第45代のアメリカ大統領（2017～2021年）。4年続いた政権下で、貿易取引に狙いを定めた対中強硬政策が実行された。2018年と2019年には中国からの輸入品に対して最大25％の追加関税を課すなど、アメリカ内の産業保護を目的に、多くの中国製品の関税を大幅に引き上げた。2024年の大統領選挙にて再び当選を果たした。

きたのは、ブラジルの大豆生産量が急速に増えたためです。1960~70年代のようにアメリカが世界の大豆輸出の約9割を占めていたら、中国は調達先を簡単に切り替えられなかったでしょう。実際、1973年にアメリカが大豆の輸出禁止に踏み切った時、当時大豆輸入量の9割をアメリカに依存していた日本は、深刻な大豆危機に直面しました（117ページ）。しかし現在、ブラジルをはじめアメリカ以外の大豆の供給国が増えたことで、アメリカは大豆を外交上の戦略的な武器として使えなくなりました。

このように、食料の調達先を多様化し、ひとつの国や地域に過度に依存しないことがリスクを軽減させる最良の方法です。主食穀物などの食料については、国内生産を増やし、輸入依存度を減らすことが理想的かもしれませんが、国内の生産コストが国際価格より高ければ、輸入の圧力がかかります。やはり有力な輸入先を複数確保するとともに、一定の国内備蓄を持つことが地政学リスクへの備えとなるはずです。

中国のおもな大豆輸入国

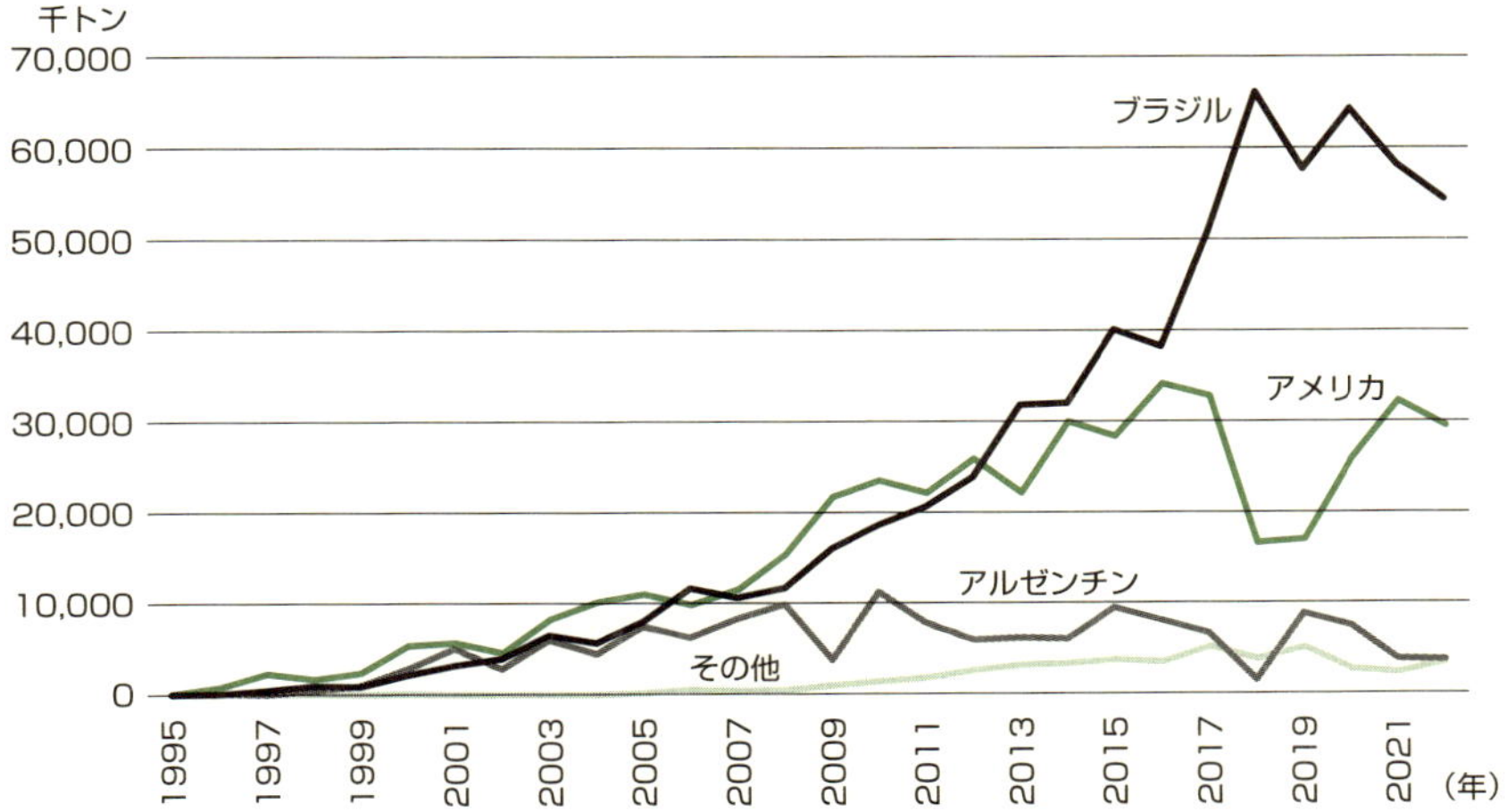

資料：FAOSTATより作成

5 物流の混乱が食料価格の高騰を招く

穀物貿易量は拡大し広域流通は常態化している

世界各地で食料の値上がりが広がっています。食料がひっ迫しているわけではなく、**サプライチェーン**の混乱や、輸送ルートの迂回による物流コストの上昇が最大の要因です。1990年代半ば以降、急速に進展したグローバリゼーションによって、食料貿易は急拡大し、結果として穀物、食肉などを広域で輸送することが当たり前になりました。

地球規模で流通量が多い食料品は、小麦、トウモロコシ、大豆です。米はアジアの地産地消型の主食穀物なため、貿易量も小麦などに比べると少なめです。2020年までの半世紀の小麦、トウモロコシ、大豆の合計輸出量をみると、1995年までの25年間では1億1938万tしか増えていませんが、それ以降2020年までの25年間には3億5301万tも増え、5億6000万t台まで伸びました。

また、小麦、トウモロコシ、大豆のおもな輸出国は数か国に集中し、アメリカが最大です。FAOのデータでは、1961〜2001年の40年間、アメリカ一国で小麦、トウモロコシ、大豆の世界輸出量の4〜6割を占めてきました。21世紀以降、ブラジルの輸出量が急増しましたが、22年までアメリカはトップでありつづけました。一方の輸入国はアジア、ヨーロッパ、アフリカなど世界に広がっており、穀物の広域流通は常態化しています。

物流への甚大な影響が食料価格の高騰を招く

穀物や大豆の輸送法は**バルク**と呼ばれる大量輸送ですが、大型の貨物船やコンテナを使う際、港湾や海上交通で物流のリスクに晒されます。積み出し港の荷役の停滞や、航路近くで発生する戦争やテロ攻

用語

サプライチェーン
商品やサービスが原料の段階から消費者に届くまでの全プロセスのつながり。

バルク
穀物やセメントといった粒状あるいは粉状の貨物を包装せずそのままの状態で輸送する形態のこと。

撃などです。近年特に、穀物の輸送に影響する事象が多発しました。２０２０年から2年以上続いた新型コロナウイルス感染症（ＣＯＶＩＤ－19）の世界的大流行は、港湾労働者の大幅な不足と荷役作業能力の急低下をもたらし、世界各地の港湾機能を麻痺させました。食料輸送も大幅な遅延や輸送価格の高騰が起こり、甚大な影響を受けました。

また物流分野ではストライキも物流の渋滞をもたらすリスクになります。物流分野のストライキは港湾に限らず、トラック、鉄道、その他公共交通機関で多発しています。アメリカでは22年12月に議会の介入で、最大の組合員数を擁する全米貨物鉄道の全国的なストライキを回避できましたが、**バイデン**大統領はストライキを回避するための法案への署名の際、「貨物鉄道でストライキが発生すれば、アメリカの産業の多くが文字通り閉鎖され、76万５０００人が失業していた」と指摘しました。発生すれば、アメリカに依存する世界の穀物貿易も打撃を受け、穀物価格はさらに高騰するでしょう。

アメリカメキシコ湾から中国（アジア）への大豆輸送海上運賃

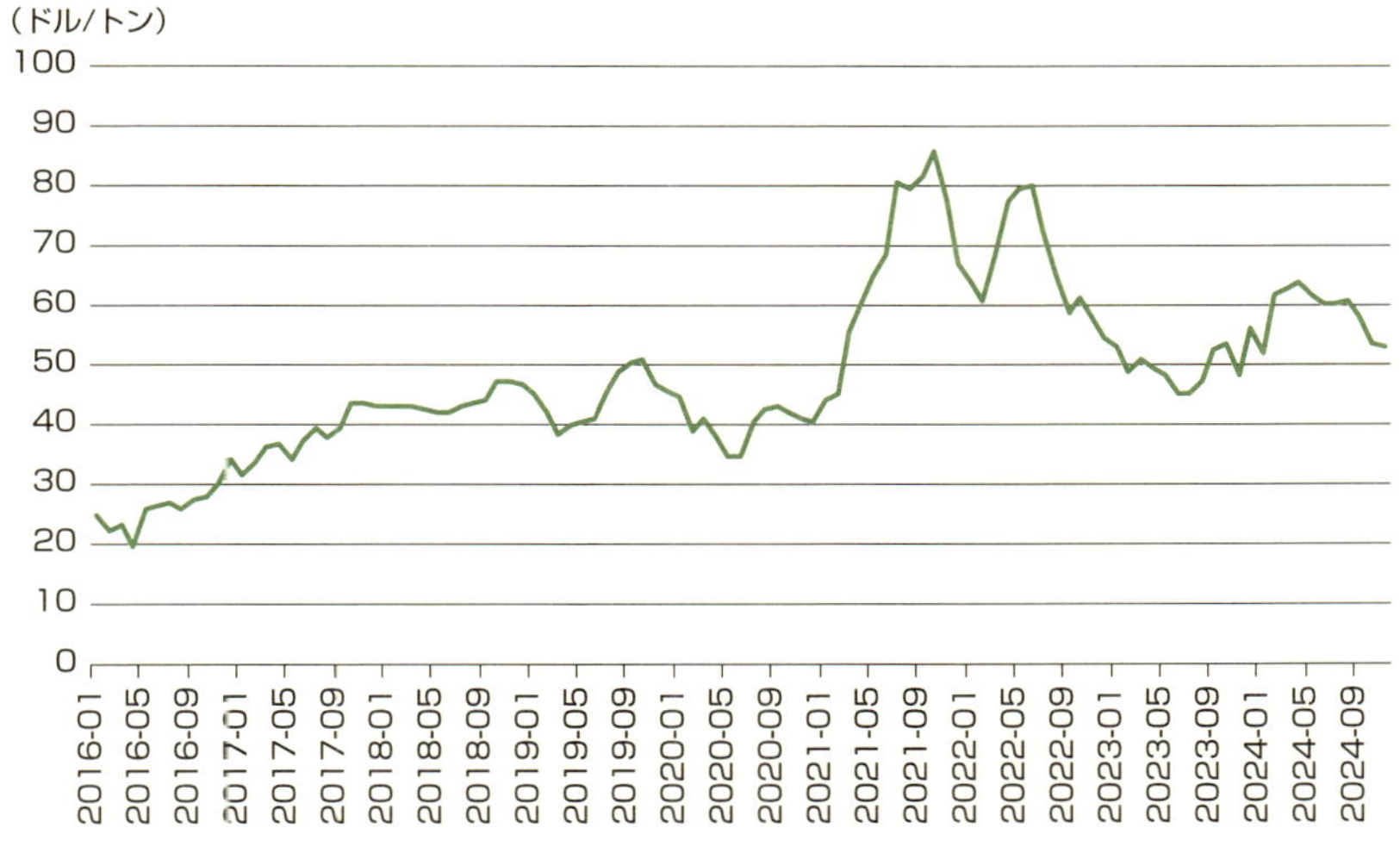

資料：China JCIより作成

バイデン
ジョー・バイデン。第46代大統領（２０２１～２０２５年）。新型コロナウイルス感染症（ＣＯＶＩＤ－19）が拡大する最中に政権が発足し、サプライチェーンの混乱への対応に追われた。

6 気候や地政学リスクが物流に影響をもたらす

パナマ運河が規制され、多くの船が海路を遠回り

アメリカのトウモロコシと大豆はミシシッピ川から、メキシコ湾、パナマ運河と太平洋経由でアジアに向かいます。パナマ運河は太平洋と大西洋を結び、アメリカの穀物をアジアへ輸送する海運の要衝です。

2023年、パナマ運河は深刻な水不足で大規模な通航制限を行い、東アジアへの穀物輸出は深刻な影響を受けました。パナマ運河は海抜で28メートルまで船が上昇する閘門《こうもん》式の運河です。閉じた閘門の中で水をためて船を持ち上げ、次の閘門に導く方式で、1隻が運河を通航するたび1億9000万ℓにのぼる大量の水を必要とします。運河の中央部にあるガトゥン湖から水を供給していますが、**エルニーニョ現象**に伴う降雨不足で、ガトゥン湖は100年に1度の記録的な水不足に陥りました。パナマ運河の通航量は23年8月以降、通常の1日36隻から、同年12月には22隻まで削減され、船舶は長く待たされた上、高い通行料を払うことになりました。パナマ運河を避ける場合は、大西洋を横断し、地中海からスエズ運河を抜け紅海、マラッカ海峡を経由するか、またはさらなる長距離のアフリカ南端の喜望峰を回ります。いずれのルートも輸送コストは大幅増です。全長わずか82㎞のパナマ運河を通れないことで、余分に数千㎞を迂回せざるを得ないのです。

ミシシッピ川流域の降雨不足でアメリカのトウモロコシ・大豆輸出量は大幅減

アメリカからトウモロコシや大豆をメキシコ湾へ輸送する大動脈、ミシシッピ川流域も22年の降雨不足で、観測開始以来の最低水準の水位となりました。**はしけ運送**に一部支障が発生し、はしけ運賃は前年の3倍程度に上昇しました。23年も干ばつによる水

用語

エルニーニョ現象
南米ペルー沖から太平洋赤道海域の日付変更線付近にかけての海面水温が平年より高くなり、その状態が1年ほど継続する現象のこと。

はしけ運送
エンジンのない「はしけ」によって、港内に係留している船から貨物を積み取って移動させる運送法。

位低下で、同様に穀物の輸送に影響が生じました。アメリカ国内の輸送コストと海上輸送コストの上昇の影響で、アメリカのトウモロコシ輸出量は22年と23年に連続して、前年比16・9％と24・0％の大幅減となり、大豆も2年連続の輸出減となりました。

スエズ運河の地政学リスク

世界の海上物流の15％が通過するスエズ運河は、23年10月に始まったイスラエルとパレスチナのガザ地区での衝突に関連し、イエメンのイスラム組織**フーシ派**が商船への攻撃を開始したため、通航量が激減しました。世界の物流チェーンを大幅に短縮したパナマ運河とスエズ運河の通航量が同時に落ち込むのは、１００年以上前に両運河が開通して以来初めてです。アメリカの穀物は大西洋からアフリカ南端の喜望峰を回るルートで運ばれていますが、メキシコ湾岸～日本は、パナマ運河経由の平均32日に対し、喜望峰回りは54日もかかり、輸送日数や消費燃料などの増加により輸送コストが大幅に上昇します。

アメリカからアジアへ向かう物流経路

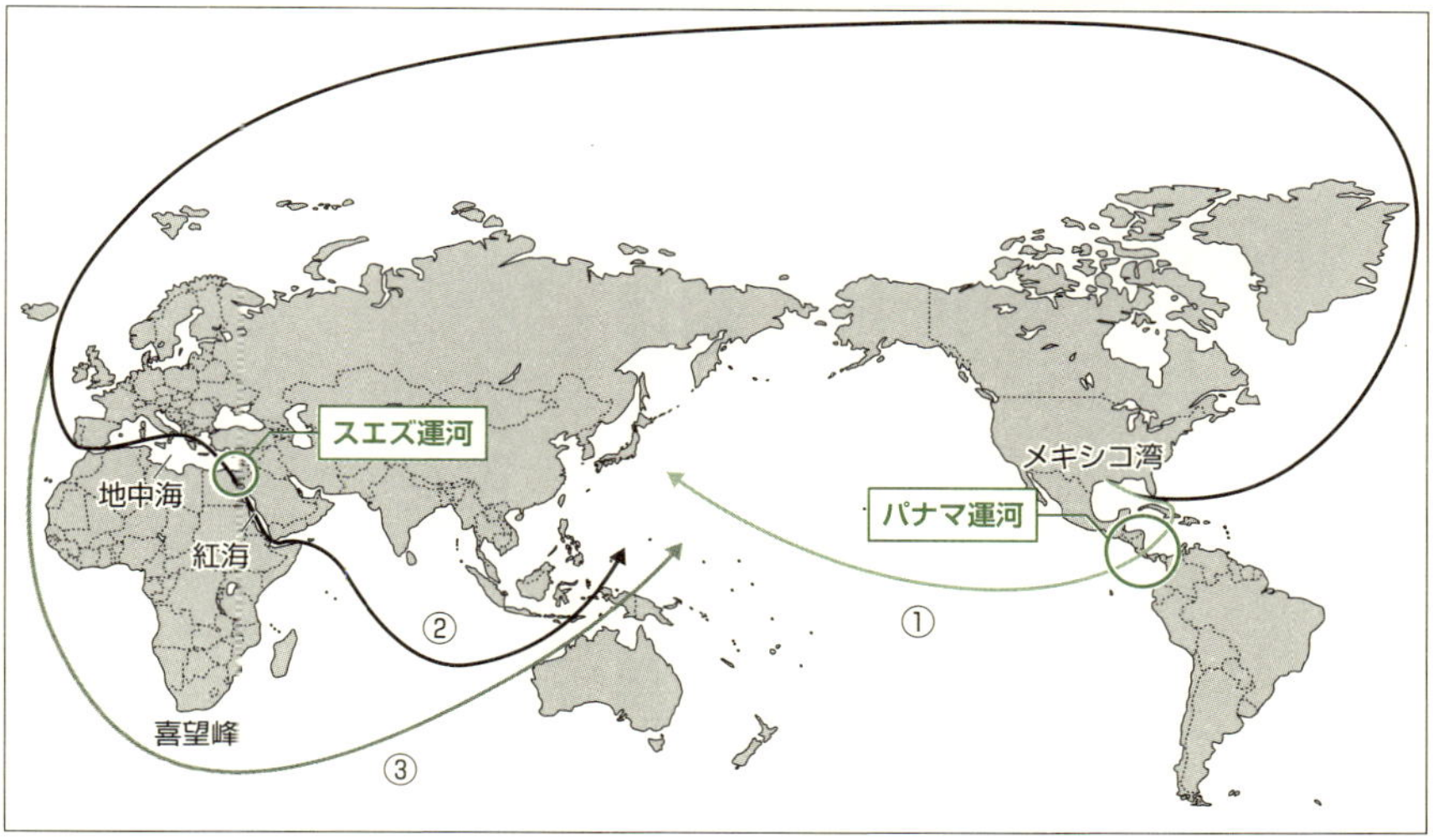

①パナマ運河経由ルート　②スエズ運河経由ルート　③喜望峰経由ルート

フーシ派
イエメンのイスラム教シーア派系ザイド派の武装組織。パレスチナのイスラム組織「ハマス」への連帯を表明し、イスラエルと敵対している。

7 主要輸出国による輸出規制の影響

気候変動、国際情勢の変化によって引き起こされる食料の輸出規制

近年、食料の輸出規制が頻発しています。2020年に新型コロナウイルス感染症（COVID－19）の拡大により発生した生産や物流の停滞を受け、約20か国が自国の食料確保を優先するため、食料の輸出規制を行いました。これらの国々には米の主要輸出国であるインドやベトナム、小麦の主要輸出国であるロシアやウクライナを含みます。

22年には、ロシアによるウクライナ侵攻が発生しました。すると、世界の小麦輸出の2割以上を占める両国の輸出が困難になる懸念から、世界の小麦価格は史上最高値を更新しました。自国の食料価格の高騰を避けるため、輸出大国のインドを含む32か国が、食料や飼料、肥料の輸出を制限します。また、インドは23年7月に干ばつによる米の減産懸念で、バスマティ・ライス以外のほぼ全ての米の輸出を禁止しました。

それ以前も、07～08年にアメリカのトウモロコシによるバイオエタノールの需要急増や、ヨーロッパやオーストラリアを襲った大規模な干ばつによる穀物減産などにより、穀物価格が歴史的高値へと暴騰した際、31か国が食料の輸出規制、輸入規制の緩和などの措置を取りました。この時も、インド、ベトナム、タイ、パキスタン、ロシア、ウクライナなど主要な米と小麦の輸出国が名を連ねています。

近年の輸出規制は発展途上国を中心に行われる

21世紀以降、食料の輸出規制を行うのは人口が多く所得の低い発展途上国が中心です。ロシアも国民1人当たりの所得はメキシコやトルコと同水準で、高所得国ではありません。こうした国々が国内安定

のため食料の輸出規制を行うのは当然といえます。

ＷＴＯ（世界貿易機関）も、条件付きの輸出禁止は認めています。「輸出の禁止又は制限を新設する加盟国は、当該禁止又は制限が輸入加盟国の食糧安全保障に及ぼす影響に十分な考慮を払う」とはＷＴＯ農業協定の第12条ですが、言い換えれば、自国内で食料の供給が食料安保に影響を及ぼすなら輸出禁止はやむを得ないという意味です。

インドにおける食料輸出規制

２０１２年にタイを超えて世界一の米輸出国となったインドの例を見てみましょう。

国内に大量の低所得人口を抱えるインドにとって、国内の主食穀物の安定供給確保は最も重要な政治課題です（68ページ）。近年、インドは穀物価格支持政策の強化などにより、米や小麦の増産を図ってきました。それが奏功し、米と小麦の生産量は国内需要を上回り、過剰となった米と小麦を輸出するようになっています。インドは12～20年の間に年間

穀物・肥料価格高騰時（2022～23年）におけるおもな輸出制限状況

国名	輸出制限品目
アルゼンチン	牛肉
インド	小麦、砂糖、米
インドネシア	パーム油
ウクライナ	肥料
カザフスタン	全穀物、肥料
キルギスタン	全穀物
セルビア	トウモロコシ、ひまわり油
タイ	砂糖
中国	肥料
モロッコ	トマト、玉ねぎ、ポテト
ロシア	小麦、油糧種子、肥料

資料：国際食料政策研究所（IFPRI）Food and Fertilizer Export Restrictions Trackerより作成

1000万t前後の米を輸出しましたが、これはインドの米生産量の数%にすぎません。またインドの小麦の輸出量はさらに少なく、不足の年には輸入もしています。

つまりインドにとって、米や小麦の輸出は、輸出のために生産されたわけではなく、自給自足を前提にして過剰となった部分を輸出に回すのです。そのため、国内穀物価格が天候要因や国際市場の影響で大幅に上昇するようになったら、インドは当然、輸出を止めます。主食穀物の国内価格の高騰を許し、膨大な低所得者の生存を脅かしてまで輸出を継続する国はないでしょう。こうした輸出規制はこれからも頻繁に発生すると思われます。

この意味でベトナムやタイ、及びロシア、ウクライナなどは国内の低所得者のために主食穀物価格を低く維持する必要があるのです。現実にインドが23年7月に輸出を禁止したのは、国内低所得者に不可欠な低価格の白米だけで、高価格のバスマティ・ライスの輸出は制限していません。

インドの米生産量と純輸出量

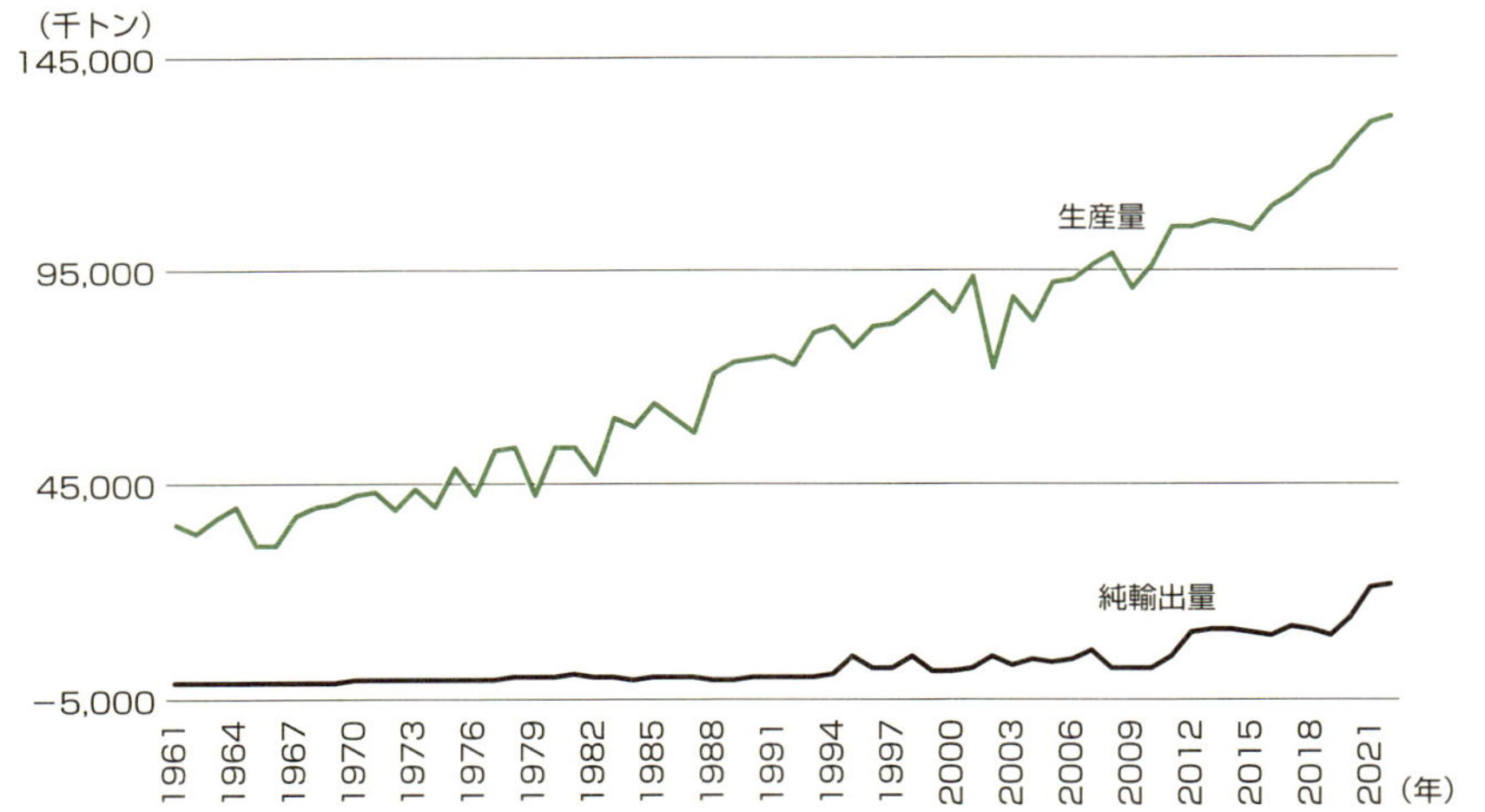

資料：FAOSTATより作成
注：純輸出量とは、その国の輸出量から輸入量を差し引いた量のこと。純輸出がマイナスであることは、輸入量が輸出量より多いことを示す

8 食料の輸出規制は「武器」になりうるか

米は自給力が高く、貿易への影響力小

現在、世界の主食穀物は米と小麦に収れんしてきています（40ページ）。米については、もともとアジアの自給自足型の主食穀物で、生産量に対する輸出比率は長期間数%台にとどまっています。自給率が低いフィリピンでも、約8割の自給率を維持しています。インドを除けば、ベトナムやタイ、パキスタンなどおもな米輸出国の輸出量はいずれもわずか数百万tで、これらの国が米の輸出規制を行っても、世界の穀物需給への影響は限られています。もちろん、穀物価格の上昇は主食穀物を輸入に依存しているアフリカ諸国に影響しますが、これはアフリカ諸国内の穀物増産など別の対策が求められます。同じ意味で、人口増加率の高いフィリピンやインドネシアでも米増産の必要があるでしょう。

小麦輸出大国の動きは国際市場への影響力大

一方、米の輸出量の4倍にも当たり、約2億tに上る小麦の輸出では状況が異なります。22年までの半世紀で、アメリカは毎年２０００万～４０００万tの小麦を輸出し、14年まで世界最大の輸出国でした。また、１９７０年代から輸出量を拡大してきたカナダ、オーストラリア、フランスはいずれも１０００万～２０００万t台の輸出国で、さらに21世紀以降に参入してきたロシアとウクライナも同様の輸出規模を持っています。このように小麦は、輸出7大国による輸出量が米とは桁違いに大きいことが特徴です。22年のロシアのウクライナ侵攻で両国からの小麦輸出が危ぶまれる懸念だけで、世界の小麦価格が史上最高値を更新したことは、この7か国の世界穀物市場への影響が大きいことを示しています。

アメリカの大豆禁輸ショック

直近の40年間、輸出大国による穀物の輸出制限は起こっていません。輸出国内の食料供給が安定しており、また所得も高いため食料価格がある程度上昇しても、大きな影響がないからです。

同時に、かつて実施した輸出禁止の苦い経験の影響もあります。１９７３年、アメリカでは天候不順によって大豆が大幅に減産し、同時に飼料原料として利用していたペルー産魚粉も大減産したため、アメリカ国内の大豆価格が高騰しました。国内の畜産農家への大豆供給を優先するため、アメリカはわずか2か月間ですが、大豆の輸出禁止及び制限を実施しました。

当時、アメリカは世界の大豆輸出量の約9割も占め、また、日本は世界最大の大豆輸入国として、輸入の約9割をアメリカに依存していました。突然の輸出禁止で日本はパニックになり、大豆の輸入価格が高騰しました。輸入先の多様化の必要を痛感した日本は、ブラジルのセラードと呼ばれる広大なサバンナ地域の開発援助を始めます（１２１ページ）。

穀物輸出を武器にした歴史

また、79年にはアフガニスタンに侵攻したソ連を制裁するため、アメリカはソ連への穀物輸出を禁止しました。「外交上及び国家安全保障上」とは輸出禁止の理由でしたが、食料が武器として使われた代表的な例となっています。しかし、ソ連はアルゼンチンなどの国から穀物を調達し、アメリカの禁輸の影響を避けました。アメリカは制裁の目的が達成できなかったうえに、国際市場での信頼感も失ったのです。アメリカの穀物はソ連市場を失い、国内価格も下落し、農家の破産など深刻な農業不況に陥りました。翌年、アメリカはソ連への禁輸を解除し、その後、今日まで穀物の輸出禁止を発動していません。

世界の穀物貿易は不可欠です。世界穀物貿易市場の混乱をもたらすような輸出大国の禁輸は禁じるべきといえます。

小麦輸出7大国の輸出量

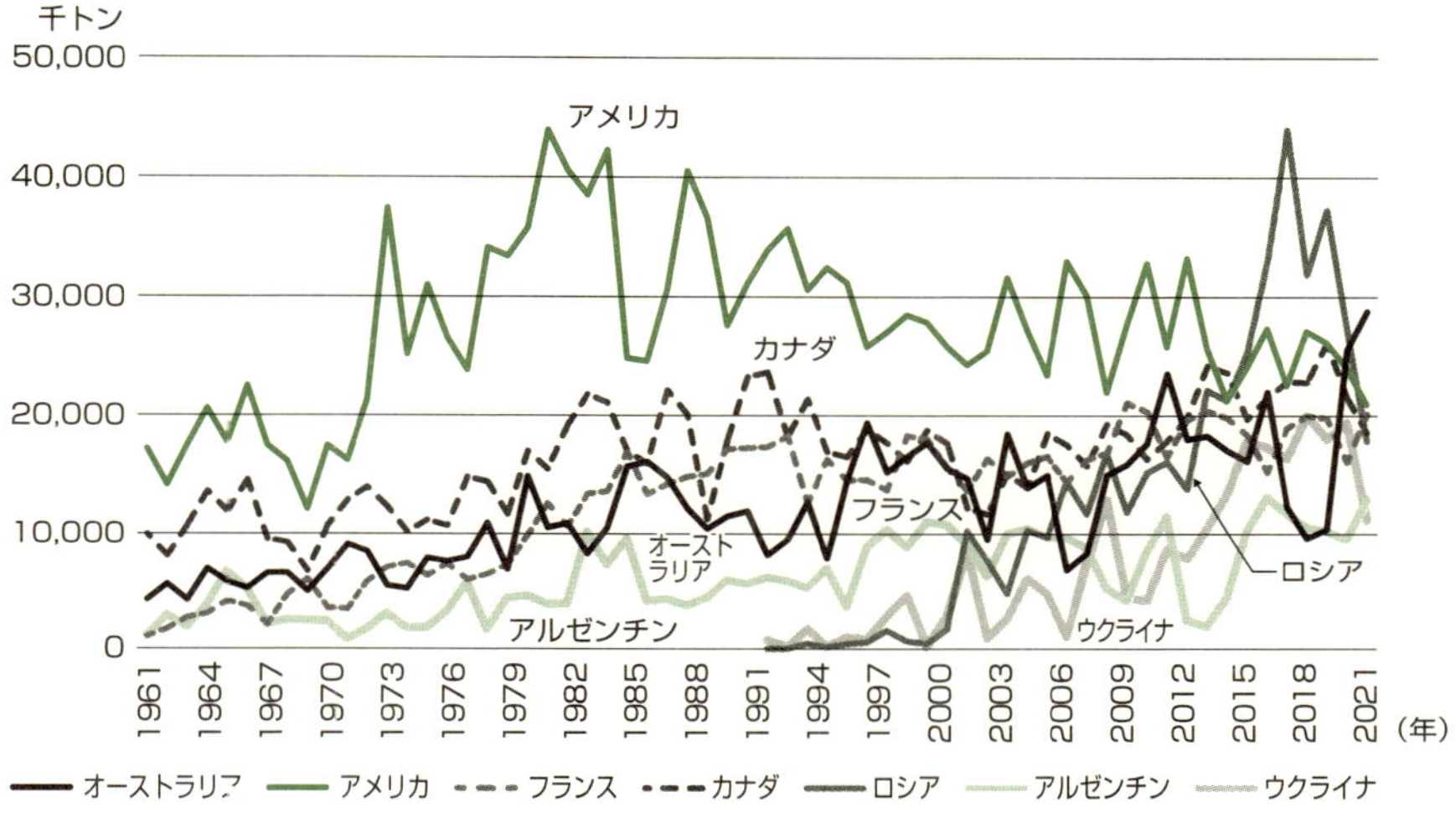

資料：FAOSTATより作成

ソ連時代の小麦輸入量

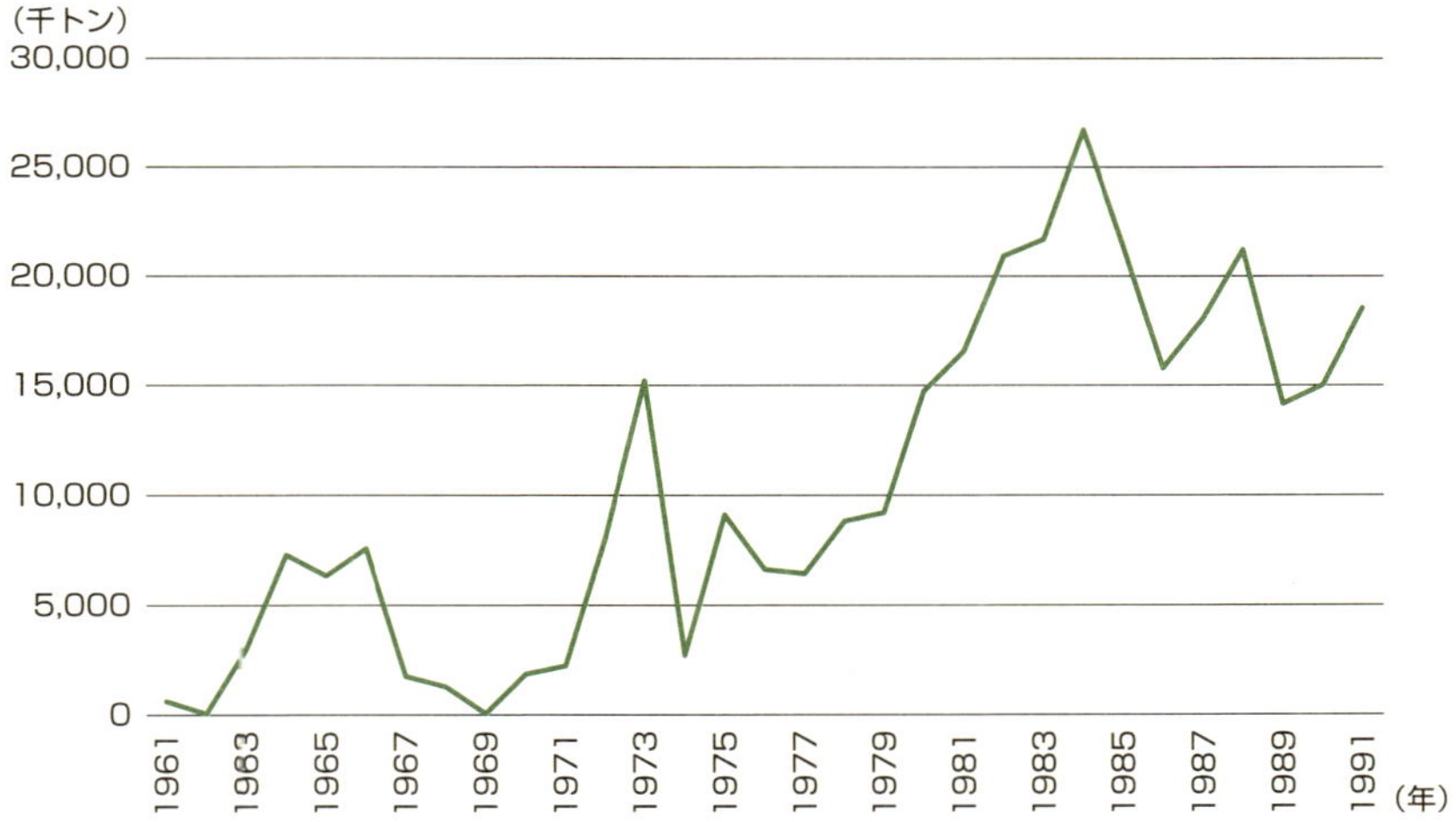

資料：FAOSTATより作成

9 化学肥料の輸入依存と価格暴騰のリスク

ロシアのウクライナ侵攻による化学肥料の価格暴騰

第二次世界大戦以降、21世紀に到るまでの期間は、世界人口が最も急速に増加した時期でした。地球上の農地がそれほど拡大しない中で、地球規模の飢餓を起こさずに急増した人口を養えたのは、化学肥料のおかげといっても過言ではありません。

窒素、リン酸、カリウムという3大化学肥料の世界生産量は、2021年に2億1529万tで、1961年の3351万tから5・4倍に増大しました。同時期の世界4大食料（米、小麦、トウモロコシ、大豆）の生産量は4・9倍の増加となっており、食料増産と化学肥料はほぼ同じ伸びを示しています。

3大化学肥料の貿易量は、生産量より早いスピードで伸び、1961～2021年の60年間で11・9倍も拡大しました。つまり、多くの国は穀物を輸入するよりも、化学肥料を使って自国で食料を増産する道を選んだのです。問題は化学肥料の生産は食料生産以上に特定の国に集中し、どうしても少数の輸入先への依存が高まってしまう点です。

輸出国と資源の偏在

そのリスクを端的に示したのが2022年に起きたロシアのウクライナ侵攻です。世界最大の化学肥料輸出国であるロシアで争乱が起きると、生産・輸出が滞り、各国が肥料を確保しようとして需給がひっ迫し、価格が暴騰しました。化学肥料を入手できても、穀物の生産コストが上がり、所得の低い国では食料危機に直結します。また、3大化学肥料は天然ガスや石油を原料としたり、製造過程で大量にエネルギーを使ったりするため、エネルギー市況に大きな影響を受けるという構造もあります。

化学肥料の製造・輸出はロシアが高いシェアを占めています。窒素、リン酸、カリウムという３大化学肥料の輸出量の合計は、ロシアが世界の約２割を握り、トップの座を占めています。３大肥料の輸出シェアをみると、ロシアは窒素で世界トップの16・４％、カリウムは第２位の23・３％、リン酸は第３位の16・６％と３大化学肥料のすべてで上位です。カリウムの輸出では、ロシアの同盟国であるベラルーシが第３位の輸出国で、ロシアと合わせれば、世界の４割近くを占めています。

22年にロシアのウクライナ侵攻により、ロシアの化学肥料の輸出が中断される懸念が高まり、化学肥料の価格が歴史的な高値水準に跳ね上がりました。世界銀行の調べによると、化学肥料の価格はロシアの侵攻から約１カ月後の22年４月には前年同月比で、166・５％増と急騰しました。同時期に天然ガスや石油もロシアからの輸出中断の不安から値上がりしましたが、エネルギー全体で89・６％増でしたから、化学肥料の値上がりの激しさがわかります。

世界の商品価格指数

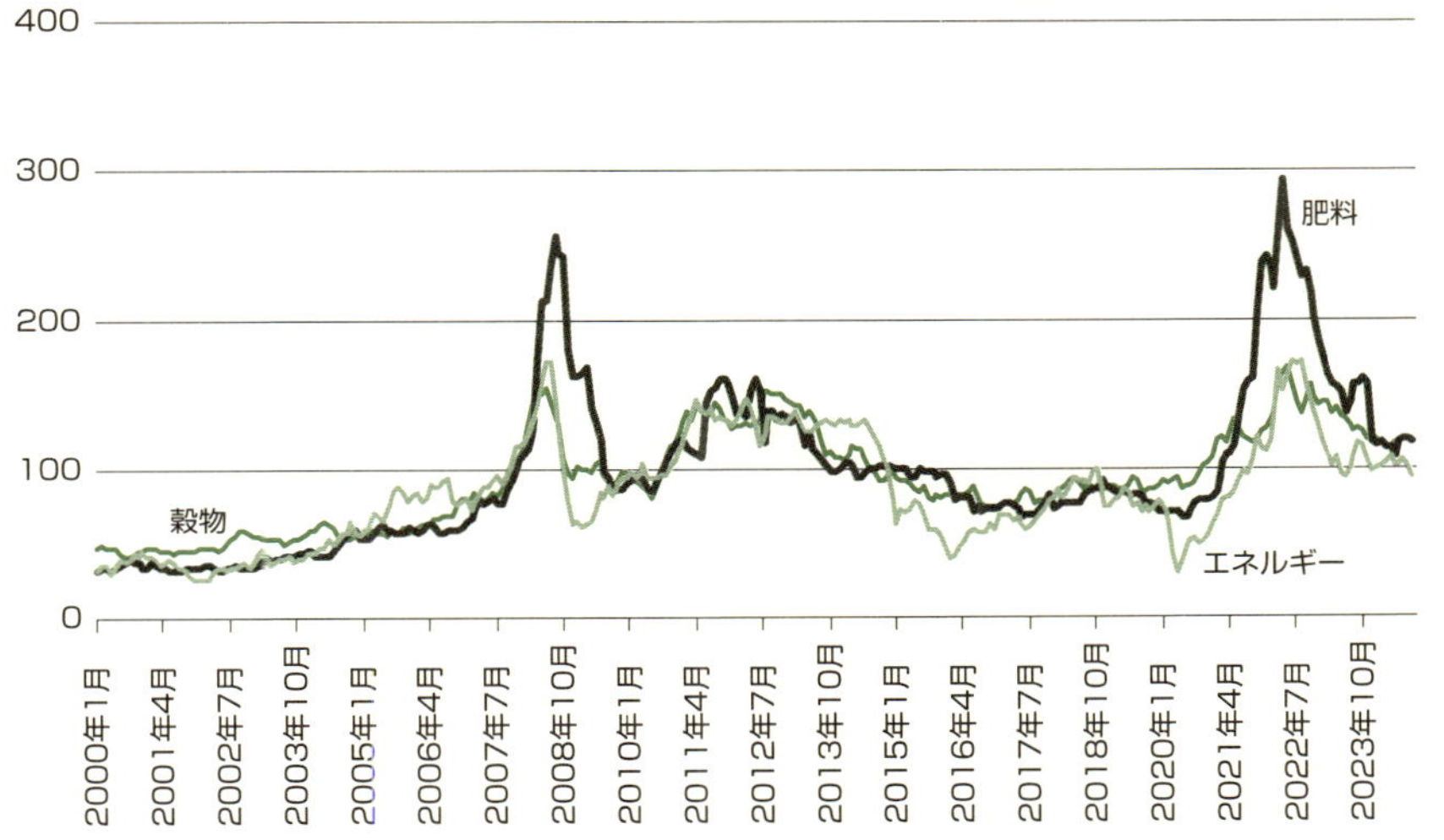

資料：世界銀行より作成
注：2010年を100とする

10 化学肥料輸出大国ではなくなるアメリカと中国

中国は化学肥料輸出を制限し始める

世界の化学肥料輸出の上位国のうち、中国は異質な存在です。中国は肥料資源に富んでいるわけではなく、また世界最大の石油と天然ガスの輸入国でもありますが、2010年にアメリカを抑えて、ロシアとカナダに次ぐ世界第3位の化学肥料輸出国に食い込みました。

1990年代後半まで、中国は世界で1、2を争う肥料輸入大国でした。70年代後半以降、国内肥料の安定的な供給を確保するため、窒素等の製造プラントの建設を増やし、結果、窒素肥料の生産量は82年に、リン酸肥料は2002年に、アメリカを超えて世界一となりました。ただ、過剰生産に陥り、余剰を輸出せざるを得なくなったのです。

中国は世界から大量の石油や石炭、天然ガスを輸入しながら、エネルギー多消費型の製品である化学肥料を大量に輸出するという、構造矛盾に陥っています。これは「2030年までに**カーボンピークアウト**と2060年に**カーボンニュートラル**達成」という国家目標の実現の障害になっています。また、中国のリン鉱石の**経済的埋蔵量**は、世界の2・6％にあたる19億tと世界第5位ですが、モロッコに比べて低品位で、かつ枯渇に近づいています。中国政府は21年10月15日から肥料輸出の検査を厳格化し、化学肥料輸出を制限し始めています。中国はまもなく肥料輸出大国から退場することになるでしょう。

リン酸輸出を大幅に減らしてきたアメリカ

アメリカはかつてカナダとトップを争う化学肥料の輸出大国でしたが、22年の輸出量は1999年に比べて50・3％減少と、輸出量を大幅に減らしてい

用語

カーボンピークアウト
ある年までに石炭、石油、天然ガス等の化石燃料の燃焼、工業生産プロセスおよび土地利用の変化と林業等の活動で生み出す温室効果ガスの排出量をこれ以上増やさずに減少に転じるようにすることを指す。

カーボンニュートラル
一定期間内に直接的または間接的に生み出す温室効果ガスの総排出量について、植樹・植林、省エネ・汚染物質排出削減等の方法を通じて吸収、除去することで、生み出す二酸化炭素の排出量と相殺すること。

経済的埋蔵量
現在のコスト水準、技術レベルで採掘が可能

ます。アメリカは世界第10位にあたる10億tのリン鉱石埋蔵量を持っており、1961～2001年の40年間、世界最大のリン酸肥料生産国でした。同時に、09年までの約半世紀は世界最大のリン酸肥料輸出国で、1970年代半ば～90年代半ばの約30年間、世界の輸出量の半分を占めていました。しかし、資源枯渇を懸念したアメリカは90年代後半からリン酸肥料の輸出を大幅に減らし、原料のリン鉱石にいたっては現在輸出を禁止しています。

世界で肥料増産と肥料資源開拓の必要性

世界の人口は2100年に向けて増え続け、食料を支える化学肥料には増産圧力がかかるでしょう。肥料生産と輸出が特定の国に集中している現状に対し、まずは人口の多い国や食料生産の多い国での肥料増産が求められます。

人口大国のインドも中国と同様に、大量の石油や天然ガスを輸入しながら、国内の肥料増産に力を入れてきました。食料増産に最も必要な窒素肥料の生産において、中国は1984年に、インドは2000年に、アメリカを超えて世界1位と2位の生産国となっています。00年以降、両国合わせて人口比率に相応する世界の35～45％の窒素肥料を生産し、食料増産を達成できたのです。他にエジプトやインドネシア等、人口の多い国は国内での化学肥料の生産を増やしていますが、エネルギー効率の高い生産プラントの増設が求められています。

また、リン酸肥料の資源となるリン鉱石の埋蔵量はモロッコ・西サハラが圧倒的ですが、実は人間の排せつ物や家畜の排せつ物などにも、大量のリンなどの肥料資源が隠されています。こうした下水は多くの国ではコストをかけて無害化されていますが、十分に処理されずに地下水や河川などの汚染源となっているところも少なくありません。下水汚泥の肥料資源としての利用は世界的に求められています。日本では近年その模索が進められ、その資源回収や肥料としての利用技術の開発及び普及が期待されています。

な量のこと。

化学肥料輸出量（窒素、リン酸、カリウムの合計）の上位5か国の推移

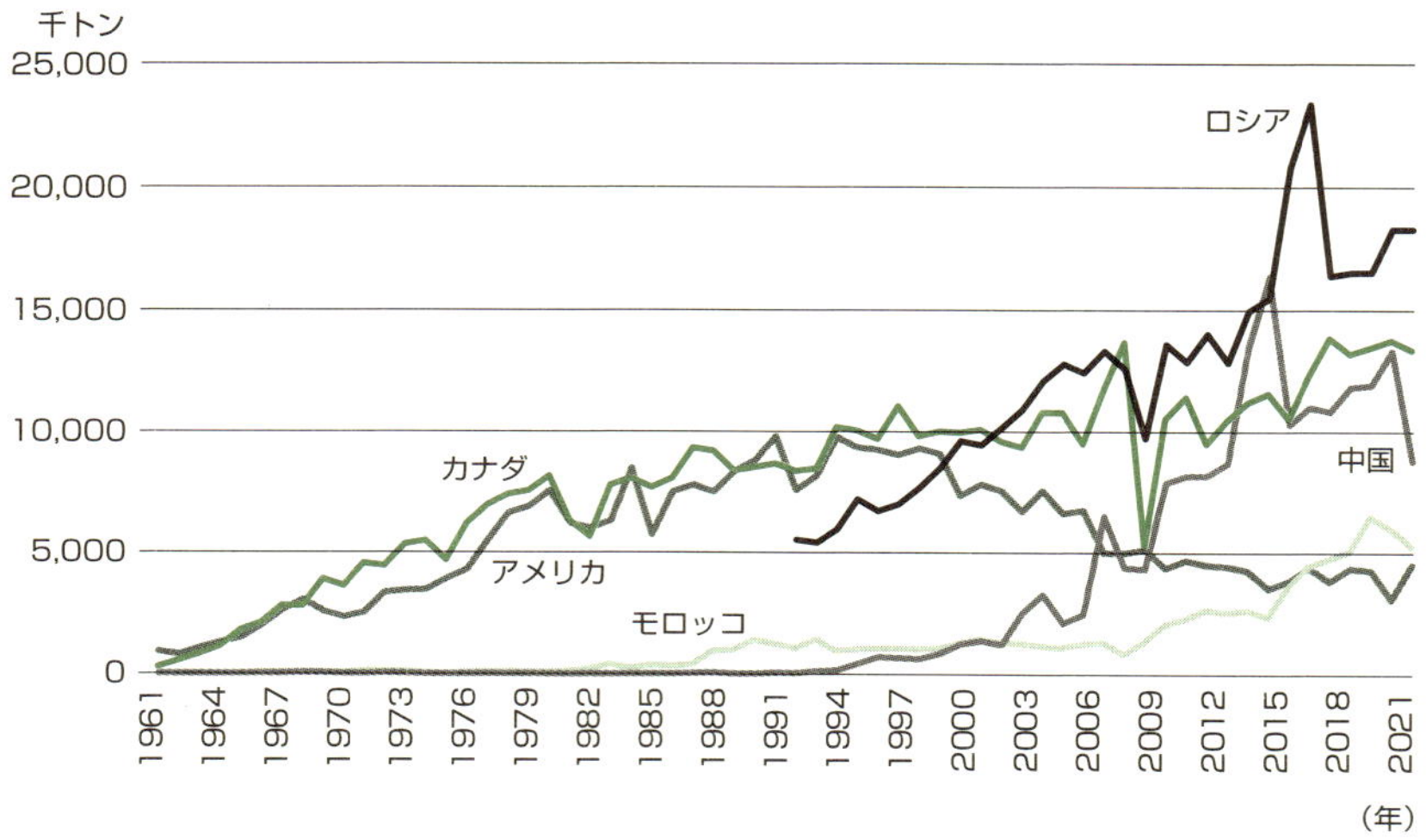

資料：FAOSTATより作成

化学肥料生産量（窒素・リン酸・カリウムの合計）の上位5か国の推移

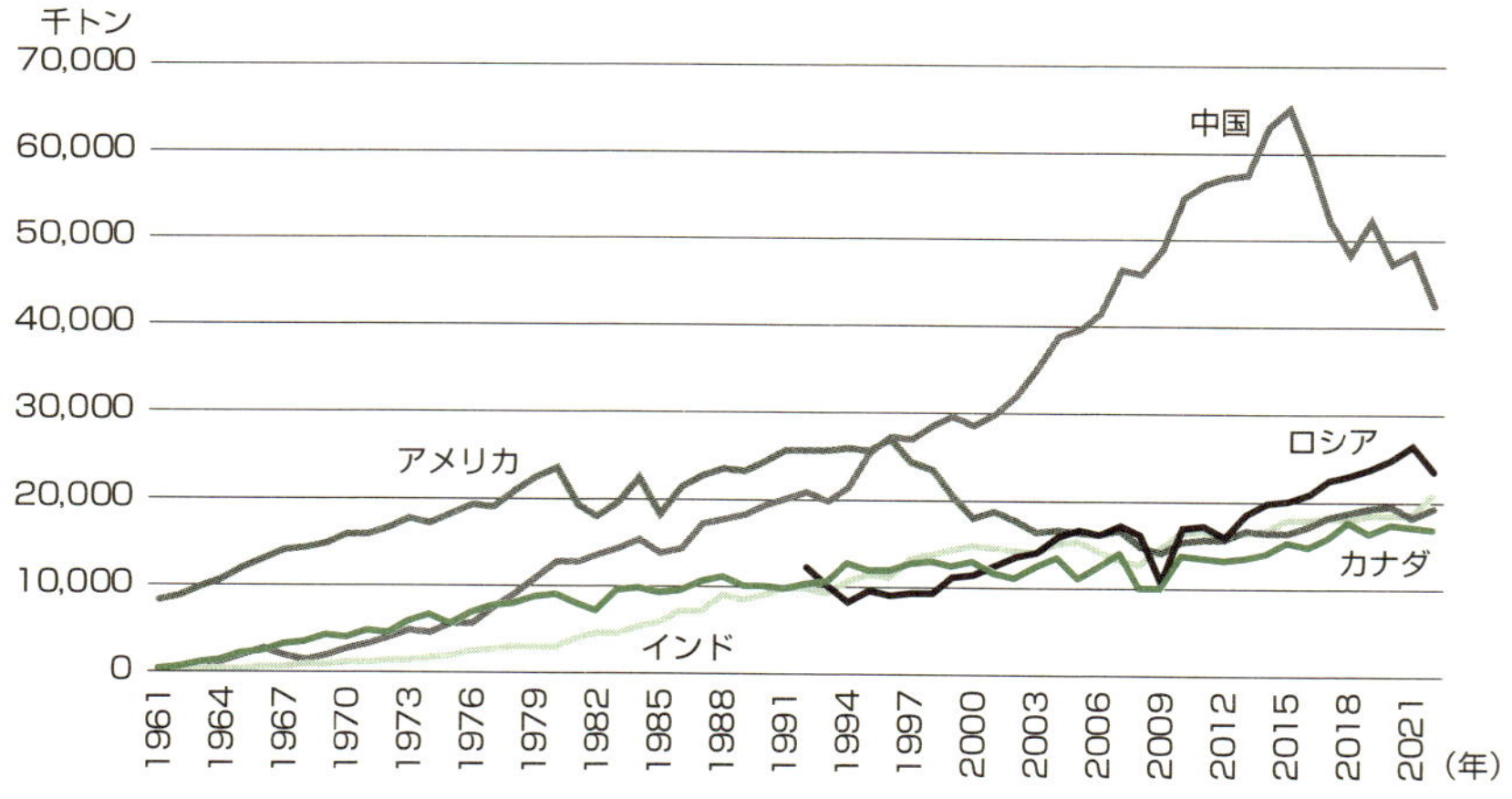

資料：FAOSTATより作成

11 バイオ燃料が食料需給に与える影響

バイオ燃料の利用拡大は農産物の価格に密接に関わる

バイオエタノール及び**バイオディーゼル**といったバイオ燃料は、自動車用燃料として、ガソリンや軽油に混合されています。バイオ燃料は、**GHG（温室効果ガス）**の削減、化石由来燃料からの代替エネルギー利用の促進、農業・農村経済の活性化などを目的として、2000年代半ば以降、世界中で急速に導入が進められています。このため、世界のバイオ燃料需要量は04年から23年にかけて4・6倍に増加しました。現在、世界のバイオ燃料需要量の増加率は鈍化しつつも、増加傾向が続いています。

19～21年時点では、世界のバイオ燃料のうち95%が農産物由来原料から生産されています。世界の農産物需要におけるバイオ燃料生産向けの割合は、大豆油需要量の21・4%、サトウキビ需要量の20・2%、パーム油需要量の19・5%、菜種油需要量の19・1%、トウモロコシ需要量の13・7%となっています（KOIZUMI、22年）。原料となる農産物によって差はありますが、バイオ燃料生産は世界の食料需給に影響を与えているといってよいでしょう。

現在、世界の多くの国・地域が、バイオ燃料の義務目標量の設定や混合義務等によるバイオ燃料政策を導入して、農産物の需要を「下支え」しています。このため、バイオ燃料生産が拡大した00年代半ば以降、世界の農産物需給は豊作時にも価格が下がりにくい需給構造となっています。このように、バイオ燃料生産を通じて、農産物価格を「下支え」し、価格の暴落を防ぐことは、中長期的にみて、農業生産者の所得安定・向上への寄与が期待できます。

一方で、バイオ燃料生産は農産物価格高騰時には世界の栄養不足人口の増加を招く危険性があります。

用語

バイオエタノール
→16ページ。

バイオディーゼル
→17ページ。

GHG（温室効果ガス）
太陽から放出される熱を温室のように蓄積し、地表の温度を保つ働きを持つ二酸化炭素やメタン等のガスのこと。

このため、農産物価格高騰時には、バイオ燃料生産国・地域が、ガソリンや軽油に対するバイオ燃料の混合義務率や混合義務量を、一時的に下方修正するなどの政策を弾力的に実施することが必要です。

技術発展によりバイオ燃料の需給は変動する可能性がある

2010年代後半以降、中国やヨーロッパを中心に**EV（電気自動車）**が急速に普及しています。EVの普及については、技術面、政策面での課題を抱えていましたが、徐々に解決・改善されつつあります。EVが今後、更に普及すればバイオ燃料需要は減少することが考えられます。

一方、**SAF（持続可能な航空燃料）**の世界の生産量も増加しています。SAFの普及についても多くの技術的・政策的課題がありますが、こうした課題が解決されれば、バイオ燃料需要量の増加につながる可能性があります。これらの動向は、バイオ燃料需給を通じて、原料である農産物需給にも中長期的な影響を与えることが考えられます。

世界のバイオエタノール需要量の推移

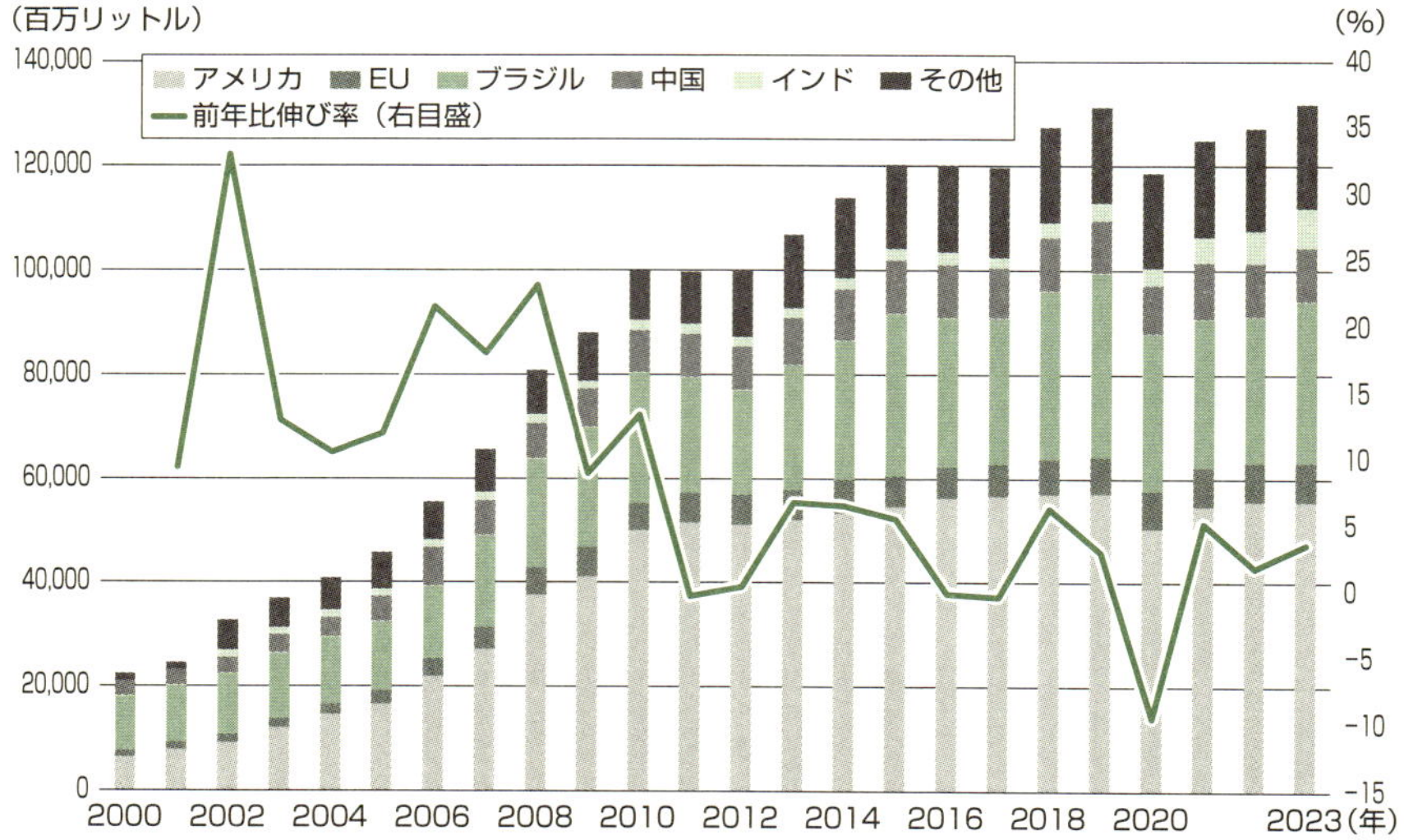

資料：OECD-FAO（2024）"OECD-FAO Agricultural Outlook2024-2033" より作成

EV（電気自動車）
電力を動力源として走行する自動車。

SAF（持続可能な航空燃料）
植物等から生産されるバイオマスや廃食油等から生産され、既存の化石由来燃料に比べて二酸化炭素排出量を大幅に削減できる航空燃料。

〈引用文献〉
OECD-FAO（2024）"OECD-FAO Agricultural Outlook 2024-2033", OECD-FAO.
Koizumi, T.（2022）"World Biofuel Continuum: Issues and Challenges", in Hakeem, K. R., S. A. Bandh, F. A. Malla, and M. A. Mehmood eds. Environmental Sustainability of Biofuels, Elsevier, Chapter 5: 69-85.

12 投機資金が食料価格に与える影響

投機資金による食料価格への影響をG8が懸念

　世界的な食料価格の高騰の際には、しばしば**投機資金**の影響が指摘されます。農産物の国際価格の形成には、穀物などの主要輸出国であるアメリカの**先物市場**が大きく影響します。アメリカでは2000年代前半に大口取引規制の緩和が行われ、農産物の先物市場に**インデックスファンド**の運用資金が流入しやすくなりました。かつては商社や食品製造業など**当業者**が多かった先物の保有額は、やがて機関投資家などの投機家が多くを占めるようになりました。

　2007〜08年は、農産物に限らず、原油や金属など商品価格の高騰に、投機資金が拍車をかけたといわれています。07年のアメリカで生じた**サブプライム住宅ローン問題**をきっかけに欧米の金融市場は混乱し、行き場を失った資金の一部が商品先物市場に流入したのです。農産物などの商品市場は金融市場と比べて桁違いに規模が小さく、そうした変動に大きく動揺します。そうした懸念から、08年の北海道洞爺湖サミットでは、「世界の食料安全保障に関するG8首脳声明」で、「関連機関による、市場の機能の監視を支援する」と謳われました。またその後、2010年にかけての商品バブル崩壊で、多くの金融事業者は商品取引事業を縮小しました。

穀物メジャーによる世界の食料価格への影響が指摘される

　投機による影響は必ずしも容易に証明できません。先物市場は将来の価格を提供する仕組みです。当業者は先物市場を利用することで、価格変動によるリスクを回避できます。先物の売買をいつでも可能にする*には、取引に応じる投機家の存在が必要であり、投機資金はほぼ常に市場に存在します。

用語

投機資金
売買等によって利益を得ようとするための資金のこと。

先物市場
将来の売買についてあらかじめ売買の価格や数量を決めておく取引市場のこと。

インデックスファンド
市場全体の動きを表す代表的な指数に連動した成果を目指す投資信託のこと。

当業者
商品先物取引で、取引されている上場商品を、普段の業務において専門的に扱っている業者のこと。

サブプライム住宅ローン問題
信用力の低い借り手向

そして、投機資金は市場における実際の需給動向を材料にして動きます。07年～08年の場合は、バイオ燃料向け需要や、原油高、主要輸出国の不作などがありました。現実の値動きのうち、どの程度が投機による拡大なのかを見分けることは困難です。

21年以降の価格高騰では、大手食料商社による投機の影響が指摘されています。金融事業者のような積極的な投機により、本業を上回る増益になったとみられ、国連の貿易開発報告書（２０２３年版）が1章を割いて状況を整理しました。**穀物メジャー**と呼ばれる従来の有力企業のほか、中国・オーストラリア・カナダなどの企業も取り上げられました。

これらの企業は本業で得た世界各地の情報や分野横断的な知識を有しています。各社は**自己取引勘定**で投機を行うだけでなく、政府・民間部門に対する貸し手でもあり、また年金基金などに金融商品を提供していますが、金融機関ではないため規制の対象外です。金融システムの安定性を脅かさないよう、ルールの整備が必要と指摘されました。

大手食料商社の利益推移（中央値）

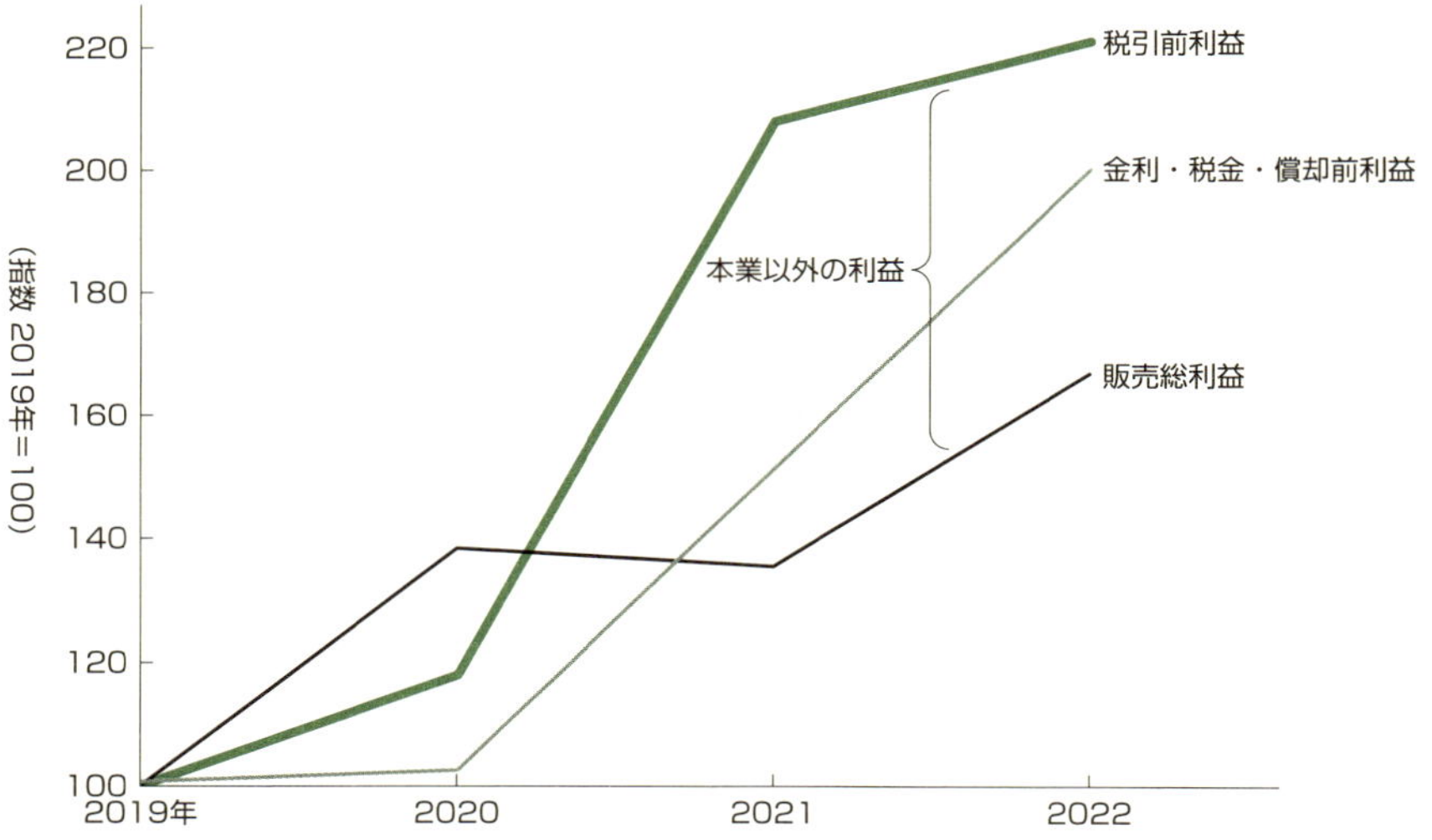

資料：UNCTAD Trade and Development Report 2023 掲載図を元に作成

*これは市場の流動性と呼ばれる。取引の結果として将来の農産物の価格が「発見」（price discovery）される。

けの住宅ローンが不良債権化し、世界的な金融危機を引き起こした問題。

穀物メジャー
主要穀物専門の大手商社のこと。アメリカのカーギルや、フランスのルイ・ドレフュスなどが有名。

自己取引勘定
自己資金を元手に、市場取引を行うこと。

第４章

日本における食料安全保障のあゆみ

1 明治期から第二次世界大戦までの食糧需給と政策

明治以降、食糧需給調整体制は整うも、米価は安定せず

江戸時代の日本は、大規模な飢饉を何度も経験し、多くの死者を出しました。明治期に入って、中央集権体制が成立し、鉄道が整備されると、全国で需給の過不足が調整しやすくなり、凶作時、直ちに飢饉になる状態は改善されました。加えて、マスメディアの発達や国際貿易もその一助となっています。

19世紀末以降、人口の成長と1人当たりの米消費量の増加により、米需要が国内生産の拡大を上回る速さで進みました。供給が不足すると、日本は貿易で不足を補うようになります。当初は東南アジアからの輸入によっていましたが、やがて、１９１９年前後の輸出規制などをきっかけに、植民地であった朝鮮と台湾からの供給（移入）に重点を移しました。

一方で米価は安定せず、１９１８年には全国各地で米騒動が発生しました。**シベリア出兵**の戦争景気を見込んだ商人たちが、投機的に売り惜しみと買い占めを行い、米価が高騰したのです。第一次世界大戦後には米価が暴落し、政府は１９２１年に米穀法を制定しました。米穀需給調節特別会計が設置され、政府は安値の時に米を買い上げ、高値の時に売り渡すことが可能になります。輸入税の増減や輸出入の制限も併用し、供給と価格の安定を図りました。

戦時下の米政策を経て食糧管理法による統制へ

１９２０年代半ば以降は、植民地の朝鮮と台湾の米生産・移出が拡大したために米が過剰になり、日本（内地）では米価が下落して農村の疲弊につながりました。１９３０年からの**昭和農業恐慌**と31年の米穀法改正（輸出入の許可制、最高・最低価格の導入）を経て、33年には米穀統制法が制定され、政府

用語

シベリア出兵
１９１８～１９２２年、アメリカの要請により、ソヴィエト政権打倒のため、日・米・英・仏などが行った対ソ干渉戦争。他国が撤退した後も日本は残留し、多大な戦費を費やした。

昭和農業恐慌
１９２９年、ニューヨーク株式取引所の株価暴落を契機に世界恐慌が発生し、翌年の１９３０年に日本に波及。生糸や繭価が暴落した。さらに豊作による米価下落で農家収入が悪化し、欠食児童や娘身売りが続出した。

は公定価格による無制限買入・売渡が可能になりました。さらに39年、朝鮮で大干ばつが発生し、今度は食料が不足基調に転じました。植民地からの移入量は回復せず、再び東南アジアからの輸入を拡大しました。以降、食料は南方地域で確保すべき資源の一環となりました。国内では供給確保と消費抑制のために米の強制買い上げ、流通統制組織の形成、精米（搗精《とうせい》）度合の制限、各地の米切符制度導入といった措置がとられました。すでに37年から日中戦争が始まり、経済統制が進む中での出来事です。

そして42年、太平洋戦争開始の翌年に米穀統制の関連法規を整理し、集大成となる**食糧管理法**が制定されました。農家は自家保有米以外の米を全て国に売渡し（供出）、政府が国民への配給までの全段階を管理する体制となりました。さらに食料不足が悪化していく中で芋などの代用食が奨励され、また公定価格を守らない闇取引が広がりました。戦後も、この統制はしばらく続きました。段階的に緩和されながら、食糧管理法が廃止されたのは95年のことです。

米の生産量と輸移入量の推移

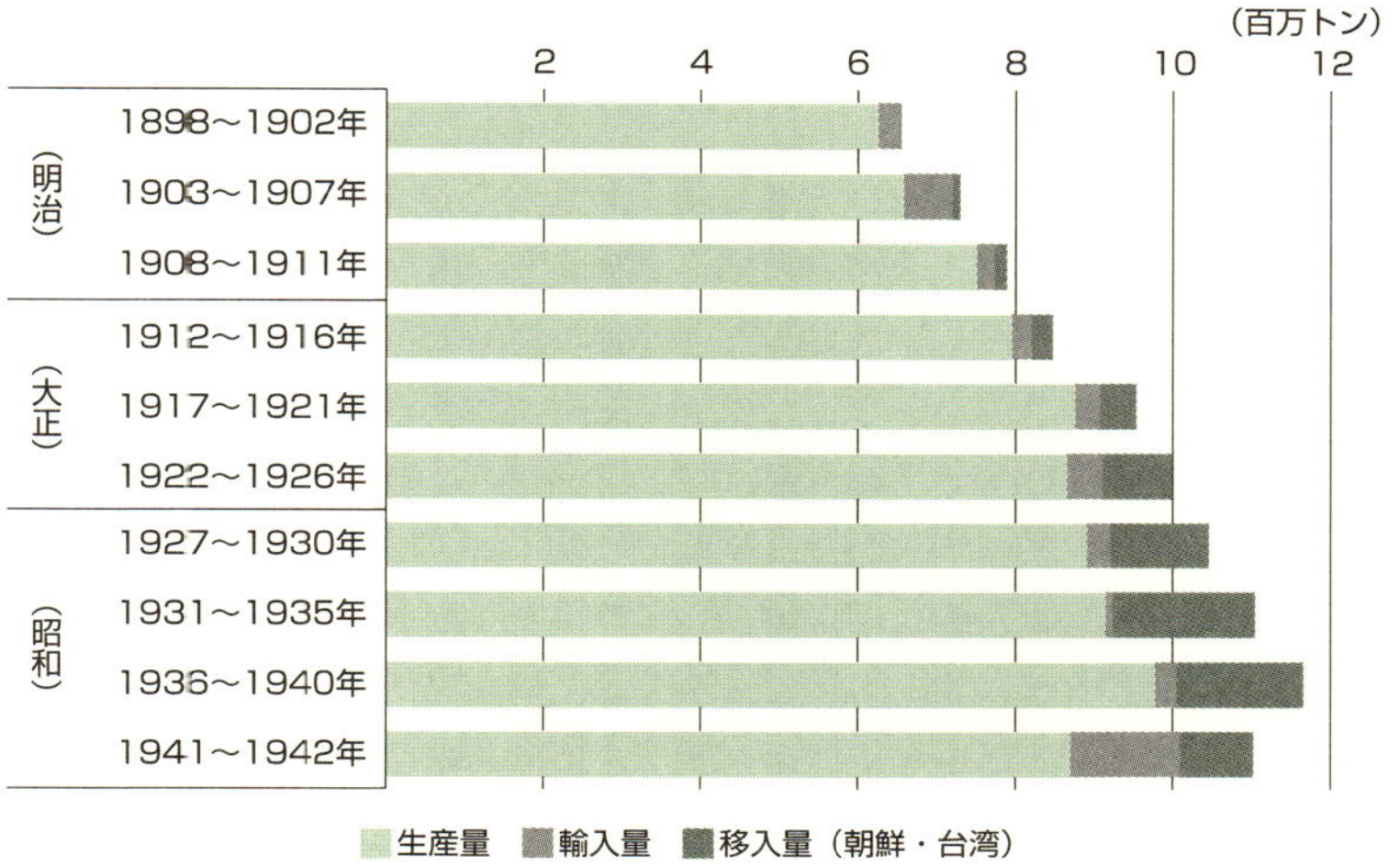

資料：菊池勇夫（2019）『飢えと食の日本史』掲載データより作成
注：1石＝0.15ｔで単位を換算

食糧管理法
1942年施行。国が米を全量管理し、厳格に流通を規制した。生産者は政府に売り渡す義務があり、買入価格も政府が決定した。

参考文献
菊池勇夫（2019）『飢えと食の日本史』吉川弘文館
大豆生田稔（1993）『近代日本の食糧政策―対外依存米穀供給構造の変容―』ミネルヴァ書房

2 第二次世界大戦以降の食料危機

戦中戦後の食料不足

日本は20世紀においても、複数の食料危機を経験し、そのたびに国全体の供給の確保が脅かされました。第二次世界大戦中と、終戦直後、1973年に発生した食料危機は、輸入の停止と、不作や輸入依存による国内生産の縮小が重なって生じました。

戦前の日本は米を自給する生産力がなく、約2割を植民地等からの輸入に頼っていました。国民に十分な主食を供給するため、毎年の需給を管理する「食糧政策」は、重要な政策分野でした。

戦時中は労働力と資材の不足、天候不良により国内農業生産が縮小したうえ、輸入も途絶します。食料は不足し、配給は安静時の必要量を下回りました。開戦前には楽観的な増産計画が採用され、軍の内外で示された懸念は十分に考慮されず、食料事情が悪化してもその情報はほとんど公開されませんでした。

終戦直後は植民地を失い、1945年産米の凶作、作況の過少報告、供出（国への出荷）の不振が重なって一層の食料不足となり、配給制度が危機に瀕しました。日本政府は、45年秋の気象災害による凶作を受けて需給予測を修正し、アメリカに食料輸出を求めて交渉しましたが、世界的な不作やヨーロッパの食料不足のため、日本への輸出はなかなか許可されません。政府は米の強制収用や、供出制度の見直しなど対策を打ったものの、国民の摂取熱量は大幅に低下しました。46年初夏にようやく輸入が実現し、大都市の配給の多くが賄われました。金や外貨が欠乏していたため、輸入費用はアメリカの占領地域救済政府資金で賄われました。それでも食料不足や燃料不足を背景に、栄養失調や結核などによる多数の死者が出ました。

アメリカによる大豆禁輸ショックで食料安全保障への意識が高まる

１９７３年６月末、アメリカは大豆輸出を一時停止しました。既存契約を各国一律で半減する方針を出し、商務長官はトウモロコシ輸出制限の可能性も示唆しました。飼料原料のペルー産魚粉の減産や、ソ連の小麦大量輸入、日本などの輸入拡大を背景に、国内供給を優先し、インフレを抑制するためです。その後輸出需要の見積もりは投機的な申告で過大評価されていたと判明し、輸出制限は３か月で解除されます。大豆とトウモロコシの大部分をアメリカに頼っていた日本は「大豆禁輸ショック」に衝撃を受け、食料安全保障という用語が初めて使われました。

これらの食料危機を経て、国全体の食料調達確保、輸入が縮小・途絶したときの対応、国内生産の維持が日本の関心事となりました。国内の家計や地域段階の配分が問題とならなかったのは、配給制度などの経済統制が存在したこと、高度経済成長による生活水準の向上と福祉制度の整備が挙げられます。

1人1日当たり熱量供給と内訳の推移

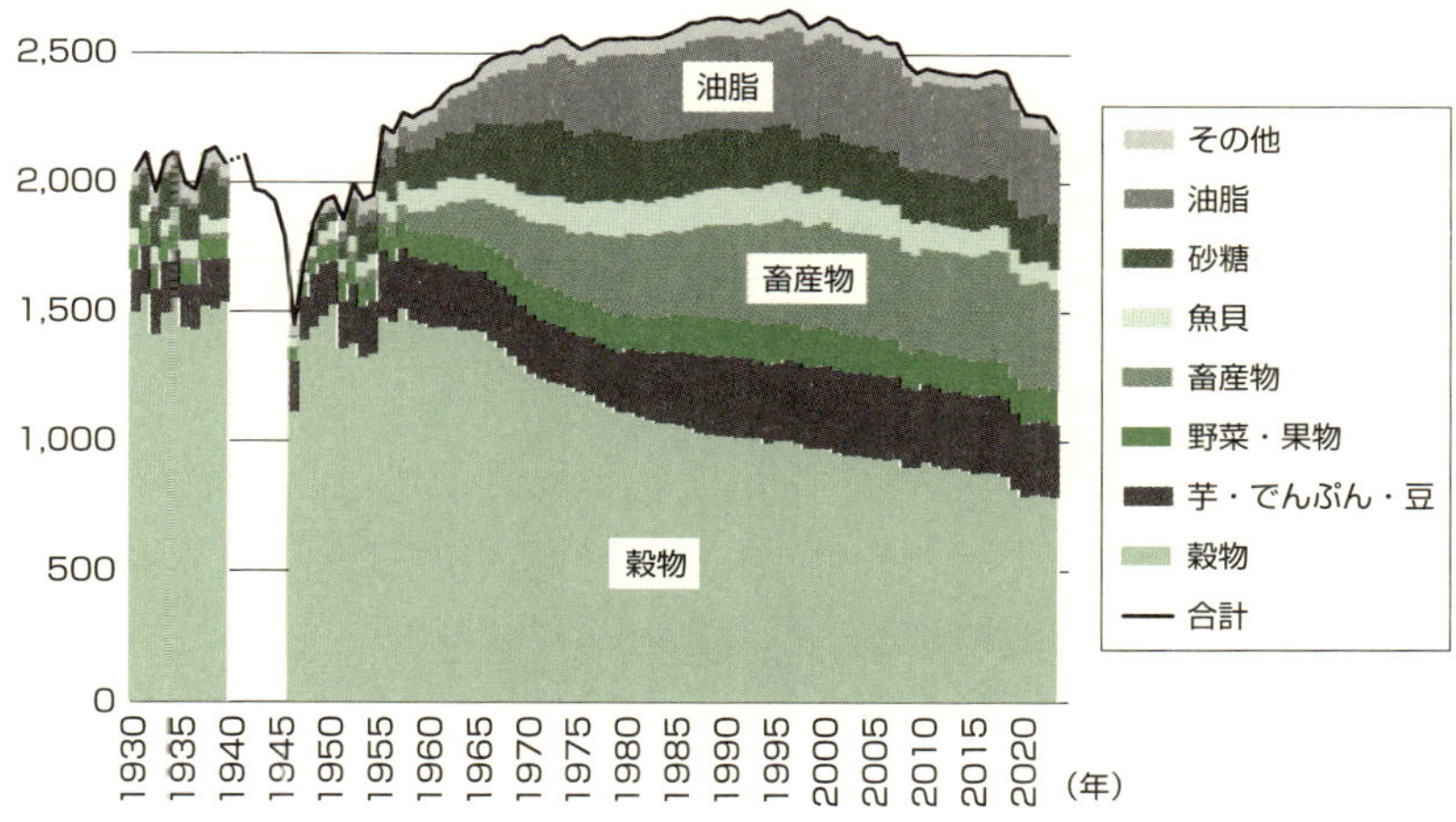

資料：農林水産省『食料需給表』、「食料需要に関する基礎統計」
松田延一（1951）『日本食糧政策史の研究　第三巻』のデータにより作成
注：1941～1945年の内訳はデータなし

3 戦後に加速する食料の輸入依存

1961年の農業基本法が方針づけた農作物の自給と輸入

戦後の日本は、食料を輸入に依存することで豊かな食生活を実現してきました。貿易自由化政策は経済成長とともに農産物の輸入を促進し、次第に国内農業への圧迫が強まっていきます。

敗戦時、植民地を失った日本は食料が不足していました。その一方で、戦勝国のアメリカでは、戦時中にヨーロッパ向けに農産物を増産していましたが、ヨーロッパの農業生産が回復したため、1948年頃から生産過剰が生じており、はけ口を必要としていました。互いの利害が一致し、日本はアメリカからの大量の食料援助を受け入れます。やがてそれは通常の輸入に置き換わり、さらに拡大していきました。

61年に成立した**農業基本法**は、この状況を追認する内容を含んでいます。主要政策であった「農業生産の選択的拡大」のおもな内容は、「国内需要の増減傾向に応じた生産品目の誘導」と「外国と競合する農産物の生産合理化」でした。

これにより、当時需要が増加しており、かつ輸入農産物と競合しない畜産物や青果の生産が振興されました。

米は主食であり生産額が大きいため、稲作経営の規模を拡大させ、生産性の向上と所得の増加が図られました（兼業化のため実現しませんでした）。一方で、米以外の土地利用型作物は輸入によって賄われました。これにより、畜産は振興されつつも**加工型畜産**の形を取り、飼料は輸入に依存する方針となったのです。

日本の希少な資源である耕地を節約しながら、付加価値が高く需要の伸びる品目の生産を進め、輸入に頼りつつも、戦後日本の食生活は高度化していく

用語

農業基本法
1961年に制定された、農家と他産業従事者との所得格差の是正を目指した法律。農業生産の選択的拡大、生産性の向上、近代的な農業の担い手の確保などを目的とした。1999年には、農業基本法に代わり、食料・農業・農村基本法が成立。「農業界の憲法」とも呼ばれた。

加工型畜産
国内で畜産物を生産するうえで、飼料を国内で生産せず輸入穀物などに依存する畜産。

ことになります。その一方で、選択的拡大品目の外に置かれた小麦や大豆の生産は激減し、麦や大豆の自給率の落ちこみようは「安楽死政策」と称されるほどでした。

選択的拡大政策が難しくした米からの作目転換

この選択的拡大政策は、やがて米の生産過剰や、さらには畜産や青果などの農産物輸入自由化に対応できず、日本の輸入依存を深化させる結果となりました。日本農業の国際競争力は急速に低下し、貿易黒字と円高は農産物の輸入に拍車をかけます。

米の生産過剰は1970年代から徐々に顕著となりました。国民の所得の向上とパンやパスタなど小麦食の普及により、米の消費が減少し、その一方で米の反収は伸長が続いたためです。しかし、米以外の土地利用型作物への切り替えは、選択的拡大政策によって安価な輸入品に依存するようになっていたこともあって難しく、生産調整や転作補助金で米の過剰を抑え込みながら、今日まで半世紀にわたり、

日本の米の需給推移

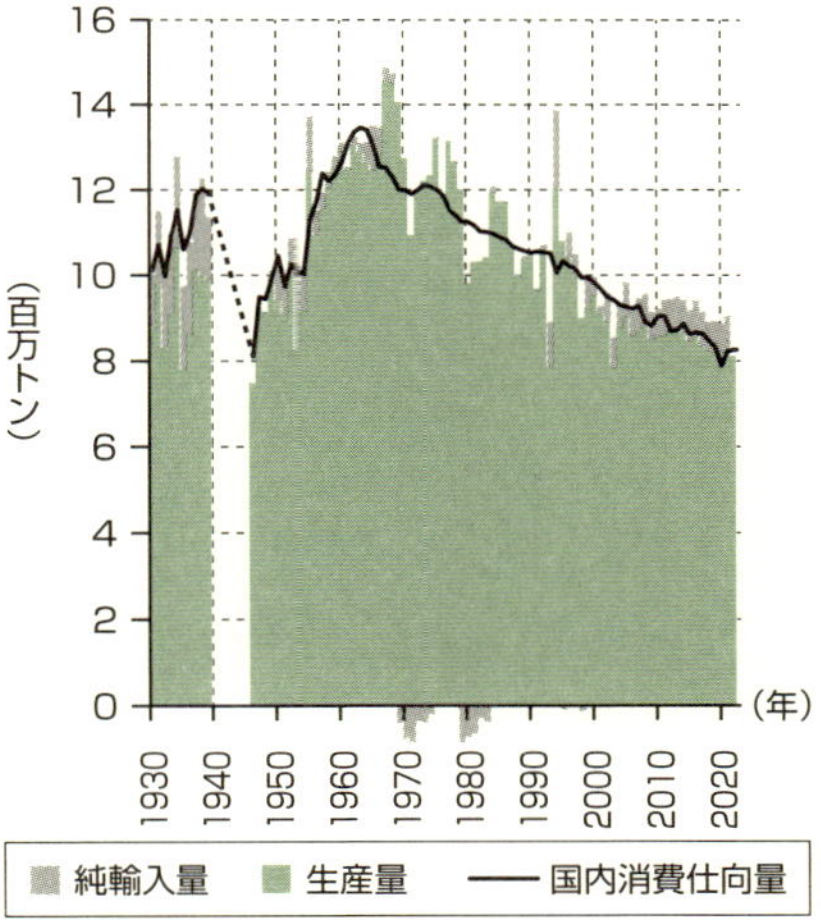

資料：農林水産省「食料需給表」、「食料需要に関する基礎統計」より作成
注：1941～1945年はデータなし

日本の小麦、大豆、トウモロコシの需給推移

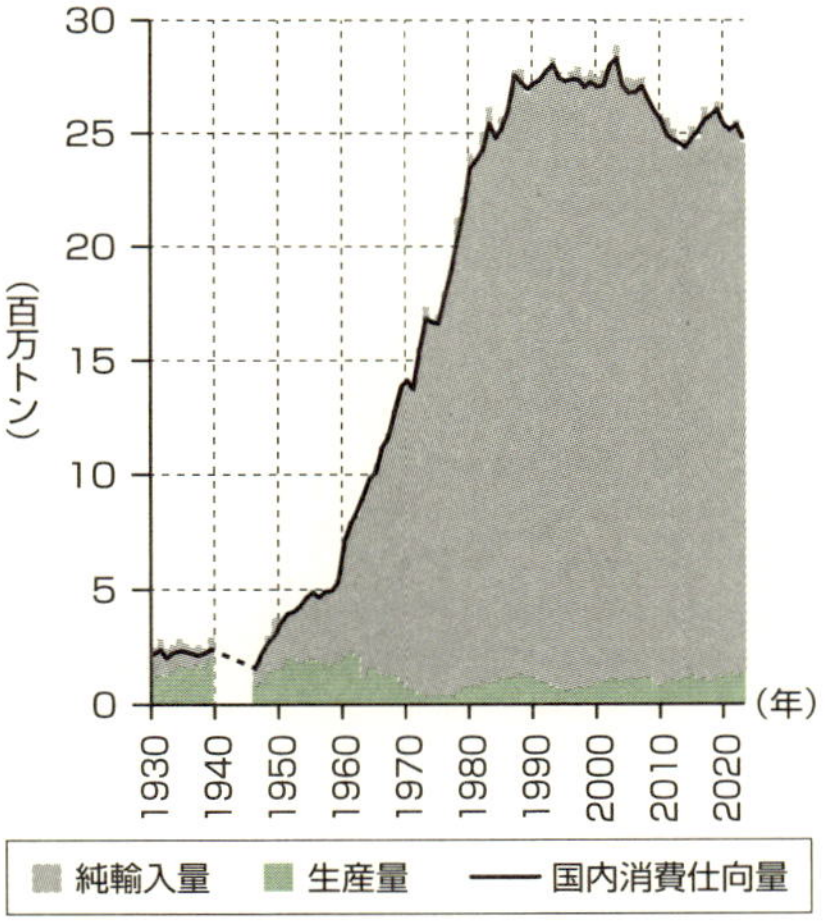

資料：農林水産省「食料需給表」、「食料需要に関する基礎統計」より作成
注：1941～1945年はデータなし

米の潜在生産力の過剰が続いています。

輸入自由化による青果・畜産物への打撃

輸入自由化は、政策的に生産拡大を振興した畜産と青果に大きな打撃となりました。畜産や青果はGATT（関税と貿易に関する一般協定）や日米間の交渉を受けて輸入の自由化が進み、国内生産量は停滞・縮小の傾向に転じました。食肉の場合は、概ね1980年代には国内生産量の拡大傾向がほぼ止まり、倍増した国内需要の拡大分は輸入品が獲得しました。青果の場合は、需要が頭打ちから縮小に転じる中でも輸入は拡大傾向にあったため、国内生産量は急速に縮小し、ピーク時の3分の2まで縮小しています。

こうした中で、1990年代まで経済と人口の成長によって、工場や宅地のための土地需要が高まり、農地転用が行われ、加えて農業者の減少、離農によって農地が荒廃し、農地面積は1961年のピーク時から3割近く減っています。

日本の肉類の需給推移

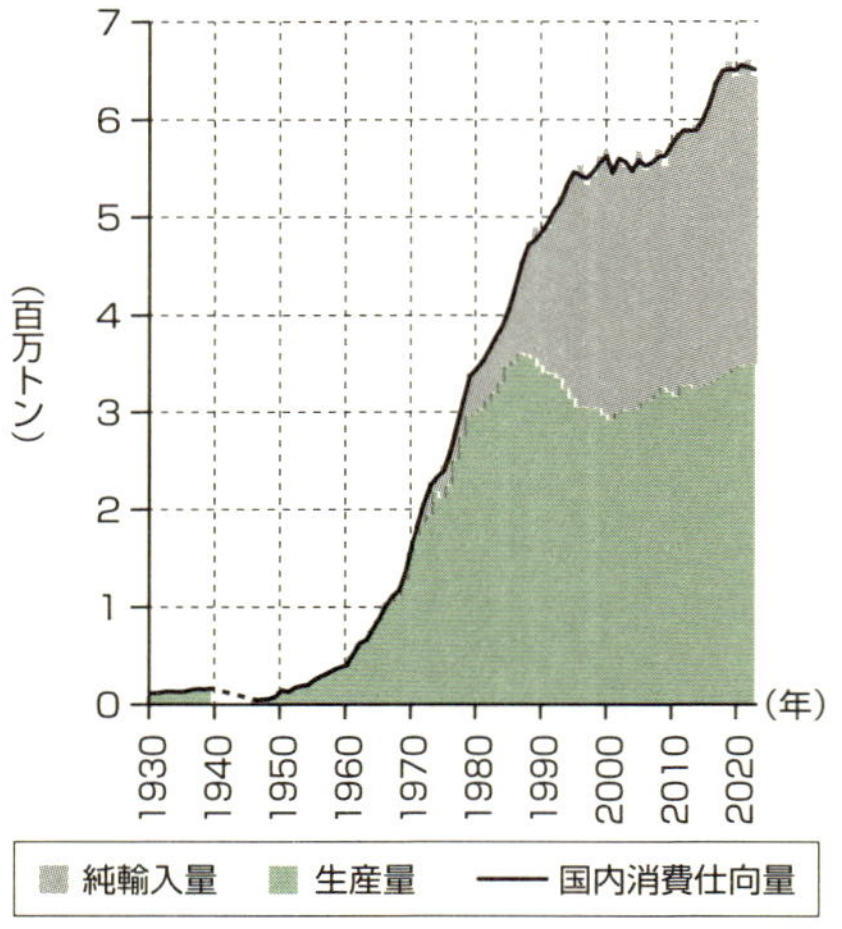

資料：農林水産省「食料需給表」、「食料需要に関する基礎統計」より作成
注：牛肉、豚肉、鶏肉の合計
注：1941～1945年はデータなし

日本の青果の需給推移

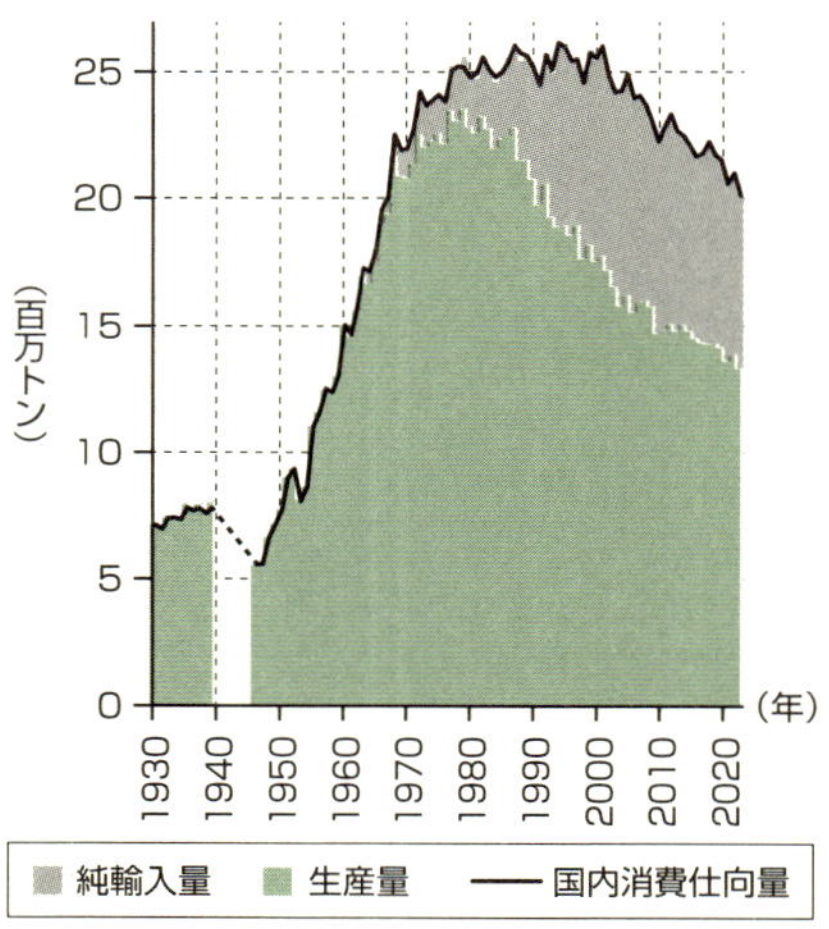

資料：農林水産省「食料需給表」、「食料需要に関する基礎統計」より作成
注：野菜と果実の合計
注：1941～1945年はデータなし

GATT
関税や輸出入制限などの貿易の障害を取り除き、自由で無差別な貿易を促進することを目的として、23か国によって調印された国際協定。のちにWTO（世界貿易機関）へ発展解消した。

4 大豆危機後の日本の取り組み

ブラジルのセラード開発と世界食料需給モデルの開発

1973年の大豆危機を受けて、食料の安定供給を確保するための対策が取られました。対米輸入依存への対処は、容易ではありません。日本は主要な輸入国であり、アメリカは主要な輸出国であったためです。そのなかで顕著な取り組みが2つあります。

1つはブラジルのセラード地域開発への協力です。耕作不適地とされた同地域に土壌改良を施し、世界的な穀倉地帯化を目指しました。73年に日伯首脳間で合意され、74年設立の国際協力事業団（現・**国際協力機構**）が、セラード農業開発協力事業として技術や資金の支援をしました。その後ブラジルは、世界最大の大豆輸出国となって中国に大豆を供給し、世界の需給緩和や日本の大豆調達に貢献しています。

もう1つは農林水産省による世界食料需給モデルの開発と予測の実施です。このような機能を有する組織は、アメリカ農務省やFAOなどに限られましたが、このモデルの開発により、日本の立場でのシナリオ分析が可能となりました。また、90年代前半にはFAOやIFPRI（国際食料政策研究所）に取り入れられ、国際的にも大きな貢献を果たしました。

そのほか、緊急措置として政府在庫の放出、飼料価格安定化基金への支援、買占め・売り惜しみの規制といった対策を行いました。より中長期的な対策としては、民間へ長期の輸入契約を促し、75年にはアメリカとの間で、3年間に飼料穀物・小麦・大豆各800万tを輸入する内容で合意しました。同年には飼料価格の大幅な高騰時に異常補てんを行う、配合飼料価格安定特別基金（現・配合飼料供給安定機構）を設立。また、麦や飼料作物の増産を図り、小麦の生産量は持ち直して近年の拡大につながって

用語

国際協力機構
略称JICA。日本の政府開発援助（ODA）の実施機関として、開発途上国への国際協力を行っている。

います。備蓄の積み増しも図られました。

1980年にアメリカが、ソ連のアフガニスタン侵攻に対する制裁措置として、ソ連への穀物輸出を禁止しました。「食料は武器になった」と報じられ、輸入依存のリスクが露わになりました。ただし当時は国際需給が緩和していて禁輸の効果は薄く、アメリカは単に輸出市場シェアを失うこととなり、以後は輸出規制に慎重な姿勢を取っています。

国内農業と貿易のバランスを問う

大豆危機の直後は、国内農業生産を重視する世論が高まりましたが、貿易摩擦が悪化すると、80年代には農産物の輸入自由化が強く求められました。食料・農業と貿易のバランスをどうすべきか、80年の大平正芳首相（当時）の私的政策研究会の提言により、国際貿易との共存、妥当な自給率の国民合意、潜在生産力の維持、備蓄、国際需給情報収集の強化といった方向性が示され、農政審議会答申「**80年代の農政の基本方向**」にも反映されました。

ブラジルの大豆生産量と輸出量

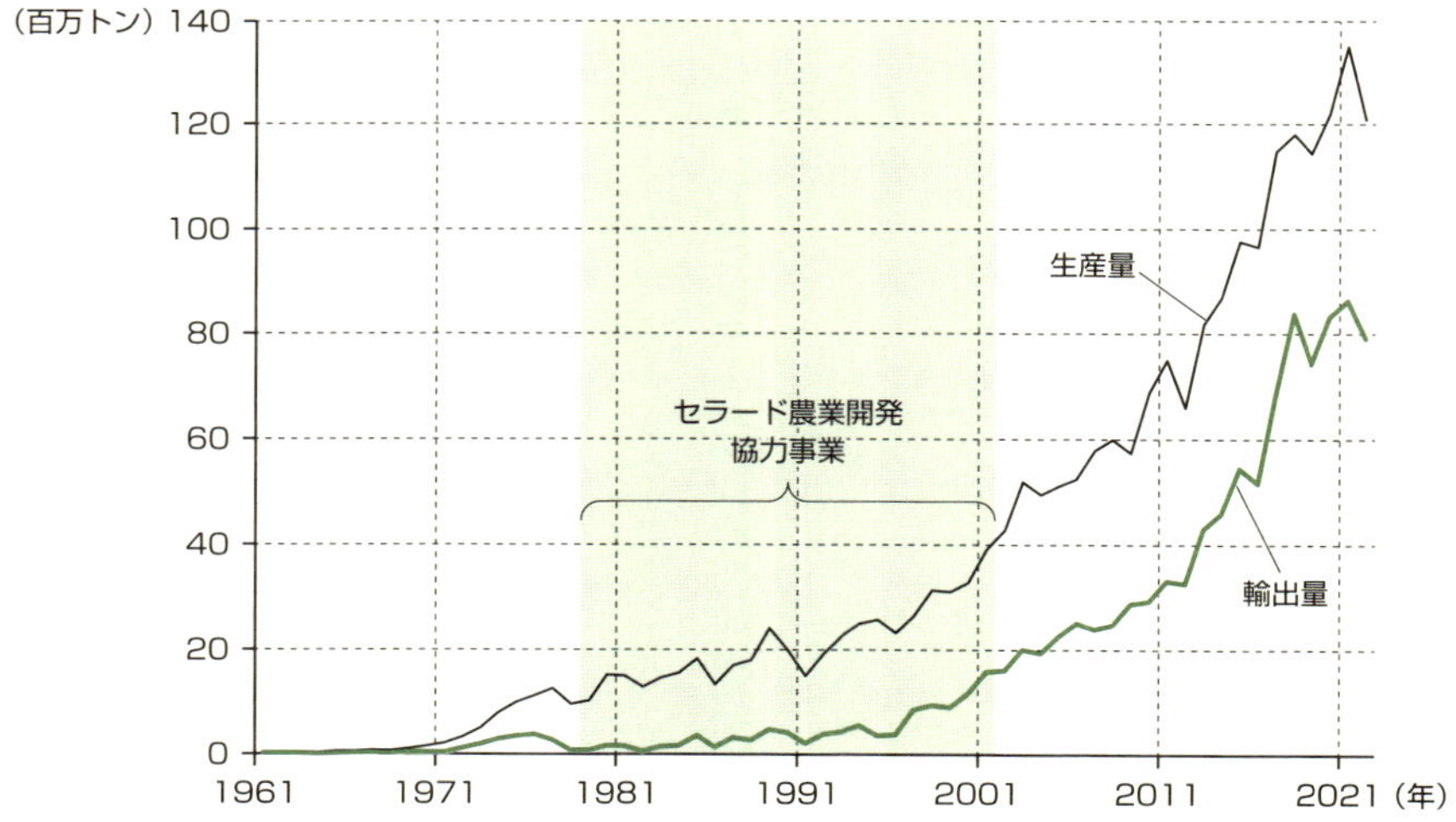

資料：FAOSTATのデータにより作成

80年代の農政の基本方向　1980年10月、農政審議会が提出した『80年代の農政の基本方向』―健康的で豊かな食生活の保障と生産性の高い農業の実現をめざして―」と題する答申書。この答申書の農政の基本方向は、食料の安全保障、需要の動向に応じた農業生産の再編成、生産性の向上、農村整備の推進、食料産業の食料供給体制の整備の5本柱からなる。

5 食料・農業・農村基本法制定後の展開

1999年「食料・農業・農村基本法」下で整備される食料安全保障対策

1995年に発効したWTO農業協定や、中国など新興国の食料輸入拡大といった情勢の変化に対応するため、日本では99年に「食料・農業・農村基本法」（以下、基本法）が制定されました。この法律では、主要な柱の一つとして実質的に食料安全保障が位置づけられており、以降、その下で対策の整備・体系化が進みました。

基本法の第一の理念は「食料の安定供給の確保」です。食料は生命の維持に不可欠であり、健康で充実した生活に重要です。そのため、将来にわたり良質な食料を、合理的な価格で入手でき、かつ安定的な供給であることが求められます。供給は国内生産の増大を基本に、適切な輸入と備蓄も用いながら、高度化・多様化する需要に即して行います。そして需給が著しくひっ迫したときも、最低限必要な食料の確保を図ります。世界の将来にわたる需給安定に寄与する国際協力も定めました。ただし、食料安全保障という語が明示的に用いられたのは、不測時の対応にとどまりました。これらの規定はいずれも2024年の改正（第5章）後も存続しています。

基本計画による施策の整備

具体的な対策は、5年ごとに定められる「食料・農業・農村基本計画」（以下、基本計画）で段階的に整備されます。まず、基本法の規定により食料自給率の具体的な目標が設定されました。続いて、00年に策定された最初の基本計画に基づき「不測時の食料安全保障マニュアル」が作成されました（126ページ）。05年の基本計画では通商協定による輸出規制や輸出税の除去を挙げました。15年に発効した日豪EPAは食料の輸出制限を必要最低限にとどめ、事前に通知・協議する規定を設けました。日本はWTOなどでも食料輸出国の輸出規制を抑制するよう主張しています。

対策の進む不測時の食料安全保障　課題は平時における生産基盤の維持

2007年秋以降における農産物の国際価格高騰を受け、対策の範囲は拡大されました。農林水産省には08年に食料安全保障課（現・食料安全保障室）が設置され、世界の主要地域の動向を常時監視する態勢ができました。そして10年以降の基本計画はいずれも「総合的な食料安全保障の確立」を掲げて平素からの取り組みを打ち出し、市場や流通のかく乱要因への対応を進めました。15年の基本計画ではさまざまなリスクの影響を毎年分析・評価し、対応策を検討・実施することや、想定される事態に基づくシミュレーションの実施を加えました。

20年に策定された基本計画の施策は、①不測時に備えた平素からの取り組み、②国際的な食料需給の把握・分析、③輸入穀物等の安定的な確保、④国際協力の推進、⑤動植物防疫措置の強化です。世界情勢の変化への対応など、中長期的な課題に関する新たな調査分析や、国際的なサプライチェーンの一時的・短期的なリスクにも言及しました。

しかしこのように不測時の対策が整備される一方で、平時における農地などの国内生産基盤の脆弱化については、食料安全保障の枠組みによる明確な対策がありませんでした。

20年の新型コロナウイルス感染症（COVID－19）拡大以降、翌年からの食料や肥料の国際価格の高騰や、22年からのロシアによるウクライナ侵攻が相次ぎ、日本国内では食料安全保障への関心が高まりました。そうしたなかで22年には、それまでのリスク分析・評価を踏まえ、品目別に各種のリスクの点検が実施されました。同年には与党から食料安全保障を主要な論点とする基本法改正の方針が打ち出され、審議会での検討を経て、24年に食料・農業・農村基本法の改正に至りました。

用語

日豪EPA
日本・オーストラリア経済連携協定。2015年に発効された。発効後10年間で両国の貿易額の約95％の関税が撤廃され、特にオーストラリア側では全ての農林水産品等の関税が即時撤廃された。

食料・農業・農村基本法の下の食料安全保障対策

食料・農業・農村基本法（1999年）
基本理念「食料の安定供給の確保」 ・国内生産増大と輸入・備蓄 ・国民の需要に即する供給 ・需給ひっ迫時における最低限必要な食料の確保
食料・農業・農村基本計画（5年毎、2000年～）
・食料自給率の目標 ・不測時における食料安全保障 ➡総合的な食料安全保障の確立(2010年～)
不測時の食料安全保障マニュアル（2002年）
・緊急事態食料安全保障指針に改称（2012年） ・局地的・短期的事態編の追加（2012年） ・シミュレーション演習（2015年～）
世界主要地域の常時監視態勢（2008年～）
食料供給に係るリスクの分析・評価（2015年～）
➡食料の安定供給に関するリスク検証（2022年）
食料自給力指標（2015年～）

出所：筆者作成

6 緊急事態食料安全保障指針で不測の事態に備える

不測時と平時それぞれの取り組み

農林水産省が２００２年に策定した「**緊急事態食料安全保障指針**」は、不測時における食料安全保障対策について「政府として講ずべき対策の基本的な内容、根拠法令、実施手順等を示したもの」です。食料・農業・農村基本法で不測時における食料安全保障の措置が規定された後、最初の食料・農業・農村基本計画（00年）に従い策定されました。その内容は、平素からの取り組み、不測時の体制整備、不測時のレベル区分とレベルごとの対策からなります。この指針によって、各種の施策が不測時のレベルに応じて整理されました。また、指針による対応手順について実効性の検証と見直しを行うため、15年以降の基本計画に基づき、15年から22年までの間に４回のシミュレーション演習が実施されました。

平素からの取り組みは、国内農業・漁業による食料供給力の確保・向上、備蓄の適切かつ効率的な運営、安定的な輸入の確保、国内外の情報収集・分析・提供、国民各層の理解促進です。

不測時は程度に応じてレベル０からレベル２まで３段階に区分されており、それぞれ対策が整理されました。レベル０は、国内外で凶作が予見されるなど、レベル１に発展する恐れのある場合で、初動的・予防的対策が実施されます。レベル１は、米の凶作や、主要輸出国による輸出規制などにより、特定の品目の需給がひっ迫して食生活に重大な影響が生じる恐れがある場合です。市場機構を基本としつつ、必要最小限の規制を行います。レベル２は、穀物や大豆の輸入が大幅に減少するなどして、最低限必要な熱量（２０００kcal／人・日）の供給が困難となる恐れのある場合です。生産・流通・消費を規制

用語

緊急事態食料安全保障指針
当初の名称は「不測時の食料安全保障マニュアル」。２０１２年に現在の名称に改められた。

し、最低限必要な食料の確保と配給を行います。

震災や戦争、パンデミックの教訓

2011年の東日本大震災と福島原子力発電所事故の経験から、12年に緊急事態食料安全保障指針に「局地的・短期的事態編」が追加されました。また、21年の新型コロナウイルス感染症（COVID−19）の世界的大流行を踏まえ、レベル0以前の段階に「早期注意段階」が追加されました。

20年以降、新型コロナやウクライナ紛争に対処するなかで、態勢の不備が認識されました。指針は法律に基づくものではなく、政府全体の意思決定や指揮命令系統については定めていません。また、不測時の活用が想定されている各種法制度は対象となる品目や場面が限定的、早期の措置を講じられない、措置の内容が不十分といった限界がありました。こうしたことから23年8月〜12月に、有識者検討会によって法制化の検討が進められ、24年に食料供給困難事態対策法（140ページ）が制定されました。

緊急事態のレベル別対応策

レベル0 国内外の不作の予見など	レベル1 米の凶作、輸出規制など	レベル2 最低限の熱量供給困難のおそれ（輸入大幅減など）
●食料供給の見通しに関する情報の収集・分析・提供 ●備蓄の活用と輸入の確保 ●廃棄の抑制と規格外品の流通 ●価格・流通の監視と指導	●緊急増産 ●生産資材の確保にかかる要請と割当・配給［1］ ●輸入の指示［1］ ●地域間の需給不均衡や買占め・売惜しみを是正する売渡・輸送・保管の指示［1］［2］［3］ ●標準価格［1］	●生産転換（熱量効率の高い作物） ●既存農地以外の土地の利用 ●割当・配給の実施［1］［3］ ●価格統制［4］ ●石油の優先的確保［5］、農法の転換

資料：農林水産省「緊急事態食料安全保障指針」より作成
注：表中の［ ］は以下の根拠法令を示す
［1］国民生活安定緊急措置法（1973年）
［2］生活関連物資等の買占め及び売惜しみに対する緊急措置に関する法律（買占め等防止法）（1973年）
［3］食糧法（1994年）
［4］物価統制令（1946年）
［5］石油需給適正化法（1973年）

7 不測時の生産力を図る食料自給力指標

不測時シミュレーションは米・小麦中心と芋類中心の2パターン

平時における総合食料自給率（エネルギーベース）は4割弱に過ぎませんが、もし輸入が減少した場合は国内の増産で食料を賄います。そうした食料の潜在生産力を測る指標が、2015年から導入された食料自給力指標です。自給率が平時の輸入依存度を表すのに対し、自給力指標は不測時における増産能力を表します。自給率と自給力指標は相互に補完的な関係にあり、自給力指標は農業生産基盤の脆弱化を明確に示すことができる点でも有用です。

食料自給力指標は、作付品目を転換し、農地などの農業資源、農業技術、農業労働力を活用し、国内の農林水産業による食料の熱量供給を最大化した場合の1人1日当たり供給可能熱量です。食料の輸入が途絶した場合の国内増産による食料供給能力とみなせます。生産転換は米・小麦中心と、芋類中心の2通りが想定されており、栄養バランスを考慮してそれ以外の作目の生産も維持されます。生産転換は緊急事態食料安全保障指針（126ページ）で最も深刻なレベル2の施策に位置付けられています。また、米・小麦や芋類の生産には数か月を要し、作付は1年周期なため、こうした生産転換は食料供給不足が短期間では収束しない事態に対応するものです。

食料自給力指標は長期的に低下傾向

22年度の食料自給力指標によれば、米・小麦中心の作付であれば平時の2倍弱、同じく芋類中心であれば2・7倍に熱量供給を増やせます。しかしそれでも推定エネルギー必要量（2167kcal）と対比すると、芋類中心であれば必要量を満たしていますが、米・麦中心では2割以上不足します。しかもこの指標は長期の低下傾向にあるため、何らかの梃入れが無ければ今後はさらに悪化が見込まれます。特に芋類中心の指標は低下が速く、もし現在のペースが続けば30年までには必要量を下回るでしょう。これは最低限必要な食料すら国内で生産することが困難になりつつあることを示しています。しかも、芋類中心の作付については、大幅な生産転換が実際に円滑に可能かどうか明らかでなく、貯蔵や種苗、農業機械、燃料などの制約があると考えられます。ただし、高齢化などによりエネルギーの需要水準が低下しており、ある程度の余裕は見込めます。

なお、食料自給力指標は生産の最大化と熱量供給のみに着目していることから自ずと適用範囲は限られます。不測時には、輸入がある程度維持される場合の生産転換や、備蓄の取り崩し、たんぱく質など栄養素の供給量など、より広範なシナリオの考慮と包括的な需給計画が求められるでしょう。ちなみにスイスでは、長年にわたりそうした諸要素を含む予測システムを開発・運用しています。

食料自給力指標の推移

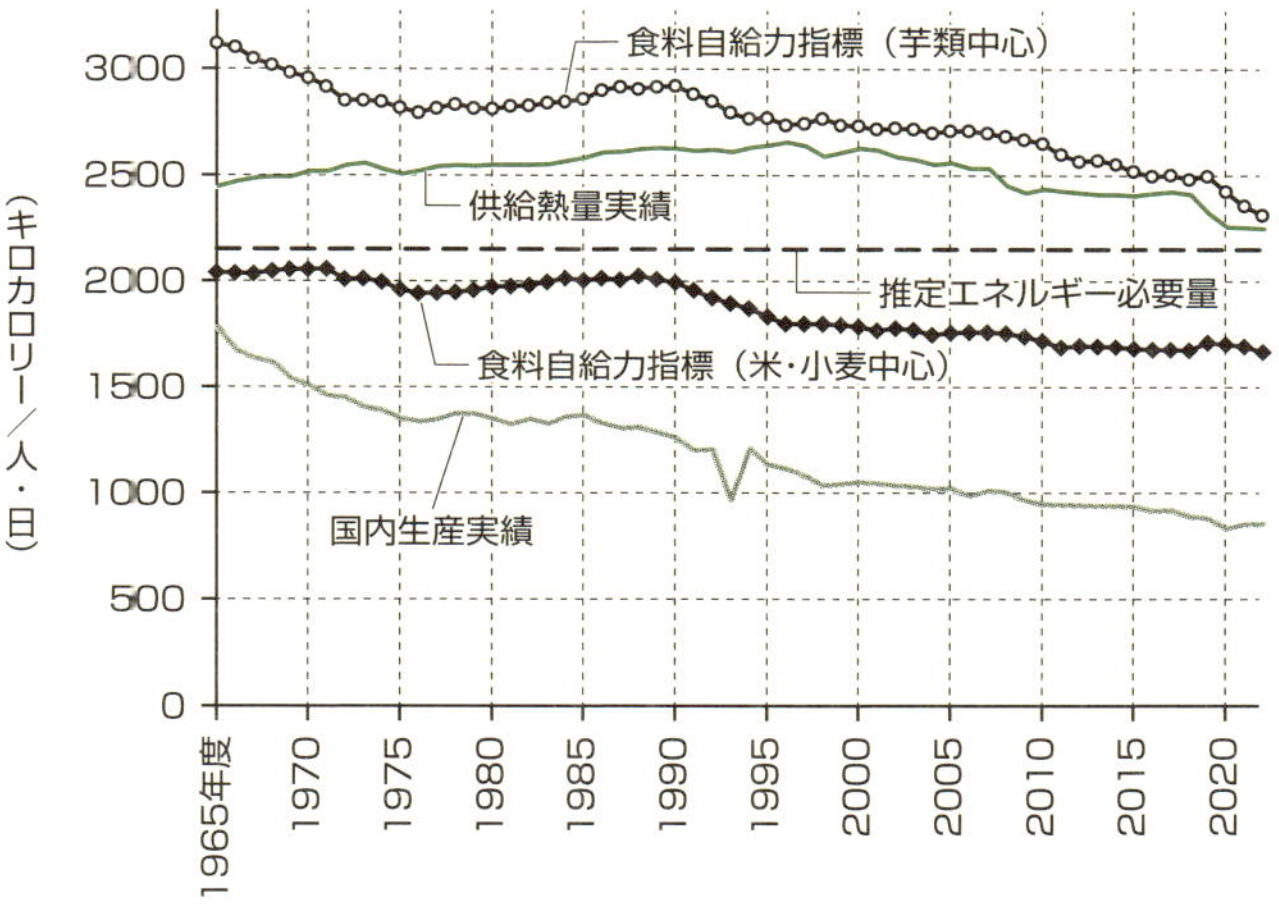

資料：農林水産省「令和４年度 食料自給率・食料自給力指標について」および「食料需給表」より作成
注：国内生産実績は供給熱量実績とエネルギーベース総合食料自給率から算出。農林水産省の推計によれば再生利用可能な荒廃農地で作付けする場合は自給力指標に数十キロカロリーの上乗せが可能。

column

世界の食料需給見通しは食料不安を予知するか

世界中で独自の食料需給見通しを公表している

世界の食料需給動向は、人類全体にとって重大な関心事項です。国連機関や国際機関、各国の政府機関は定期的に、中長期的な世界食料需給見通しを公表しています。将来的な世界の食料需給動向を見通すことは、農業政策を考えていく上でも極めて重要といえます。

経済モデル*に基づいた将来の見通しは、起こりうるさまざまな事態を想定します。なかでも食料価格の乱高下を招くような要因については、できうる限り事前に見通しを行うことで、「現実とならない」よう、未然に対策を講じることができます。

OECD（経済協力開発機構）やＦＡＯ（国連食糧農業機関）、アメリカ農務省、農林水産政策研究所は、ほぼ毎年、概ね10年後の予測期間となる、中長期的な世界食料需給見通しの結果を公表しています。また、ＦＡＯやIFPRI（国際食料政策研究所）、農林水産省では、さらに長期的な食料需給見通しを不定期に公表しています。

各機関の中長期的な世界食料需給見通しの内容は、いずれも、①現行の単収の伸びが継続し、収穫面積の拡大に特段の制約がないこと、②予測期間中における各国政府の政策などが現状のままであること、③マクロ経済を前提として、人口、国際原油価格予測データを外部の機関による予測結果に依存していること、④天候が平年並みに推移すること、などを前提条件としています。このため、前提と異なるような不測の事態、例えば、突然の農業・貿易政策の変更や異常気象の頻発、戦争の勃発、感染症・動物伝染病などが発生する場合には、見通しとは異なる結果が生じることになります。

不確実・不測の事態を未然に防ぐために

各機関では、不測の事態が起こる可能性も見越して、すう勢予測とは別に、不確実・リスク要因を勘案した農業関連政策や、社会経済情勢の変化による代替的なシナリオを加えることで、不確定要素が食料需給に与える影響を、個別に評価しています。ただし、こうしたシナリオ予測を加味しても、経済モデルでは十分に反映できない事象も十分にあり得ます。

こうした限界を補完するためにも、経済モデルによる予測だけでなく、定性的な世界各国・地域の食料需給動向分析や農業・貿易政策の分析、衛星情報の活用等によるモニタリングも組み合わせて、世界の食料需給について、将来の見通しや分析を行っていくことが必要です。

*複雑な経済現象を分析するため、経済学にもとづいて、対象を抽象化・単純化した上で定式化したもの。

第５章

日本の食料安全保障はどうなっているのか

1 食料・農業・農村基本法の改正

基本法改正の経緯と背景

国際情勢の大きな変化を受けて、世界的に食料安全保障に対する関心が高まっています。現状、日本が直接戦火に巻き込まれる状況にはありませんが、近隣諸国の動向次第では日本も油断はできません。

また、国内に目を転じると、世界経済における日本の地位が低下しているなか、石油等の資源を持たず、総人口に対して農地面積も少ない日本は今後、食料を確実に確保することが難しくなっていくのではないか、という不安が強まっています。

こうした情勢を背景に、2022年9月の食料安定供給・農林水産業基盤強化本部において、岸田文雄首相（当時）は基本法の見直しを指示しました。これを受けて、食料・農業・農村審議会に「基本法検証部会」が設置され、17回にわたる部会での議論や、地方意見交換会を経て翌年9月に答申がなされました。部会では、日本の食料安全保障を取り巻く状況について、基本法制定後の情勢の変化と今後20年を見据えて予期される課題を検討し、5つのポイントに整理しています。

今後の日本の5つの課題

第一は、平時における食料安全保障リスクの高まりです。世界的に食料需要は増加する一方、気候変動等による供給の不安定化、食料輸入における競合国の出現など、安定的な輸入に懸念が生じています。また国内においても、経済・社会環境の変化のなかで、質・量的に十分な食料を確保できない国民が増加しつつあります。

第二は、本格的な人口減少下における国内市場の縮小への対応です。国内農業・食品産業の持続的な継続を考えるうえで、海外への輸出による新市場の開拓を視野に入れる必要があります。

第三は、農業・食品分野における環境対策や持続性に関する国際ルールの強化です。パリ協定に基づくGHG（温室効果ガス）の排出削減をはじめ、農業も他産業並みに環境対策を講じる必要があります。また、食品産業においても、原料調達における環境や人権への配慮、食品ロスの削減などが求められています。特に輸出の強化にあたっては、国際ルールに対応した、世界市場から排除されない事業スタイルが求められます。

第四は、農業者の急速な減少への対応です。高齢農業者のリタイアが進む一方、若年労働力の獲得競争は全産業間で激しくなることが見込まれます。

第五は、農村人口の減少による集落機能の低下です。今後、農業インフラのみならず、集落機能の維持さえも困難となる地域の増加が懸念されます。

これらの課題に対応できる農政の展開に向けて、2024年6月に改正法が公布・施行されました。

食料・農業・農村基本法改正の背景

現行基本法制定後の約20年間における情勢の変化

- 国際的な食料需要の増加と食料生産・供給の不安定化
- 我が国の人口減少・高齢化に伴う国内市場の縮小
- 農業者の減少と生産性を高める技術革新
- 農村人口の減少、集落の縮小による農業を支える力の減退

今後20年を見据えた予期される課題

- 平時における食料安全保障
- 国内市場の一層の縮小
- 持続性に関する国際ルールの強化
- 農業従事者の急速な減少
- 農村人口の減少による集落機能の一層の低下

資料：「食料・農業・農村政策審議会答申（概要）①」〔検証部会（23年9月11日）配布資料〕より作成

2 改正食料・農業・農村基本法における食料安全保障の考え方

基本理念の見直し

改正基本法では、従来の法律の基本的な考え方は維持しつつ、さらに時代の変化に対応した農政とするため、その骨格である基本理念が見直されています。まず、「食料安全保障の確保」が基本理念の柱に位置付けられました。国全体の総量として食料を確保すること（食料の安定供給）に加え、平時からの、また、国民一人一人の入手可能性という観点を含めた概念として食料安全保障を、「良質な食料が合理的な価格で安定的に供給され、国民一人一人がこれを入手できる状態」（第2条）と定義づけました。

また、農業による気候変動や生物多様性への影響が懸念されること、環境負荷低減への取り組みが国際的にも必要であることを踏まえ、「環境と調和のとれた食料システムの確立」を新たな基本理念として位置付けています（第3条）。これに合わせて「多面的機能」についても、「環境負荷低減が図られつつ発揮されなければならない」とされました（第4条）。また、人口減少が加速する農業・農村政策のあり方として、「農業の持続的な発展」については、①生産性の向上、②付加価値の向上、③環境負荷低減の3点が農業生産の目指すべき方向性として規定されました（第6条）。「農村の振興」については、「地域社会の維持」の視点が追加されました（第7条）。

食料安全保障の考え方

改正基本法には、食料安全保障の確保に向け、「国内の農業生産の増大を図ることを基本としつつ輸入・備蓄を行う」ことに加えて、新しい考え方が付与されました。まず、「農業生産基盤等の確保のための輸出の促進」です。第2条第4項で、「国民に対する食料の安定的な供給に当たっては、農業生産の基盤、食品産業の事業基盤等の食料の供給能力が確保されていることが重要であることに鑑み、国内の人口の減少に伴う国内の食料の需要の減少が見込まれる中においては、国内への食料の供給に加え、海外への輸出を図ることで、農業及び食品産業の発展を通じた食料の供給能力の維持が図られなければならない。」とされました。

次に、食料安全保障の定義のなかにある「合理的な価格」についてです。第2条第5項では、「食料の合理的な価格の形成については、需給事情及び品質評価が適切に反映されつつ、食料の持続的な供給が行われるよう、農業者、食品産業の事業者、消費者その他の食料システムの関係者によりその持続的な供給に要する合理的な費用が考慮されるようにしなければならない。」とされ、食料の価格形成における「合理的な費用の考慮」という新しい考え方が示されました。

改正食料・農業・農村基本法の基本理念の関係性

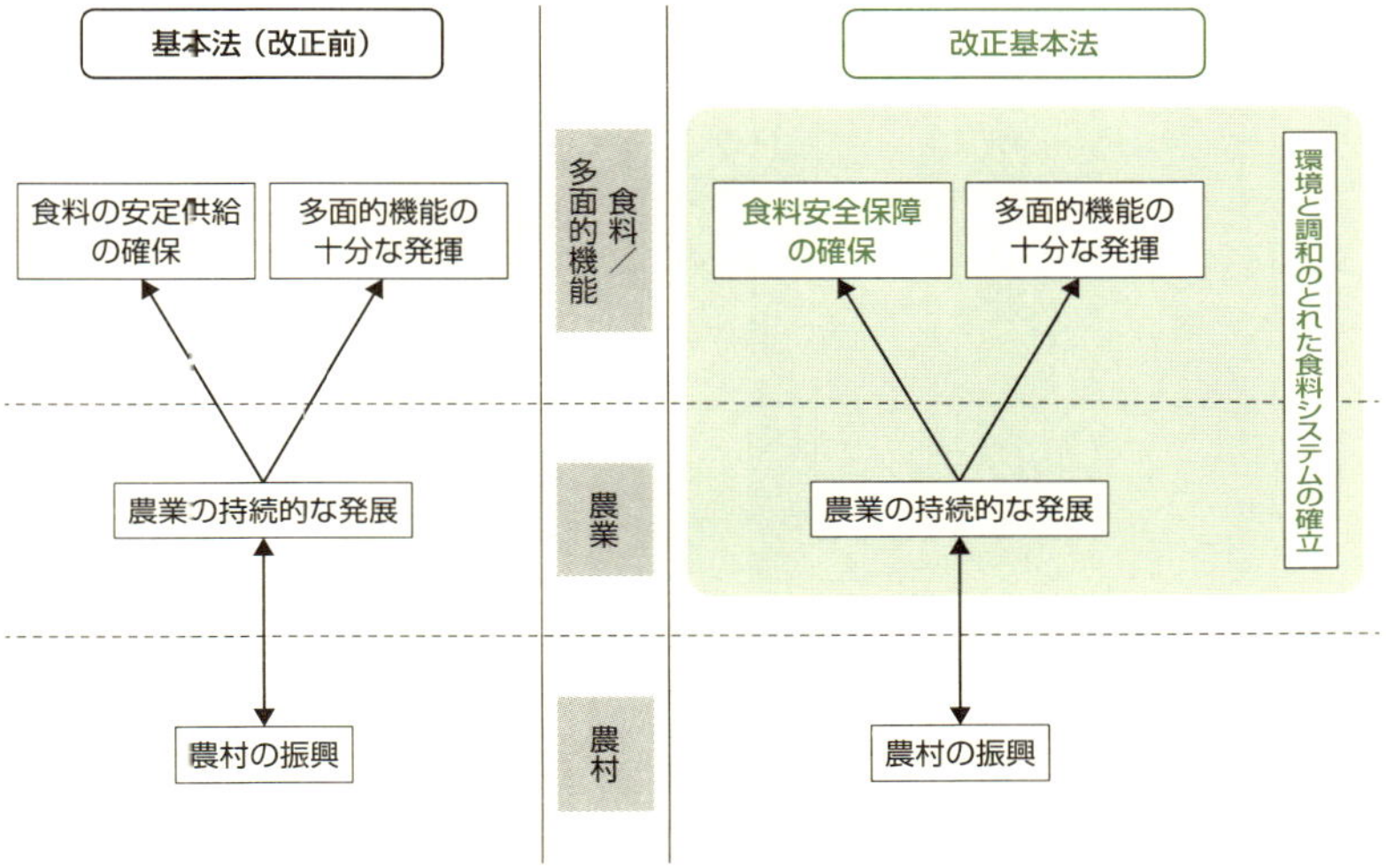

資料：農林水産省「食料・農業・農村基本法 改正のポイント」より作成

3 国民一人一人の食料安全保障

都市部でも増加する買い物困難者

改正基本法では、食料安全保障を、平時からの、国民一人一人の入手可能性の観点を含めた概念として定義しています。その背景には、日本の現状としてすべての日本国民が健康的に生活するために必要な食料・食品を確保できておらず、「食品アクセス」の確保が問題となっていることがあります。

「食品アクセス」問題は、大きく2つに分けられます。ひとつは物理的アクセスに関するもので、自らの力で買い物に行くことが難しい、いわゆる「買い物困難者」の問題です。過疎化の進行によって小売店や物流業者が撤退し、食品小売店や配送網の維持が難しくなる地域が増加しています。一方、高齢化と長寿命化が進み、地方では免許返納の推進で自らの運転で買い物に行けない人が増え、都市部でも自らの足で店舗に行けない人が増えています。2024年2月に農林水産政策研究所が公表した調査によると、20年の食料品アクセス困難人口は904万3000人と推計され、15年に比べて9・7％増加しています。また、農林水産省が市区町村を対象に行ったアンケートでは、回答市区町村の89・7％が食品アクセス問題への対応が必要と認識しています。

現場では、地方自治体や民間事業者、協同組合等がコミュニティバスや乗り合いタクシーを運行して地域の足を確保し、移動販売車や買い物代行サービスなどの買い物支援に取り組んでいるものの、支援が十分に行き届いていないという声も聞かれます。

低所得者世帯の増加で政府もフードバンク活動を支援

もうひとつは経済的アクセスの問題で、経済的な理由により十分かつ健康的な食事をとれないことを指します。1997年と2022年の所得金額階級別の世帯数の相対度数分布を比較すると、22年の高所得世帯の割合は低下し、200万円未満の世帯の割合が増えています。非正規雇用の拡大や、世帯人数の減少・高齢化、ひとり親世帯の増加等を背景に低所得世帯が増加していると考えられます。

民間によるこれらの人々への支援のひとつとして、フードバンクや子ども食堂による無償もしくは安価での食事提供があります。フードバンク活動は食料を必要とする者に未利用品を届ける流通の一形態であり、生活困難者の支援とともに、食品ロスの削減にもつながる取り組みといえます。フードバンク活動を行っている団体数は14年の46団体から24年3月末時点で273団体に増加し、食事の提供数も増えています。しかし、現場のニーズを充足するに至っていません。農林水産省は、生活困窮者等への食料提供の充実に向けたフードバンク等の新規立ち上げや取り組み拡大に対し、都道府県を通じて支援しています。

所得金額階級別世帯数の相対度数の分布の変化

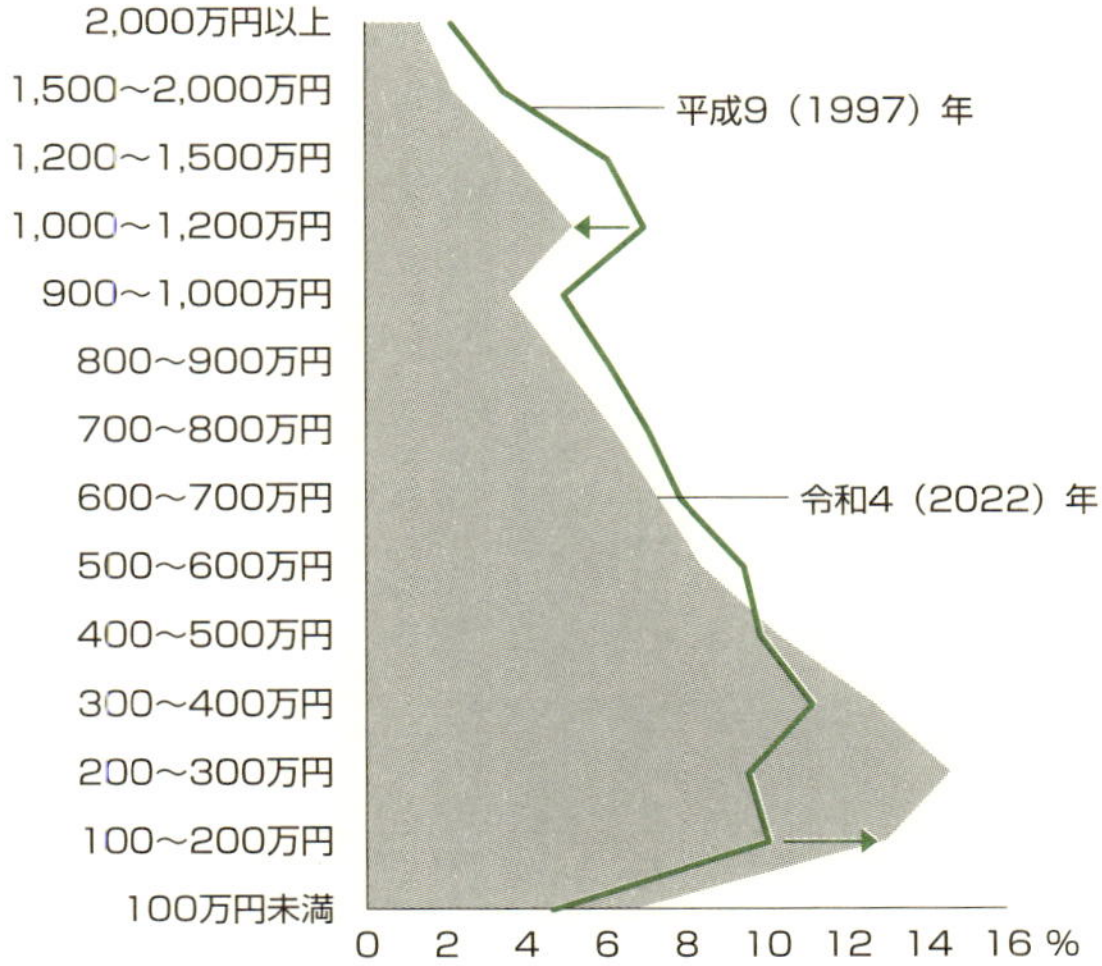

資料：厚生労働省「国民生活基礎調査」を基に農林水産省により作成

4 合理的な価格形成の仕組みづくりに向けて

デフレと農業資材の値上がりで生産者の経営は苦しい

GDPデフレーターの動向をみると、日本以外の主要国は2000年代に上昇傾向でした。一方で、日本は低下傾向が続き、約30年にわたるデフレ経済の下、国内の農産物や食品の価格はほぼ横ばいで推移してきました。消費者も低価格を求めて安売り競争が常態化し、食品の値上げを敬遠する意識がサプライチェーン全体を通じて醸成・固定化されています。

農業資材価格はデフレに加えて為替の円高傾向もあり、00年代~10年代後半は、08年の穀物高騰時を除き、大きな変動なく推移していました。しかし、21年以降、世界情勢の変化に伴う国際価格の上昇と為替の急激な円安により、飼料や肥料等の価格が高騰しました。**農業生産資材価格指数**（総合：20年基準）は23年4月に122・3と、20年に比べて20％以上の価格上昇となりました。

一方、**農産物価格指数**は、野菜や果樹の収穫状況により変動する価格の影響はあるものの、近年は農業生産資材価格指数を下回っており、急激な資材価格高騰をカバーできていない状況がうかがえます。国内の農産物について、現状の価格交渉においては生産者・産地のコストに見合った販売価格が実現できてない品目、経営が多いとして、経営収支の悪化を訴える声も高まっています。

合理的な価格形成の仕組みづくりに向けた検討

農業生産資材や原材料等のコスト上昇分をカバーする際に、最終商品の販売価格までに転嫁できなければ、流通のどこかの段階にひずみが生じることになります。そのため、価格形成の仕組みづくりにおいては消費者の理解を得つつ、食料システム全体で

用語

GDPデフレーター
名目GDPを実質GDPで除して算出される、国内要因による物価動向を示す指標。

農業生産資材価格指数
農家が購入する農業生産資材の価格変動を表す物価指数。

農産物価格指数
農家の販売ないし購買する商品の価格変動を表す物価指数。

合理的な費用を考慮することが求められます。

コスト構造を理解してもらい、合理的な費用を検討するにあたっては、コストの実態を定量的に把握することが必要です。そのためまずは、サプライチェーンの起点である農業者・産地自らが生産や集出荷にかかるコストを把握しなければなりません。そこで農林水産省は24年3月より、食料システムの各段階での取引価格や生産・製造・流通等に要する費用等の実態調査を進めています。

また、関係者による協議の場として、23年8月に「適正な価格形成に関する協議会」が立ち上げられました。サプライチェーンの各段階で価格水準を検討する際の目安となるコスト指標の作成のあり方や、それをもとにした価格形成の仕組みの構築について、取引の実態や課題等を踏まえた検討を進めています。具体的には、「飲用牛乳」と「豆腐・納豆」を対象に、実務に精通した取引担当者等によるワーキンググループで検討が開始され、24年には米や野菜のワーキンググループも設置されました。

農産物価格指数（総合）と農業生産資材価格指数（総合）の推移

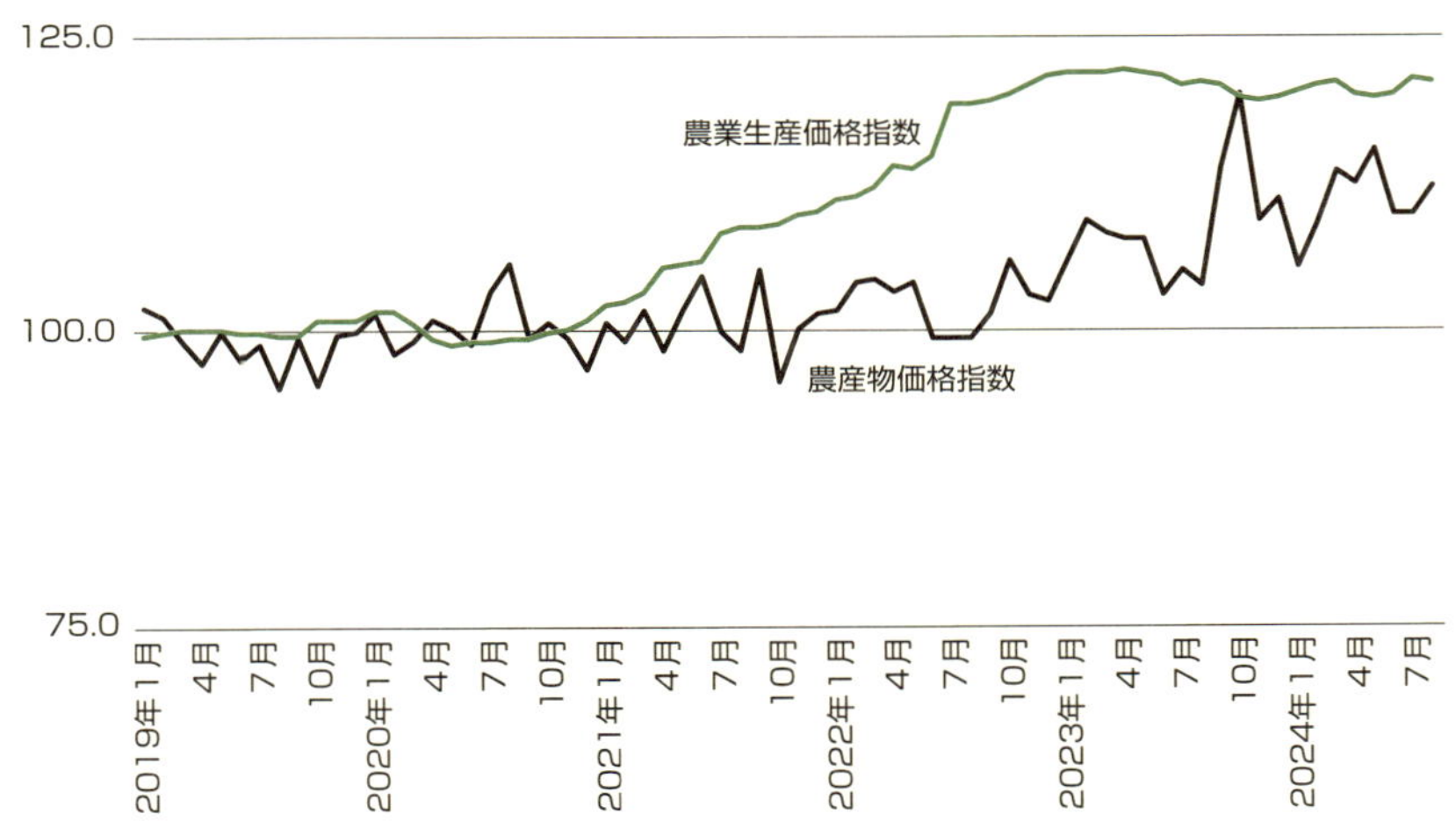

資料：農林水産省「農業物価統計」
注：2020年を100とした指数

5 不測の事態に素早い対応を目指す食料供給困難事態対策法

平時にも不測時にも網羅的かつ統一的に対策

2024年に公布された食料供給困難事態対策法は、不測時における食料安全保障対策を定めた法律です。これまでの緊急事態食料安全保障指針（126ページ）に基づく取り組みと課題を踏まえ、基本法改正とともに法制化が進められました。この法律では、基本方針の策定と、食料供給困難事態対策本部（以下、対策本部）の設置、具体的な措置について定めています。事態の早い段階から全省庁で取り組むことができ、供給困難の程度に応じて民間業者を中心に対策が定められ、また平時においても業者からの情報収集が認められます。また、気象災害、震災、原子力災害、パンデミック、国際紛争といった事態に政府全体で統一的に対処できる枠組みです。

平時には基本方針を策定するほか、米・小麦・大豆など**特定食料**及び**特定資材**について、需給状況の報告を要求できます。国内外の食料需給に関する調査や民間在庫の把握が想定されています。

不測時には業者へ段階的に指示 違反者には罰金も

平時以外の食料供給困難事態対策は対策本部の下で実施されます。対策本部の長は首相、構成員は全閣僚です。対策本部は、農相から首相への「食料供給困難兆候」の報告を受けて設置されます。おもな措置は、特定食料・特定資材を扱う業者（出荷・販売・輸入・生産・製造）への出荷・販売の調整と、輸入・生産・製造の拡大です。まず、食料供給困難兆候の段階で業者に対して要請されます。次に状況が悪化して「食料供給困難事態」となった場合は、要請に加えて計画の届出が指示され、不十分な場合は計画の変更が指示されます。さらに、国民が最低

用語

特定食料
政令で定める想定品目は主なカロリー源であり、米・小麦・大豆のほか畜産物、油脂、砂糖。

特定資材
政令で定める想定品目は肥料、飼料、農薬、種苗、動物用医薬品など。

限度必要とする食料の供給が確保されない、またはその恐れがある場合は、「農林水産物生産可能業者」に対して計画変更（生産転換）を指示できるほか、法令に基づき割当てや配給が行われます。

業者への要請に沿った対応を円滑化し、また計画の変更による経営への影響を避けるため財政の措置が講じられます。また、業者から業務や経理の状況を報告させ、立ち入り検査を行うことができます。

正当な理由の無い違反には罰則が設けられています。計画の不届出には20万円の罰金、虚偽報告と検査拒否・忌避にも同額の過料が科されます。また、業者が計画に沿った取り組みをしない、計画の変更指示に従わない場合、国はその旨を公表することができます。これらと並行して、価格高騰と供給不足に対処予防するため、法令に基づき関税・買占防止・物価統制などの措置が適用されます。

なお、この法律に含まれない困難時の対策としては国の備蓄があるほか、不測時のシミュレーションシステムをスイスの例に倣って検討しています。

食料供給困難事態の進展に応じた対策

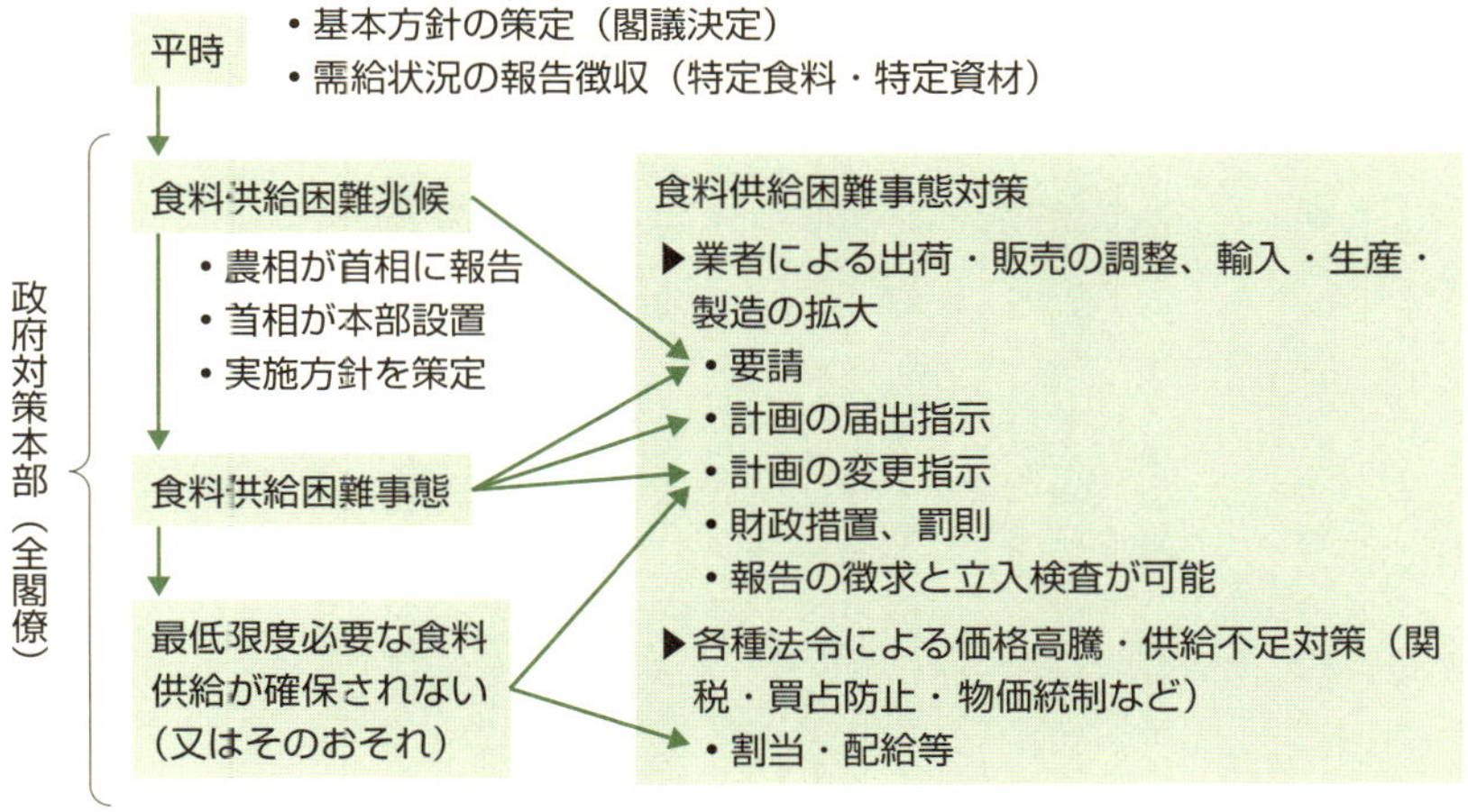
平時
・基本方針の策定（閣議決定）
・需給状況の報告徴収（特定食料・特定資材）
政府対策本部（全閣僚）
食料供給困難兆候
・農相が首相に報告
・首相が本部設置
・実施方針を策定
食料供給困難事態
最低限度必要な食料供給が確保されない（又はそのおそれ）
食料供給困難事態対策
▶業者による出荷・販売の調整、輸入・生産・製造の拡大
・要請
・計画の届出指示
・計画の変更指示
・財政措置、罰則
・報告の徴求と立入検査が可能
▶各種法令による価格高騰・供給不足対策（関税・買占防止・物価統制など）
・割当・配給等

資料：食料供給困難事態対策法に基づき作成

6 農業資材の生産及び流通の確保

化学肥料原料の安定調達への不安

改正基本法では、肥料をはじめとする農業生産資材の確保も、食料安全保障の視点から重要であることが、改めて法律上に明記されました。

みどりの食料システム戦略において化学肥料の削減を目指しているように、化学肥料への過度な依存や過剰投入は土壌や地球環境への悪影響を引き起こすことが指摘されています。しかし、現状の国内生産量を安定的に確保するうえで、化学肥料を欠かすことはできません。

日本には化学肥料原料となる地下鉱物資源（リン鉱石、塩化カリウム）がありません。そのため、リン酸アンモニウム（リン安）や、塩化カリウムのほぼ全量を海外から輸入しています。

近年、日本はリン安の大部分を中国から輸入しています。そのため、2021年秋からの中国による実質的な肥料の輸出制限は日本に大きな打撃を与え、肥料原料の調達が困難となる事態に直面しました。それに加えて、ロシアのウクライナ侵攻も重なり、肥料の国際価格は過去最高となりました。

このような情勢から、地政学リスクを踏まえた調達先の分散など、肥料原料の安定調達が食料安全保障の観点からも重要であることが改めて認識され、2022年12月に肥料が経済安全保障推進法の特定物資に指定されています。

また、国内の肥料価格も大幅に上昇しました。急激な肥料価格高騰の経営への影響を緩和するため、特に値上がり幅の大きかった22年秋肥と23年春肥については、化学肥料低減の取り組みを行った農業者に対し、肥料費の前年比増加分の7割を交付する「肥料高騰対策事業」が実施されました。

改正基本法に定められた農業資材の確保

改正基本法では、第21条（農産物等の輸入に関する措置）で、肥料など農業資材の安定的な輸入の確保のため、官民連携による輸入国の多様化や輸入国への投資などを促進するとされています。また、農業資材の生産及び流通の確保に向けて、輸入に依存する農業資材やその原料について、国内未利用資源の活用の推進や備蓄への支援、農業資材の生産及び流通の合理化の促進に向けた施策、農業資材の価格の著しい変動が育成すべき農業経営に及ぼす影響を緩和するために必要な施策を講ずるとされました（第42条）。

これらを受けて、リン安と塩化カリウムについて年間国内使用量の3か月分を目安に備蓄を行う備蓄制度が新設されました。また、肥料の国際価格の急騰により国内の小売価格の大幅な上昇が見込まれる場合に備えた、新たな影響緩和対策の検討が進められています。

肥料原料の国際価格の推移

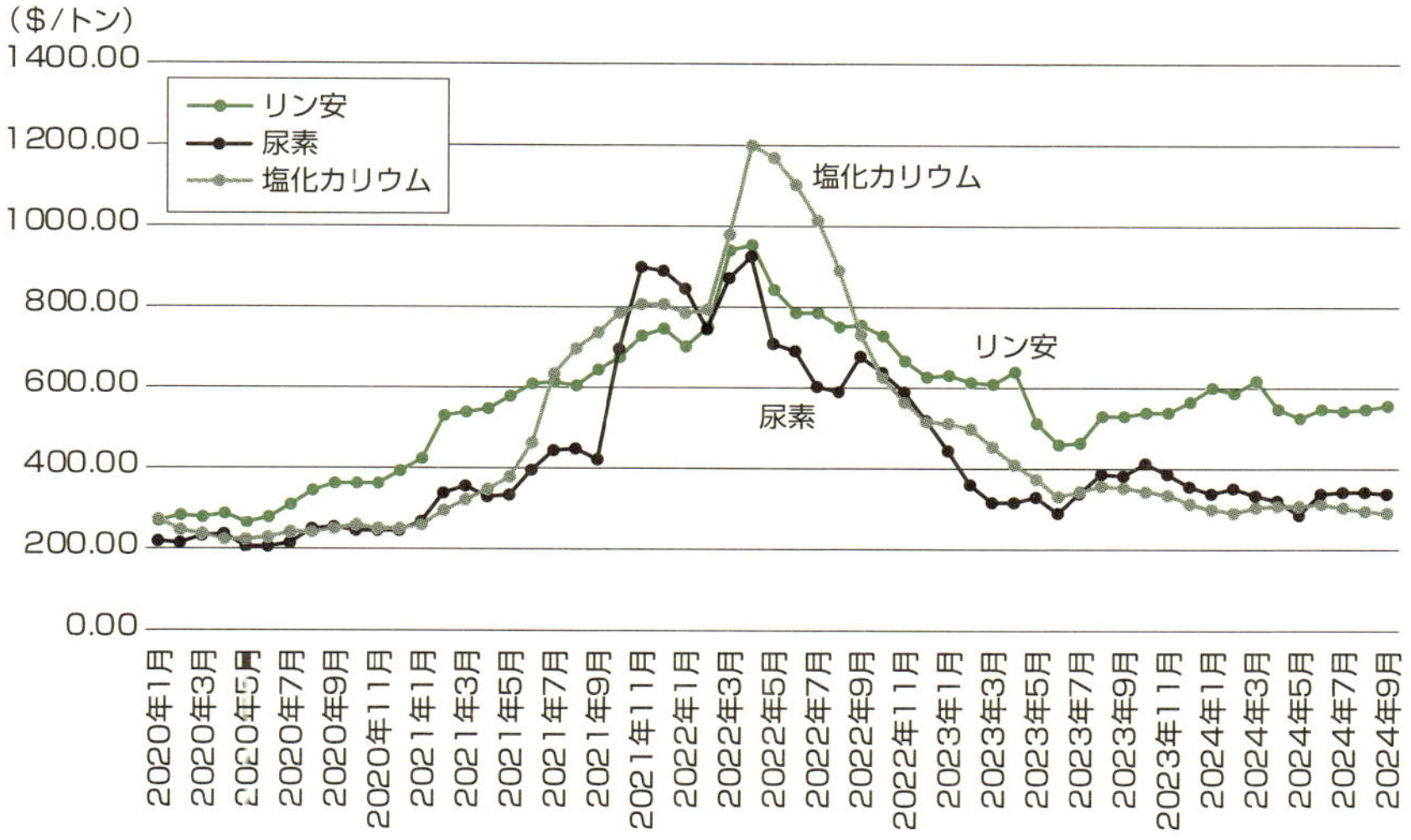

資料：「World Bank Commodity Price Data（The Pink Sheet）」より作成

7 改正食料・農業・農村基本法にもとづく目標設定

食料自給率のみでの政策評価は困難という指摘も

食料・農業・農村基本計画（以下、基本計画）は、政府が食料・農業・農村政策として中長期的に取り組むべき方針を定めるもので（基本法第17条）、その時々の情勢を踏まえ、概ね5年ごとに変更されます。改正前の基本法では、基本計画において食料の消費と生産の動向を示す指標として「食料自給率」の目標が設定されています。２０２０年3月に定められた基本計画においては、令和12（２０３０）年度の食料自給率の目標は、カロリーベースで45％、生産額ベースで75％、飼料自給率40％とされています。

食料自給率は国内の食料消費量に対する国内生産による充足度を示すもので、日本のような**食料純輸入国**にとっては食料安全保障の尺度として重要な指標のひとつです。しかし、食料自給率のみで政策を評価することの課題も指摘されています。日本の食料自給率（カロリーベース）の変動要因をみると、主たる低下要因は自給率の高い米の消費量の減少と、輸入原料への依存度が高い油脂類、畜産物の消費増加です。一方で、近年は小麦や大豆の国内生産量は国産振興施策の下で拡大傾向にあり、品目別の自給率も上昇しています。しかし、国内生産のボリュームが小さいことから、米消費減少をはじめとする消費の変化に打ち消され、生産対策の効果は食料自給率では反映されにくくなってしまいます。これを受けて、改正基本法では、食料自給率以外の、食料安全保障の確保に関する事項の目標についても、定めることとしています（第17条第2項第3号）。

データにもとづいた政策推進を目指す

用語

食料純輸入国
食料の輸入額が輸出額を上回っている国。逆の場合は食料純輸出国という。

EBPM
エビデンス・ベースト・ポリシー・メイキング。証拠に基づく政策立案。政策の企画・立案・実行をその場限りのエピソードに頼るのではなく、政策目的を明確化したうえで合理的根拠（エビデンス）にもとづくものとすること。

農政に限らず、行政の政策推進においてはEBPMにもとづく政策サイクル（PDCA）が重要とされています。基本法検証部会においても、平時からの食料安全保障の実現に向けては、環境保全等の持続可能性、安定的な輸入、食品アクセス、農業用水等の水資源の確保等に関して、現状把握、具体的施策やその施策の有効性を示すKPIを設定したうえで、定期的に現状を検証する新たなPDCAの仕組みが必要であるとされました。これを受けて、改正基本法では、基本計画にもとづいて設定される目標の達成状況について、少なくとも年1回は調査を行い、インターネット等で公表することが義務づけられています（第17条第7項）。

適切なPDCAとするためには、目標設定もさることながら、検証を可能にする信頼できるデータが不可欠です。検証に用いるデータの吟味、また、統計調査をはじめとするデータ収集・とりまとめに必要な環境整備も、政策インフラとして今後さらに重要となります。

改正食料・農業・農村基本法に基づくPDCAサイクル（イメージ）

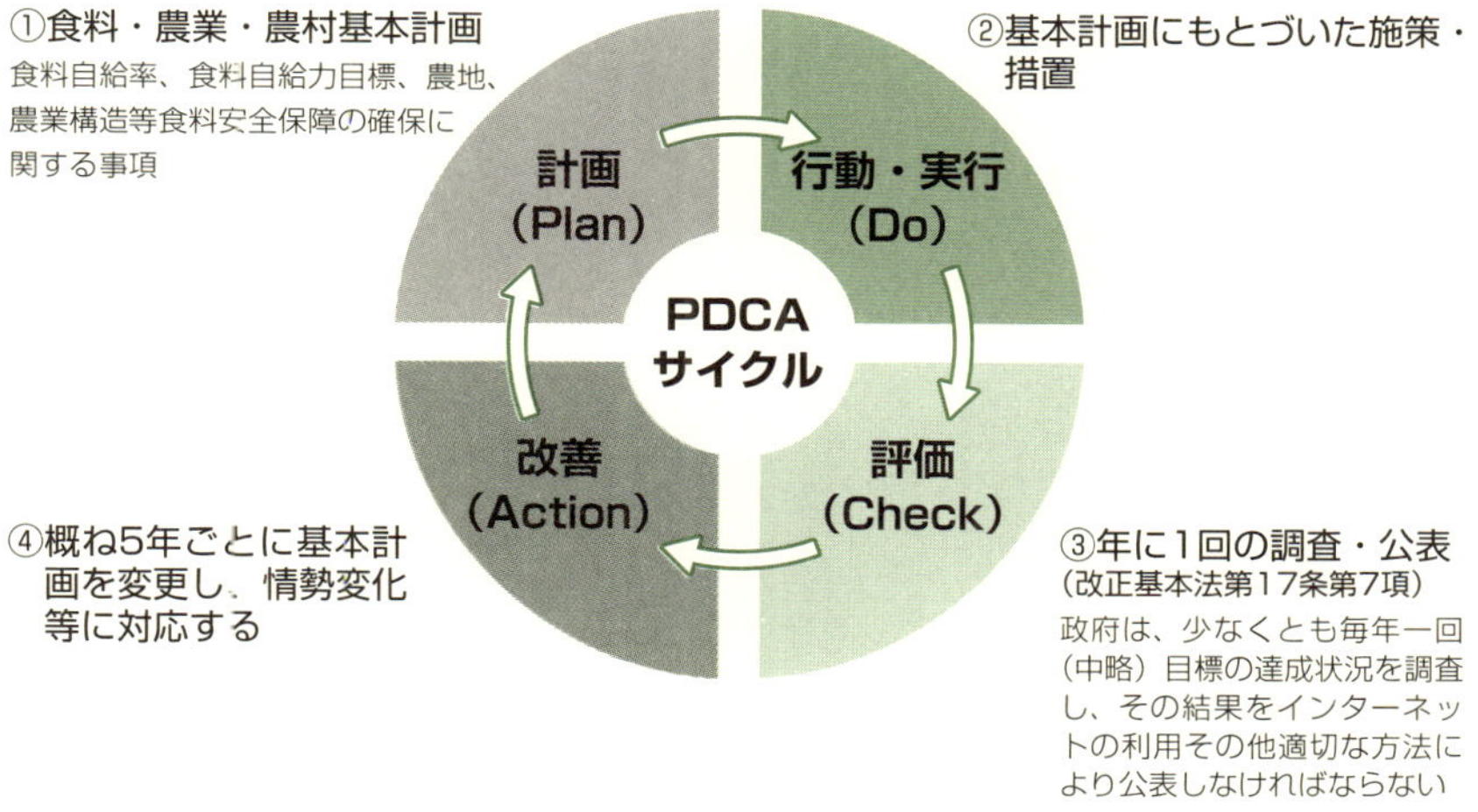
①食料・農業・農村基本計画
食料自給率、食料自給力目標、農地、農業構造等食料安全保障の確保に関する事項
②基本計画にもとづいた施策・措置
計画（Plan）
行動・実行（Do）
PDCAサイクル
改善（Action）
評価（Check）
④概ね5年ごとに基本計画を変更し、情勢変化等に対応する
③年に1回の調査・公表
（改正基本法第17条第7項）
政府は、少なくとも毎年一回（中略）目標の達成状況を調査し、その結果をインターネットの利用その他適切な方法により公表しなければならない

KPI
重要業績評価指標。目標を達成するための取り組みの進捗状況を定量的に測定するための指標。PDCAサイクルを確立していくには、取り組みの状況や効果を評価できるKPIの設定が有効。

8 日本の食料需給の全体像

品目別消費量の中では肉類のみが増加傾向

２０２３年度の日本の食料自給率（カロリーベース）は38％となっています。高度経済成長期以降の食生活の変化で米消費が減少する一方、油脂類や畜産物の消費が増大しました。油脂原料や飼料は輸入依存度が高いこと、貿易自由化により畜産物の輸入が増加したことで、食料自給率は長期的に低下傾向が続いてきました。２０００年代に入ってからは、概ね横ばい傾向で推移しています。

品目別の食料消費の変化をみると、多くの品目が横ばい、もしくは減少しているなかで、肉類は増加傾向にあります。これは、食生活の変化とともに肉類の購入価格が魚介類と比べて相対的に安価になってきたこと、調理の手間がかからないこと等から、たんぱく質の摂取源として畜産物の割合が高まったことが要因のひとつとみられます。

また、世代別にみると、高齢者は他の年代に比べて1人当たりの肉類消費量は少ないものの、08年〜18年の10年間で、増加率は49・4％と非常に高く、肉類消費量の増加にも寄与してきました。

団塊の世代がすべて後期高齢者へ

しかし、１人当たりの食料消費量は１９９６年をピークに減少しており、少子高齢化による人口構成の変化が国内需要の減少の要因のひとつとなっています。それに加えて、近年では人口減少が国内需要に与える影響も大きくなってきました。２０２５年には人口構成比の高い、いわゆる「団塊の世代」がすべて後期高齢者となることから、今後、高齢化と人口減少による国内需要の減少スピードはさらに速まるとみられます。

国産による食料供給力は低下

供給の面からみると、1人当たり国産供給熱量は2023年度で841kcalと、10年前から1割減少しており、国内生産による供給力は低下していることがみてとれます。2023年（概数）の国内生産量（重量ベース）も、統計開始以降最も少なくなっており、多くの品目で減少傾向にあります。消費が増加傾向にある肉類は、この10年で消費量は11％増加していますが、国内生産量の増加は6％にとどまっています。つまり、国内需要の増加を国内生産ではまかなえておらず、輸入が増え、それが食料自給率の低下にもつながっています。

農業生産の基盤である農地や労働力は減少傾向にあり、特に労働力は今後の人口減少によりますます確保が難しくなることが想定されます（148、150ページ）。食料自給率、自給力の確保・向上には農業生産の維持が不可欠であり、農業者の所得確保や生産性向上が求められます。

国民1人・1年当たりの食料消費量の推移

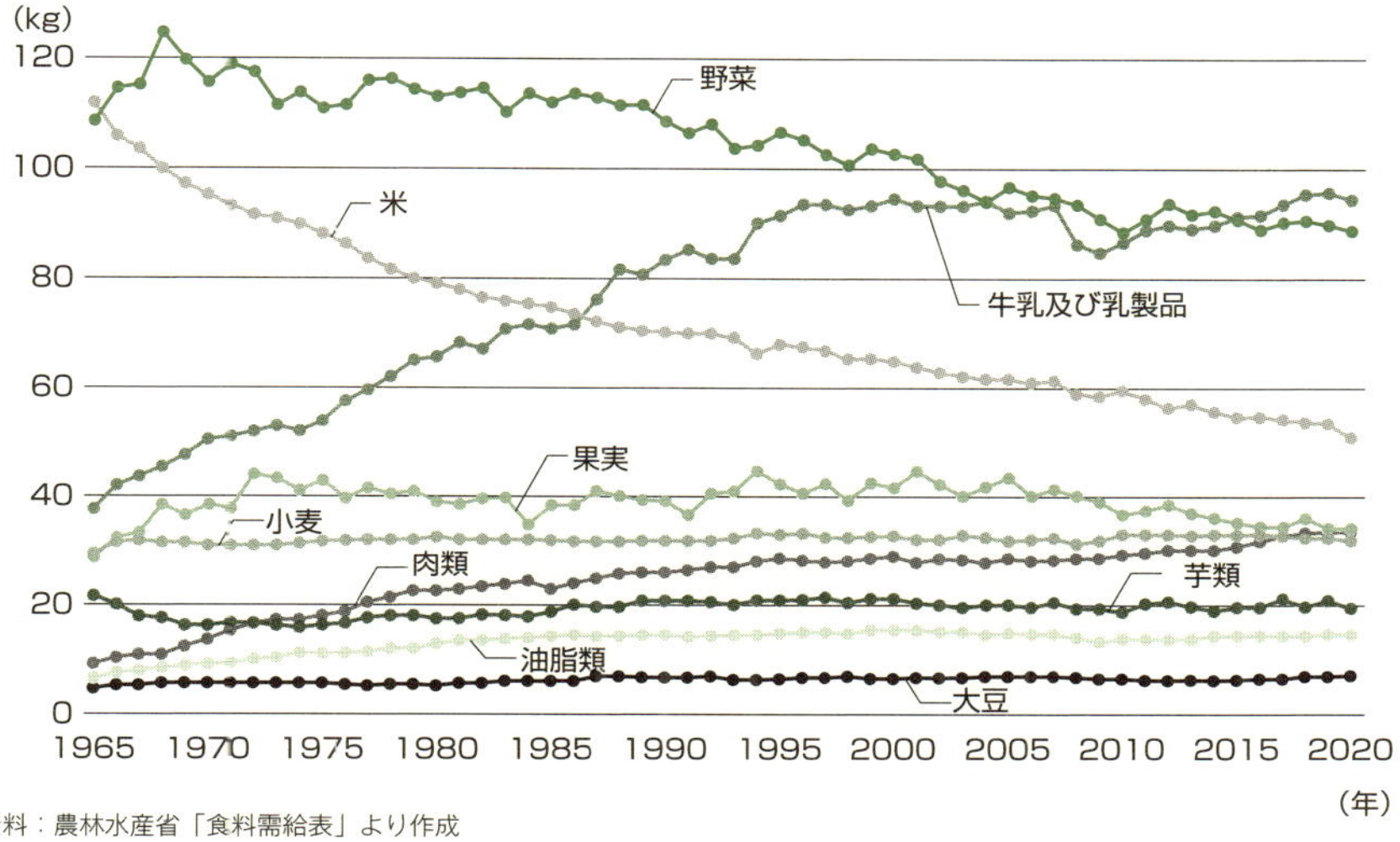

資料：農林水産省「食料需給表」より作成
注：1人1年当たりの供給純食料

9 日本における農地の現状

農地の重要性が各種法律で明文化される

農地は農業生産における基礎的な生産基盤として、食料安全保障に欠かせない根幹的な要素です。もともと農地に関する基本的な仕組みを定める**農地法**では、農地を「現在及び将来における国民のための限られた資源であり、かつ、地域における貴重な資源」としたうえで、「国民に対する食料供給の確保に資すること」を法の目的としています。2024年には、食料・農業・農村基本法と同じタイミングで改正となった**農業振興地域の整備に関する法律（農振法）**において、長期にわたって総合的に農業振興を図る地域に関する各種措置等を講じる目的として、新たに「国民に対する食料の安定供給の確保」が明記されたことで、食料生産の基盤である農地の総量確保と適正利用を目指す方向性が、これまでより明確になっています。

しかし、農地面積は1961年の609万haをピークに減少傾向にあり、2024年には427万haまで減っています。20年以降、毎年約3万haの農地が人為**かい廃**をおもな要因として減少しており、うち4割が**荒廃農地**化、6割が**農地転用**にあたります。

農地が荒廃化して2〜3年経過すると、復旧費用が高額となり、営農再開は困難となるほか、鳥獣害の被害を誘発し、周辺農地に悪影響を及ぼします。荒廃化を防ぐため、**地域計画**などの土地利用調整を通じた利用者の確保や、農地を引き受ける農業法人等の基盤強化、さらには土地改良等が求められます。

農地面積を維持するために、転用の規制等を行う

転用による減少は、住宅地等の開発が最多で、工場や小売店、道路への開発がおもです。転用を完全

用語

農地法
民法の特別法として、農地を耕作の目的に供される土地としており、転用の制限や権利の設定、取得等の内容を定めている。

農業振興地域の整備に関する法律（農振法）
総合的に農業の振興を図ることが必要であると認められる地域について、その地区の整備に必要な施策を計画的に推進するための措置をまとめた法律。1969年に制定、2024年に一部改正された。

農地転用
農地を宅地や工場、小売店等の用地、山林への変更など農地以外にすること。農地転用には、農地法に基づく手続きが必要となる。

に無くすことは難しいですが、農業生産への支障が少ない農地に転用を誘導することが重要です。

12年～22年の10年間の農地面積の変化を、農地全体と**農用地区域内農地**に分けて計算すると、農地全体の4・9％減に対し、農用地区域内農地は1・9％減でした。これは農用地区域内農地の転用規制や、転用の誘導の成果と考えられます。

食料・農業・農村基本計画（以下、基本計画）では、農地減少の動向と荒廃農地の防止・解消の施策を加味して、10年後の農地面積の見通しを示しています。しかし、2015年の基本計画時に10年後の農地面積の見通しを440万haとしたのに対し、2024年時点の農地面積は427万haと見通しをすでに下回っています。そして、2020年の基本計画は、2030年の農地面積を392万haまで減少すると見通しています。農業者の高齢化が進むなか、過半の農業者が後継者を確保できていません。新たな利用者を確保できない農地は、これまで以上のスピードで減少が進む可能性もあります。

日本における農地面積の推移（田・畑）

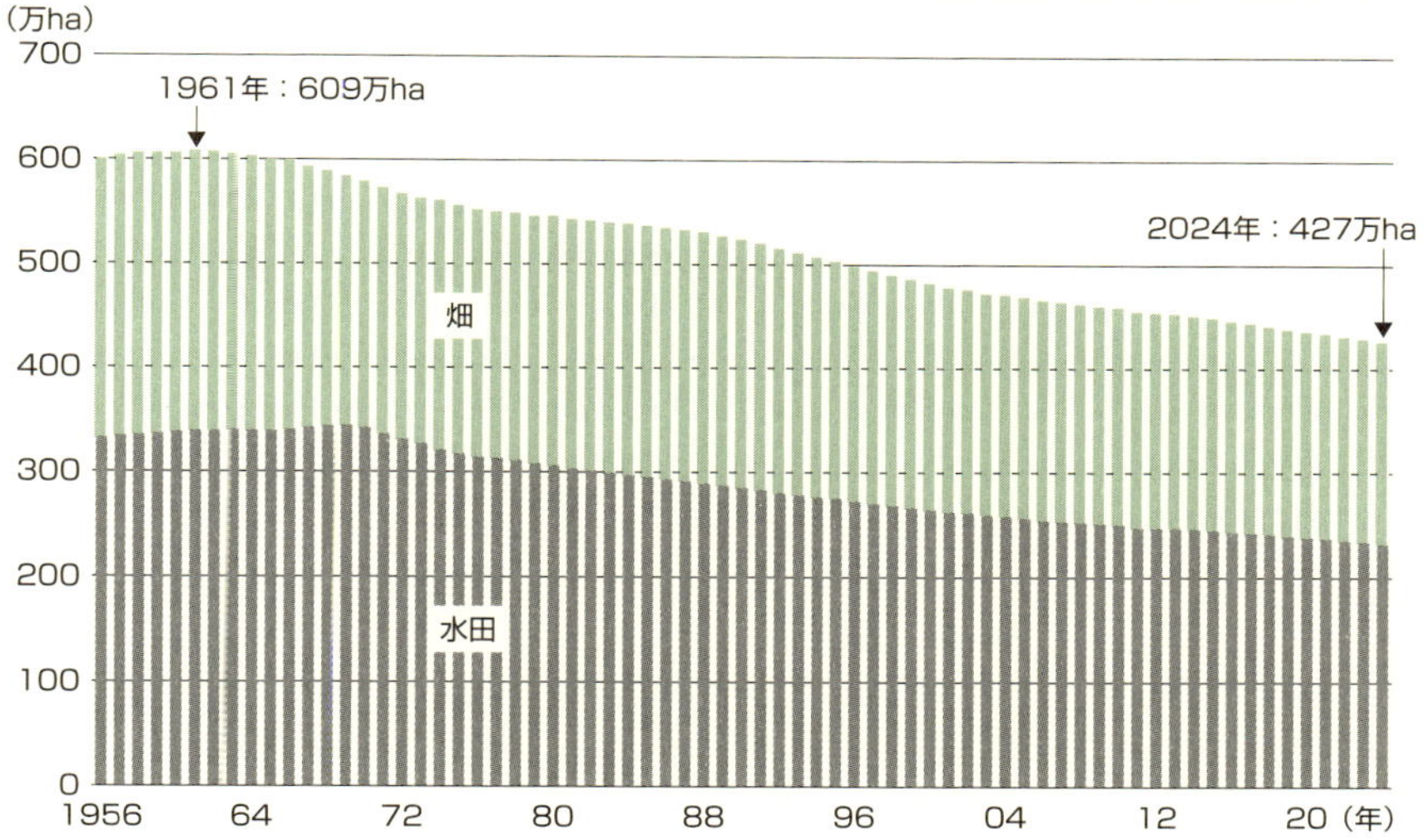

資料：農林水産省「耕地及び作付面積統計」より作成

かい廃
田畑が他の地目に転換し、作物の栽培が困難な状態。人為かい廃は耕地を工場、道路、鉄道、宅地、農林道、山林、耕作放棄地（荒地）等とした場合をいう。

荒廃農地
農林水産省にて「現に耕作に供されておらず、耕作の放棄により荒廃し、通常の農作業では作物の栽培が客観的に不可能となっている農地」と定義される。

地域計画
農業経営基盤強化促進法の改正で、市町村は地域農業の将来のあり方を検討し、策定・公表するよう2023年に法定化されたもの。

農用地区域内農地
農振法にもとづく農用地利用計画で、農用地等として利用すべき土地とされた区域内の農地。農地以外への利用は厳しく制限される。

10 日本における農業労働者の現状

農業従事者の数は激しく減り、農業法人も人手不足

農業の生産基盤としては、農地に加えて農業労働力も欠かせない要素です。しかし現在、農業従事者数は減少しており、経営体レベルの人手不足も顕在化しています。

農業従事者は統計上、**自営業主**と**家族従業者**、農業法人の役員等、雇用者に区分できます。近年、高いシェアを占めてきた自営業主と家族従事者の減少が続き、その主力を担う**基幹的農業従事者**数も、２０００年～20年で２４０万人から１３６万人に半減しています。特に15年～20年の減少は激しく、５年間で40万人減少しています。残る基幹的農業従事者では高齢化が進み、70歳以上が7割弱を占め、今後の離農の拡大は確実です。一方、農業法人などの団体経営体の役員や雇用者数は増加しています。団体経営体の経営面積のシェアが拡大し、存在感が高まるにつれ、増加傾向にあります。しかし、日本農業法人協会によれば、農業法人の多くが人手不足で、6割が正社員不足、5割が常勤パートや臨時アルバイトが足りていません。

なお、20年の食料・農業・農村基本計画（以下、基本計画）と併せて策定された「農業構造の展望」では、農業労働力の見通しを出しており、15年には２０８万人（うち40代以下は35万人）だった**農業就業者**が、30年には１３１万人（うち40代以下は28万人）に減少するとしています。そのうえで、農業就業者数を下げ止め、持続可能な農業構造を実現するためには、世代間のバランスの改善が必要として、40代以下の就業者数を37万人とする展望をまとめ、基幹的農業従事者数の維持と雇用者の拡大を謳っています。

しかし、新規就農者数は減少傾向にあり、40代以

用語

農業従事者 15歳以上の世帯員のうち、過去1年間に自営農業に従事した者。

自営業主 個人経営の事業を営んでいる者。

家族従業者 自営業主の営む事業を手伝っている家族。

基幹的農業従事者 15歳以上の世帯員のうち、ふだん仕事としておもに自営農業に従事している者。

農業就業者 ここにおいては、基幹的農業従事者、雇用者（常雇い）、年間１５０日以上農業に従事した役員等の人数の合計のこと。

下の新規就農者数は15年の2・3万人をピークに、23年は1・6万人まで減少しています。**田園回帰**や、新規就農関連の施策による増加を含めても、20年基本計画の展望の実現は難しいと考えられます。

人手不足を解消する2つの施策

そんななか、期待されている施策の一つが、**スマート農業**です。省力化・生産性の向上により、少ない人数で多くの業務に対応できれば、従事者数の確保にこだわる必要はありません。とはいえ、スマート農業機器の高額さや、機器では補えない業務があることが課題となり、全面的な人手不足の解消には至っていません。もう一つの期待は、外国人労働者の確保です。すでに多くの**技能実習生**が農業に従事してきましたが、新たな在留資格である**特定技能**を通じた従事も増えています。23年には、技能実習生3・0万人と特定技能外国人2・4万人が農業に従事しており、農業生産に欠かせない存在になりつつあります。

農業就業者数の試算

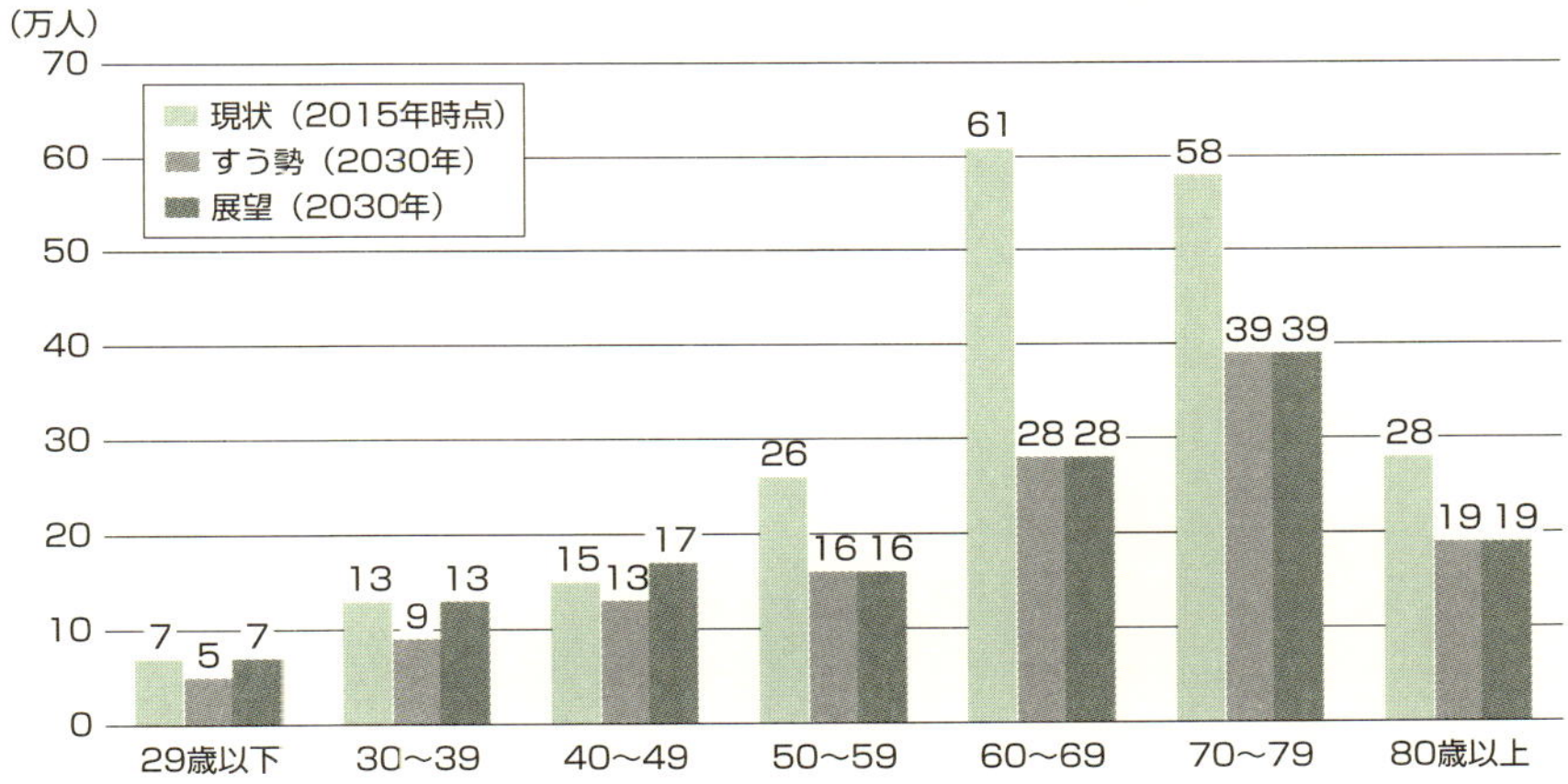

資料：農林水産省「農業構造の展望」（2022年）より作成
注：すう勢は、これまでの傾向が続いた場合の見通し
注：展望は、長期的に農業就業者数が下げ止まり、世代間バランスを改善するため青年層の新規就農を促進し、49歳以下の基幹的農業従事者の数が維持され、49歳以下の雇用者（常雇い）が平成22年～平成27年の1／2程度の増加ペースで増加すること等を前提とした場合の見通し

田園回帰
若い世代を中心に都市部から過疎地域等の農山漁村へ移住しようとする潮流のこと。

スマート農業
農業技術と、ロボット、AI（人工知能）、IoT（モノのインターネット）、ドローンといった先端技術が合体したもの。

技能実習生
1993年に制度化された外国人技能実習制度を通じて、日本の技術や技能、知識を習得するために来日する外国人のこと。期間は最長5年とされる。

特定技能
2018年に成立した改正・出入国管理法により創設された新しい在留資格。国内人材を確保することが困難な産業分野において、一定の専門性・技能を有する外国人を受け入れることを目的とする。

11 日本における農業経営の現状

農業経営体の厳しい経営状況

農業経営の動向をみると、近年は農業経営費の増加により、農業所得が減少しています。

農林水産省の「農業経営統計調査（営農類型別経営統計）」によれば、2022年の全農業経営体の農業粗収益（収入）は1165・6万円でした。農畜産物収入の増加により、前年に比べて8・2％の増加です。一方、農業経営費（支出）は1067・4万円で、飼料や燃料の値上がりにより、前年に比べて12・2％増加しました。支出の増加が収入のそれを上回った結果、農業所得は98・2万円と、21年に比べて21・7％減少しています。営農類型別にみると、酪農、繁殖牛、肥育牛が赤字となっており、特に飼料費の高騰が畜産経営に打撃を与えています。

カロリーベースの自給率への寄与が最も大きい稲作（水田作）経営では、全国平均で農業所得は1万円となっています。作付面積規模別でみると、5ha未満の経営体では29万8000円の赤字です。作付規模に応じて農業所得が大きい傾向はありますが、単位面積当たりでみると規模との相関はみられず、規模が大きいからといって、必ずしも収益性が高いわけではないことが示されています。

経営収支に占める補助金・交付金の割合の高まり

作付面積に占める主食用米の作付面積の割合は、作付規模が大きいほど小さくなり、50ha以上では5割を切っています。これは大規模に経営をしている農業者が麦・大豆生産等地域の転作対応を担っていることや、飼料用米の作付面積が多いことを反映しています。

麦や大豆は主食用米と異なり、国際価格に準じた価格水準で取引され、生産コストと販売価格の格差を**経営所得安定対策**のゲタや**水田活用の直接支払交付金**でカバーする所得構造となっています。そのため、国産拡大を推進している麦や大豆の作付面積を増やすほど、農業所得に占める補助金・交付金の割合が高くなり、これは飼料用米も同様です。実際、作付規模が大きいほど農業粗収益（収入）に占める補助金・交付金の割合が高く、50ha以上の経営では4割近くにのぼります。また、14年の大幅な米価下落以降、大規模経営での収入や農業所得に占める補助金・交付金の割合は年々上昇しており、交付金なしに経営を継続することは難しくなっています。

人口減少下において今後担い手への農地集積がますます加速すると見込まれるなかで、担い手農業者の経営の安定と生産性の向上は食料の安定供給の要といっても過言ではありません。現行の仕組みにとらわれず、担い手農業者の生産性向上につなげていくために経営安定対策はどうあるべきか、今後議論を深めていく必要があります。

作付規模別にみた水田作経営の経営概況

区分	作付延べ面積 a	うち、主食用米の割合 %	農業所得 千円	農業粗収益 千円	うち、共済・補助金等受取金の割合 %
水田作全国平均（n=1027）	278.8	74.1	10	3,783	24.8
5.0ha未満（n=557）	118.7	89.1	△298	1,634	17.7
5.0～10.0（n=119）	720.9	81.2	1,050	10,726	21.3
10.0～15.0（n=72）	1,202.3	74.0	2,849	17,999	22.8
15.0～20.0（n=43）	1,736.6	73.1	3,126	24,160	24.6
20.0～30.0（n=65）	2,393.7	61.5	4,957	31,450	31.4
30.0～50.0（n=61）	3,804.5	62.4	6,610	47,673	34.4
50.0ha以上（n=110）	8,740.1	45.8	6,792	104,357	39.6

資料：農林水産省「農業経営統計調査（営農類型別経営統計）（令和４年）」より作成
注：nはサンプル数

用語

経営所得安定対策
諸外国との生産条件の格差により不利がある国産農産物の生産・販売を行う農業者に対して、「標準的な生産費」と「標準的な販売価格」の差額分に相当する交付金を直接交付する制度。畑作物の直接支払交付金は、通称ゲタ対策と呼ばれる。

水田活用の直接支払交付金
水田を活用し、食料自給率や自給力の向上が課題となっている麦や大豆、飼料用米、米粉用米などを転作物として生産する農家を支援する制度。

12 米の需給状況

水田面積のうち、主食用米の面積の減少傾向が続く

日本で食事を「ご飯」と言うように、米と日本人の食生活・食文化は深く結びついています。しかし、高度経済成長以降の食の多様化により、主食用米の消費は減少し、年間需要量は令和に入って700万t前後で推移しています。

米には1kgあたり341円の関税がかかるため、ミニマムアクセスによる輸入はあるものの、輸入量は限られています。主食向けの米はほとんどが国産で賄われていますが、国内の米の潜在生産量（供給可能量）は需要量を大幅に上回っていることから、需給バランスを保ち価格の安定を図るために、1970年から生産調整が行われてきました。2023年の主食用米の作付面積は124万ha（加工用米や飼料用米などの主食用米以外の作付けも含めた水稲作付面積は153万ha）となっています（農林水産省）。このままのペースで消費量の減少が続けば、数年後には国内の主食用需要を賄うのに必要な水田面積は全水田面積の半分以下になる可能性もあります。食料安全保障の確保に向けて、水田という生産基盤、また水田活用のあり方について、新たな次元での検討が求められます。

「コシヒカリ」に替わる新品種の開発

また、10a当たり収量（全国平均）は2000年以降、概ね530～540kgで推移し、大きく変わっていません。要因として生産抑制のなかで、品種改良は収量よりも食味のよさが重視されてきたことが挙げられます。その結果、日本人の好みにあうとされる「コシヒカリ」の作付割合が増え、主食用米の作付面積の3分の1を占めています。コシヒカリ

用語

ミニマムアクセス
農産物の最低輸入量。ウルグアイラウンド合意により、日本は高い関税をかける代わりに義務として米を輸入することとなった。

を親とする品種も含めると、作付けの7割以上がコシヒカリの遺伝子を持っているともいわれます。

しかし、コシヒカリは食味がよい一方で倒伏しやすく、倒伏すると品質や収穫の作業効率が低下することが課題です。近年の猛暑による品質や収量への影響も懸念されています。

令和5年産においてはコシヒカリの一等米比率が大きく低下し、前年より25・0ポイント低い、50・5%となりました。令和5年産の需給がひっ迫した要因のひとつとして、玄米を精米する際の歩留まりが悪く、玄米ベースでは収穫量が確保されていても、可食部としての供給量が減少したことが指摘され、品質低下がもたらす供給力の減退にも留意する必要があります。

これらの課題を克服するための品種開発も進んでいます。農研機構が開発し、18年に品種登録された「にじのきらめき」はコシヒカリ並みの食味がありながらも多収で暑さに強く、作業性もよい品種として生産者に支持され、作付面積が増加しています。

水田における作付け状況

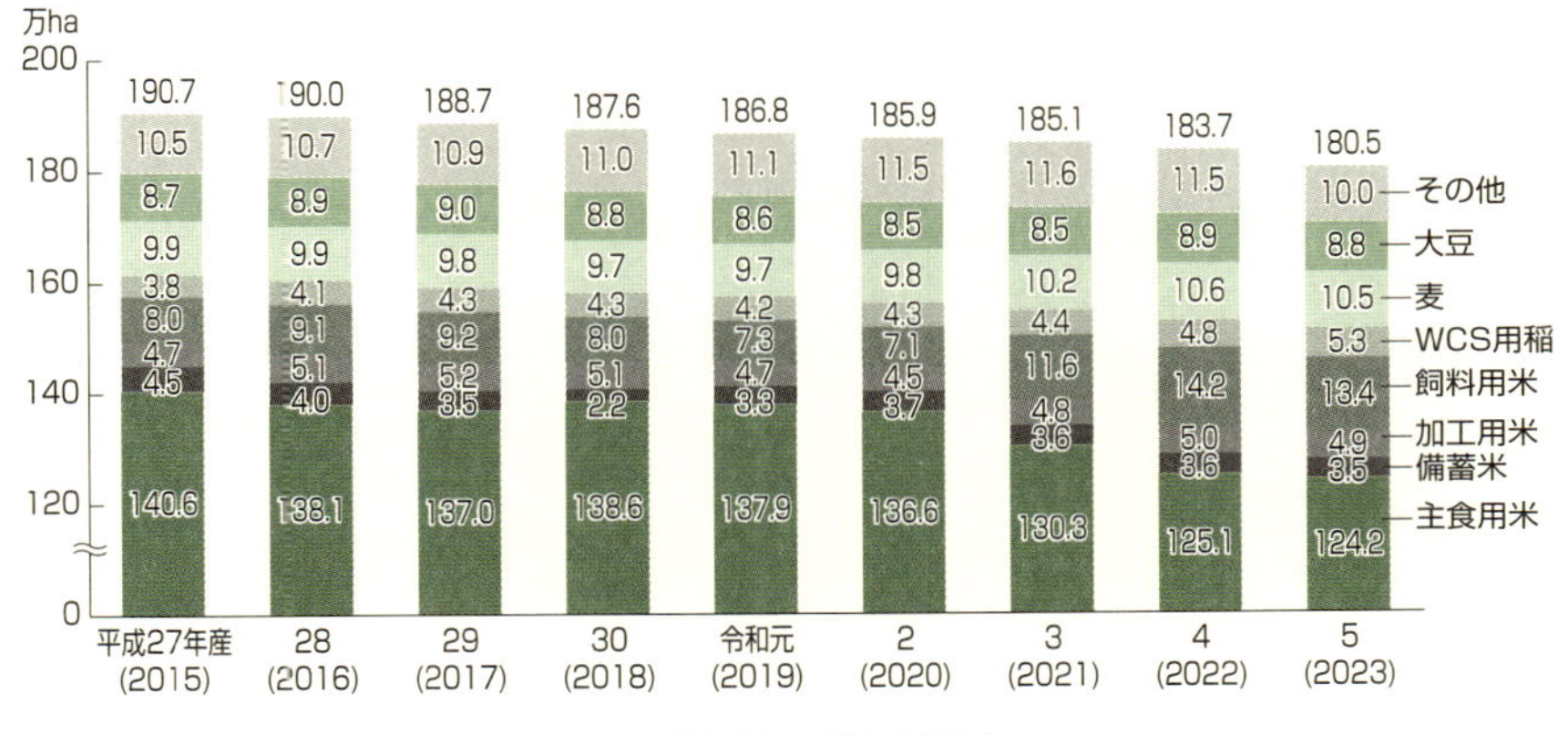

資料：農林水産省「最近の米をめぐる状況について（令和6年11月）」より作成
注：1）主食用米の作付面積は、農林水産省「耕地及び作付面積統計」
2）「その他」は、米粉用米、新市場開拓用米、飼料作物、そば、なたねの面積
3）加工用米、飼料用米、WCS用稲、米粉用米、新市場開拓用米は、取組計画の認定面積
4）麦、大豆、飼料作物、そば、なたねは、地方農政局等が都道府県農業再生協議会等に聞き取った面積（基幹作のみ）
5）備蓄米は、地域農業再生協議会が把握した面積

13 小麦の需給状況

国産志向の高まりから、自給率は増加傾向にある

小麦粉は、たんぱく質の含有量の多い順に、強力粉（食パンなど）、準強力粉（中華麺など）、中力粉（うどん、和菓子など）、薄力粉（てんぷら粉、ケーキなど）に分けられます。戦後、パン食が急速に広がるなか、国産小麦の主流はたんぱく質を多く含まない品種だったため、生産量が減少しました。農林水産省の「食料需給表」によると、小麦の自給率は1960年度の39％から75年度は4％へ減少しています。しかし近年、品種改良が進んで品質が向上し、消費者の国産志向の高まりを受け、2022年度の自給率は15％と上昇しました。

農林水産省の「作物統計」によると、国産小麦の作付面積は22年には22・7万ha（収穫量99・4万トン）で増加傾向です。都道府県別には、北海道が13・2万ha（同60・9万トン）、福岡県が1・6万ha（同7・5万トン）、佐賀県が1・2万ha（同5・6万トン）、三重県が0・7万ha（同3万トン）、滋賀県が0・6万ha（同2・4万トン）です。農林水産省の「農業センサス」によると作付け経営体数（農家数）は20年で3・1万戸と、10年から約3割減少です。ただし、1経営体当たりの作付面積は拡大傾向で、15年と比べて、20年は1・2倍に増加しています。

小麦価格の決定と小麦製品の傾向

国産麦の価格は民間流通制度の下、播種前の入札で取引価格が形成されます。外国産小麦は政府売渡制度の下、銘柄ごとの買付価格に一定の**マークアップ**を上乗せした価格で売り渡されます。なお外国産小麦は国際商品市場や為替相場の影響を受けます。22年にはロシアによるウクライナ侵攻を受けて外国

用語

マークアップ
輸入を行う国家貿易企業が徴収する輸入差益（買入価格と販売価格の差）のことで、実質的には関税に当たる。

産小麦価格が急騰し、24年はアメリカ各地で豊作観測となったため下落しました。

小麦製品の流通は、まず製粉会社が小麦を製粉することで小麦粉を製造し、2次加工メーカーがパンや麺、菓子などに加工します。消費では高価格帯の食パンが人気を集めましたが現在はやや減少。総菜パンや菓子パンは需要が堅調です。麺類では、乾麺の需要は減少傾向ですが、冷凍麺は人気です。

国産小麦増産への課題

国産小麦の生産が減少した理由の一つは、品質がパンの製造に不向きだったためですが、近年はパンに適した品種が開発されました。作付面積も健康志向や国産志向が追い風となり増加傾向です。ロシアによるウクライナ侵攻以降は、食料の安定供給という観点で国産小麦が再注目されました。ただし、日本の高温多湿な気候は小麦生産に適さないこと、外国産小麦と比べると、生産年度や地域によりたんぱく質含有量に差が生じるなど課題もあります。

小麦の国内生産量と輸入、および自給率の推移

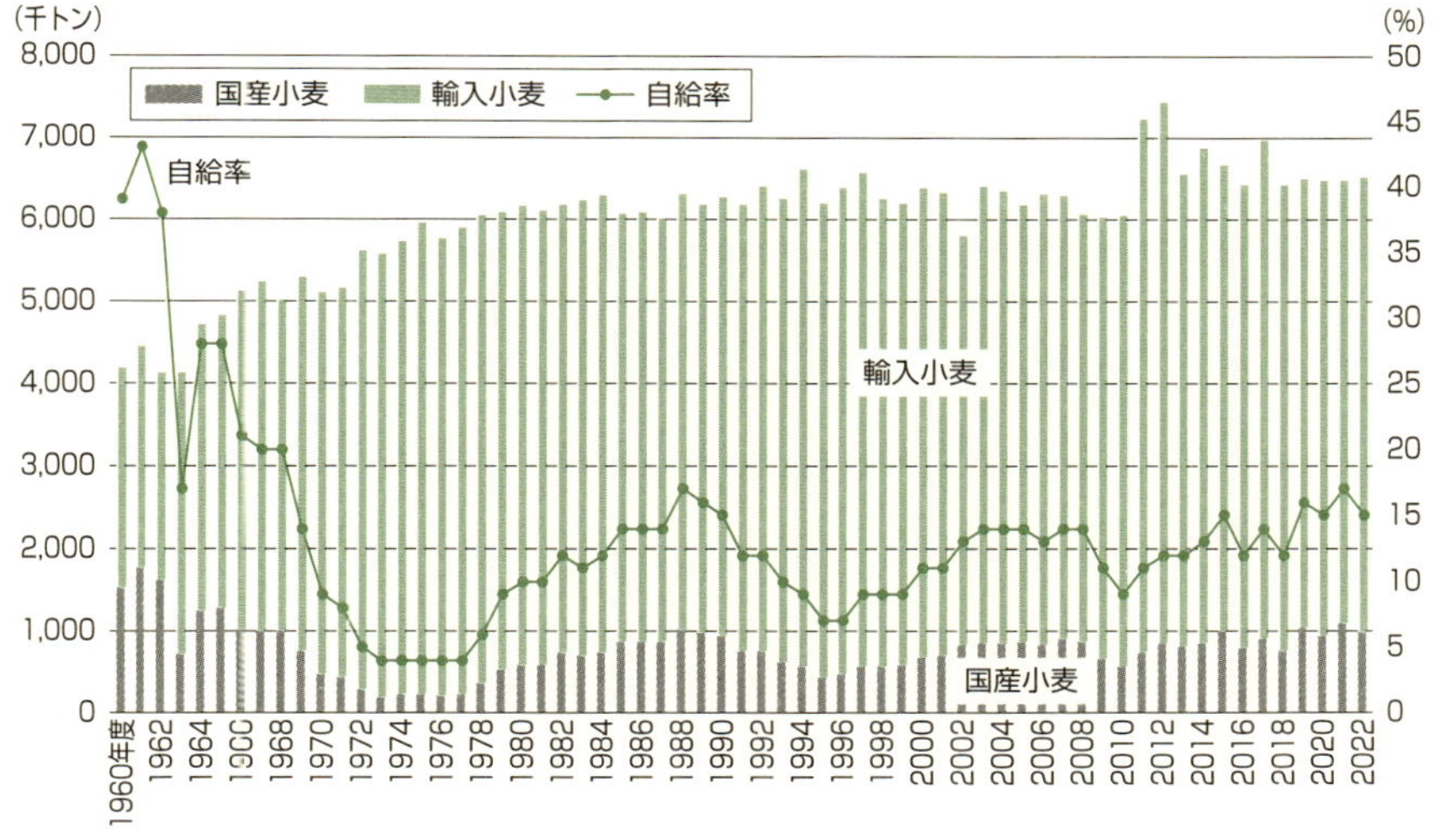

資料：農林水産省「食糧需給表」より作成

14 大豆の需給状況

国内大豆の総需要量は増加だが、自給率は6％にとどまる

国内大豆の2022年度の総需要量は390万tです。このうち、油糧用が273万tと総需要量の70％を占めており、続いて食品用が100万t（26％）、飼料・種子等が16万t（4％）となっています。油糧用はほとんどが輸入大豆です。総需要量は中期的に増加しており、17年度（357万t）からの5年間では9％の増加となります。しかしながら、食品用の需要量は年間100万t程度で、ほぼ横ばいで推移しています。

国産大豆の用途別の使用率（22年度）をみると、食品用では国産大豆の使用率は23％と高まりますが、大豆全体の自給率は6％にとどまっています。

国産大豆は大半が食品用に仕向けられ、実需者に味などの品質面が評価されています。ただし食品ごとに国産大豆の使用率は大きく異なります。煮豆に用いられる大豆は、ほぼ全量が国産です。味噌、しょうゆは、国産使用率がそれぞれ13％、3％とほかの食品よりも低い水準にあります。

国内の大豆生産は、稲作からの転作が奨励されたことで、作付面積が大きく増加しました。しかし、天候不順による米不足の影響などで、1993年以降、作付面積が一時的に減少しました。その後も、米の需給状況などに伴う大豆作付面積の増減はありましたが、最近では作付面積が15万ha程度で推移し、2023年度産の作付面積は15・5万haです。都道府県別にみると、北海道、宮城県、秋田県、福岡県、佐賀県の順に作付面積が多く、北海道は16年以降、作付面積が最も多くなっています。これは、温暖化でオホーツク地域が生産適地へと変化していることがおもな要因とされています。生産量は天候

不順などが単収に大きく影響し、年ごとの変動はありますが、最近では20～25万tで推移し、23年は26・1万tとなっています。

生産構造は大規模経営体への集中が進んでおり、大豆の作付面積5ha以上の農家が作付面積全体に占める割合は、00年の14％から20年の73％へと大きく上昇しています。一方、農家戸数は、15・8万戸から4・6万戸へと7割超の減少となっています。

国産増産に向けて

食用大豆の需要は今後、堅調に推移していくことが見込まれます。したがって、安定的な生産に向けた単収の向上等が課題です。単収向上に向けては、圃場の排水性改善、適期作業、気候変動に対応した品種開発が必要となります。また、豆腐、味噌などの食品別に、原料となる大豆に求められる品質が異なります。均質化、大ロット化といった点も重要です。こうした実需者のニーズに産地として対応していけるかどうかも課題となります。

大豆の用途別需要のイメージ

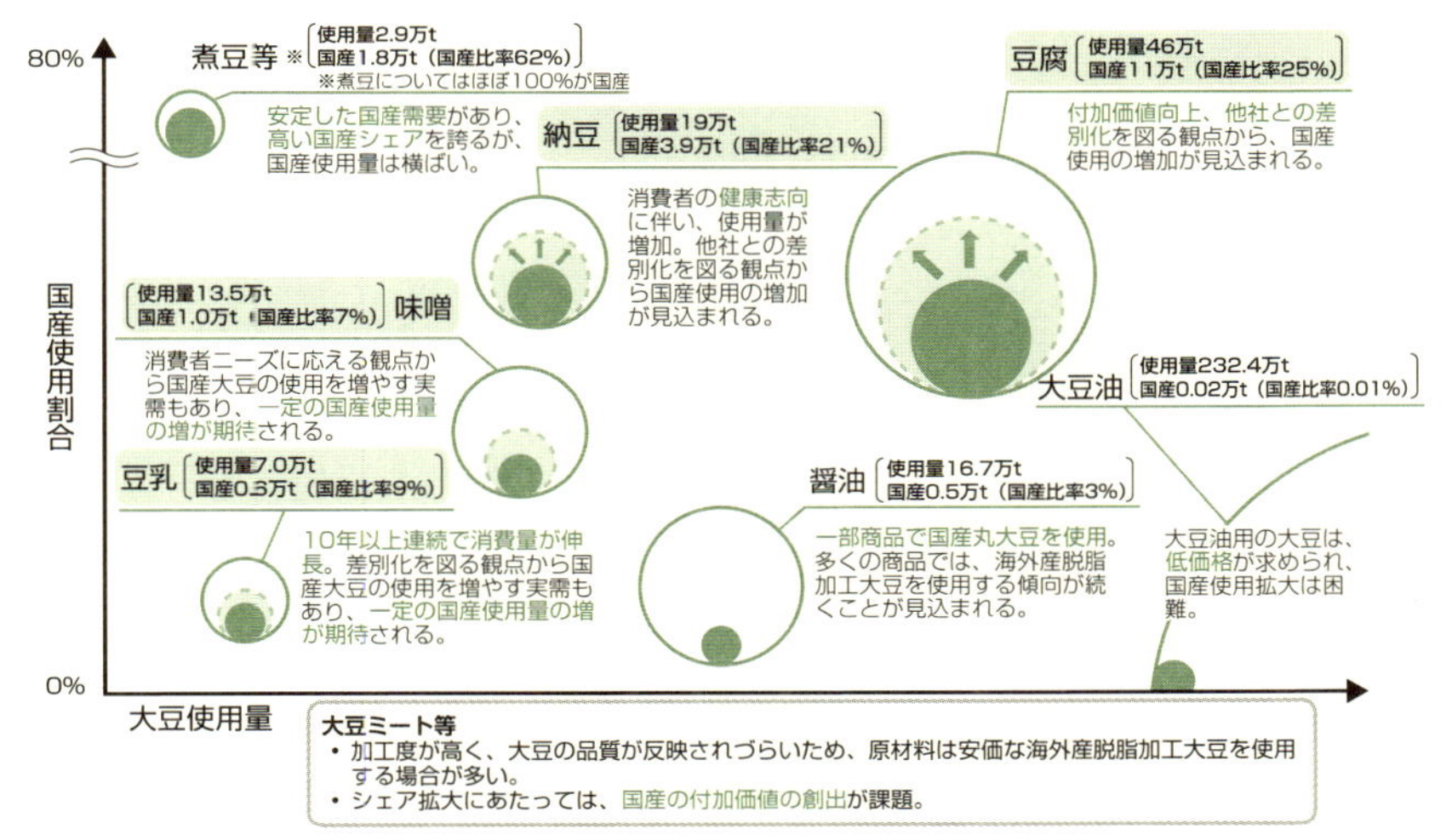

資料：農林水産省「大豆をめぐる事情（令和6年7月）」より作成

15 トウモロコシの需給状況

輸入元はアメリカ・ブラジル・アルゼンチンの3か国に依存

トウモロコシは現在、国内においてはほとんどが飼料として消費されています。トウモロコシは**配合飼料**の46・9%を占め（2023年度）、飼料として非常に重要な地位を占めていますが、日本ではその多くを輸入に頼っています。日本は飼料穀物として、トウモロコシを1113万t輸入しているのに対し、国産の**子実用トウモロコシ**の生産量はわずか1・3万t（石川県を除く）であり、輸入品が飼料穀物の99・8%以上を占めています。そのため、常に他国の輸入状況や用途の変化に注意を払う必要があります。

日本のトウモロコシ輸入量は世界のなかでも上位に位置し、1982／1983年以降、2016／2017年までは世界最大の輸入国でした。その後、中国やメキシコの輸入増で、22／23年には世界で4番目となりました。なお22／23年の日本の輸入量は、世界の貿易量の8・6%に相当します。

日本のトウモロコシの輸入元は、46・0%がアメリカ、42・0%がブラジル、6・3%がアルゼンチンと、この3か国に依存した状況です（23年度）。そのため、他の輸入国がこれらの国から輸入する動きには注意が必要です。例えば中国の購買力は強く、相場全体に大きな影響を与えます。アメリカの大手通信社ブルームバーグによると、21年には、中国がトウモロコシの輸入を規制し、アメリカからの輸入を100万t弱もキャンセルするという事態が発生しました。さらに、ブラジルで記録的豊作になったことから、より安価なトウモロコシを輸入するために、23年4月から5月にかけてアメリカ産トウモロコシを累計110万t分キャンセルしています。加

用語

配合飼料
家畜種や成長段階に応じて栄養素を満たすように設計された飼料。原料は子実用トウモロコシや大豆油粕のような濃厚飼料が中心。

子実用トウモロコシ（子実トウモロコシ）
トウモロコシを完熟させ、子実のみを収穫したもの。通常、飼料穀物としてのトウモロコシを指す。

えて24年には、アメリカ産小麦の50万t分の輸入をキャンセルをしています。一方で、中国は自国でトウモロコシを含む穀物生産を増産する政策を進めています。

トウモロコシの用途の変化にも注意が必要です。トウモロコシは食品や飼料だけではなく、バイオエタノール（109ページ）や糊の原料といった工業原料としても使用され、アメリカでは国内消費量の45・6％が飼料用、42・9％が燃料用エタノールとなっています（23年）。そのため、世界でのバイオエタノールの需要の増減は、日本のトウモロコシ輸入にも影響を与える可能性があります。

国内増産の傾向とメリット

近年、国内の子実用トウモロコシの生産が見直されています。国内で子実用トウモロコシ生産の動きが起こりつつあるのです。19年には2927tだった生産量は、23年には1万2861tまで増加しています。作付面積は日本の北部が多く、北海道（62

アメリカのトウモロコシの用途の推移

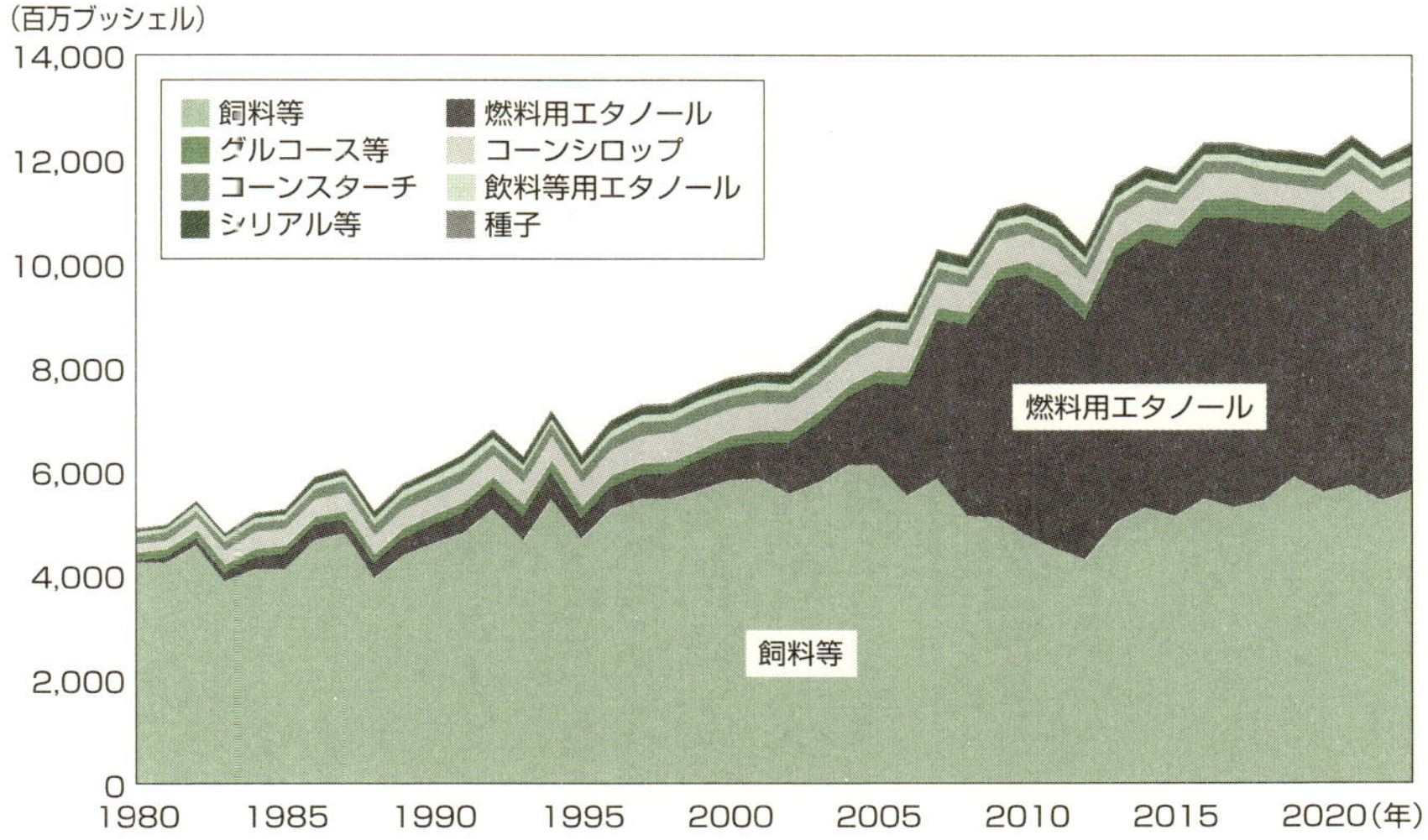

資料：アメリカ農務省 Production, Supply and Distributionより作成

%）、東北地方（21%）の順となっています。

国内での生産が増加した背景には、輸入飼料の価格が高騰したことに加え、耕種農家、畜産農家にとってのメリットが知られるようになってきたことも挙げられます。

耕種農家にとっての子実用トウモロコシの国内生産のメリットは、①水田の転作作物として期待できる、②輪作体系に取り入れることで排水性改善・連作障害の回避ができる、③緑肥としての効果がある、④水稲や大豆等の設備の有効活用ができる、⑤単位面積当たりの労働時間が短く労働時間あたりの収入が高くなる（24年度時点の補助金体制の場合）、などが挙げられます。

畜産農家にとってのメリットは、①輸入飼料価格の影響を受けない、②堆肥の還元が可能、③国産の非遺伝子組み換え作物として差別化が期待できる、などが挙げられます。通常、家畜の嗜好性（飼料に対する好みの度合い等）や栄養面は輸入品と変わらず、従来の輸入飼料と同様に使用できます。

このような国産の子実用トウモロコシの特徴から、地域内で耕種農家と畜産農家の耕畜連携した生産が期待されます。また、今後さらに問題となるであろう耕作放棄地の増加や労働力不足の深刻化に対し、比較的省力的に生産できる作物としても増産にさらなる期待が集まっています。

国内増産に向けた課題やリスク

しかし、各方面で課題もあります。まず生産面では、①販売価格が安いため、生産者の収入は補助金に頼るところが大きくなること、②規模の拡大や生産効率向上のためには専用の設備が必要となること、③耐湿性が低いため、湿田での生産には排水対策等が必要となること、④国内の天候の影響を受けること、⑤生産実績が比較的少なく用途が飼料であることから、耕種農家が新たに生産する場合は心理的障壁があること、などが挙げられます。流通・販売面では、①乾燥設備や保管庫等のインフラの整備、②飼料工場の受け入れ体制の整備、③輸入飼料価格が下落したときの対応、④販路の開拓、などが課題です。

このような課題を踏まえたうえで、国は子実用トウモロコシの生産に対して支援する方向です。みどりの食料システム戦略では、「子実用トウモロコシ等の生産拡大や耐暑性・耐湿性等の高い飼料作物品種の開発による自給飼料の生産拡大」と明記され、20年3月に閣議決定された食料・農業・農村基本計画でも子実用トウモロコシの生産を拡大することが述べられています。一方、子実用トウモロコシが含まれる**濃厚飼料**の国産比率の目標は30年に15％で、21年度時点ですでに13％であることを踏まえると、控えめに設定されています。

国内で増産させるためには、消費者を含めた飼料自給状況の理解を前提に、①関係者の子実用トウモロコシ生産や活用のメリット・デメリットに関する適切な理解と認知の向上、②耕畜連携の推進、③生産性を向上させる専用設備の購入支援、④必要インフラと流通体系の整備、⑤政府の安定的な支援、などが重要です。

各国のトウモロコシ輸入状況の推移

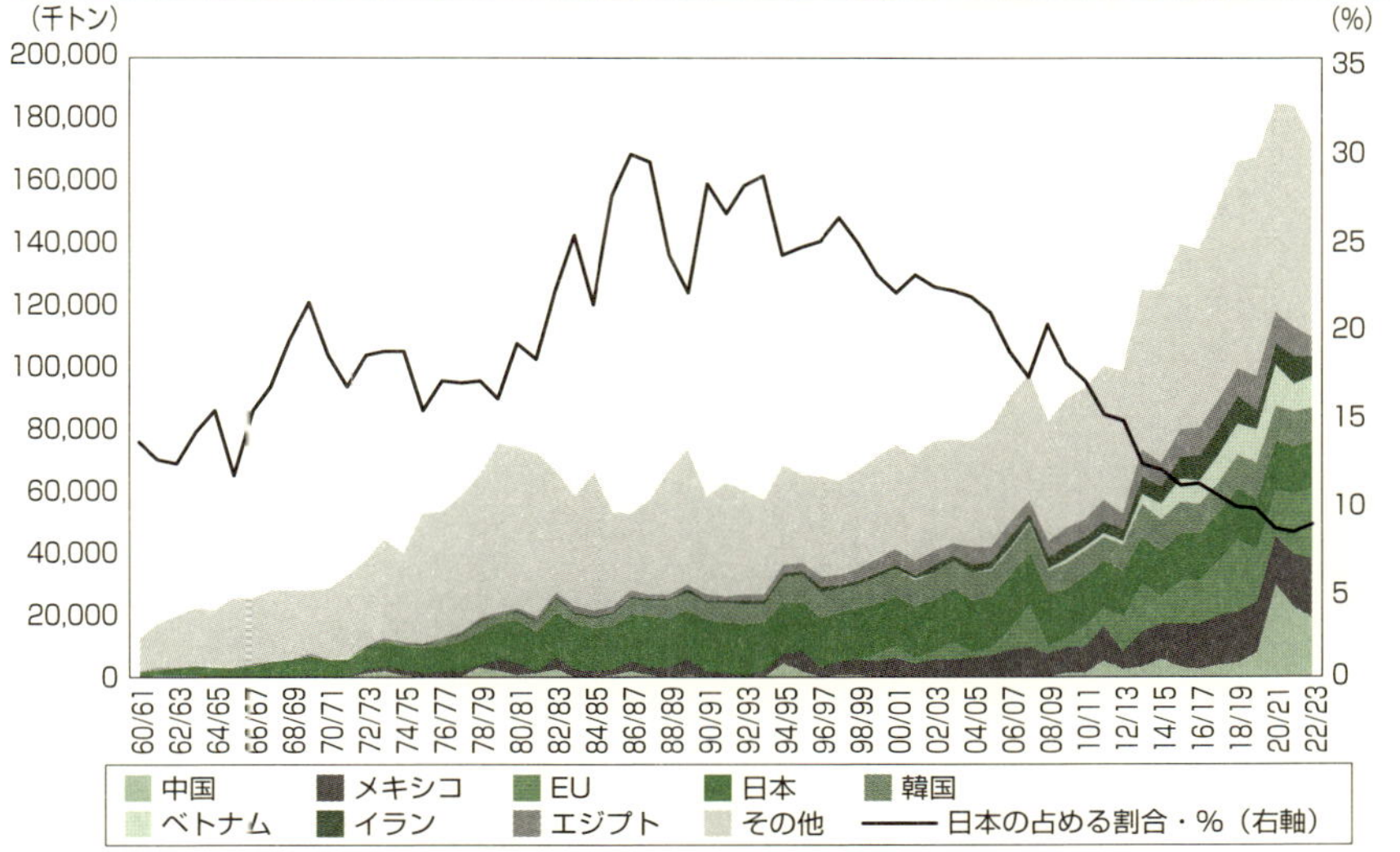

資料：アメリカ農務省　Feed Grains: Yearbook Tablesより作成

濃厚飼料
エネルギーやたんぱく質が豊富な飼料。穀類（トウモロコシ、こうりゃん等）、大豆油粕、糠（ふすま、米ぬか等）など。一方、牧草のようにエネルギーやたんぱく質が少ないが粗繊維質量が高い飼料は粗飼料と呼ばれる。

16 耕畜連携の重要性

日本畜産業の輸入飼料依存

戦後の日本人は体格が著しく向上し、世界有数の長寿国となりました。これには、医療の進歩や衛生環境の整備に加え、食生活と栄養の改善が貢献しており、そのなかには畜産物摂取の増大も含まれます。

日本人の食生活に畜産物は定着していますが、国内の畜産業は輸入飼料によって支えられています。飼料は一般的に、牧草のように繊維含有量が多くかさ（容量）が大きい「粗飼料」と、高エネルギーや高たんぱく質の「濃厚飼料」に大別され、TDNベースでは濃厚飼料が8割を占めています。濃厚飼料のおもな原料はトウモロコシや大豆粕ですが、そのほとんどは輸入です。

濃厚飼料の自給率は13％で、その水準は1970年代から大きく変わっていません。粗飼料はおもに牛が食べますが、かつては酪農家が牧草や稲わらを生産し、80年頃まで自給率はほぼ100％でした。しかし、円高の進行等で海外産の牧草の輸入量が増加し、粗飼料自給率は78％まで低下しました。

堆肥利用の減少がもたらす課題

家畜は生き物であり、毎日糞尿が発生します。畜産糞尿は、堆肥として農地に還元されることが望ましいですが、処理が適切に行われないと、悪臭や水質汚染等の畜産環境問題を引き起こします。

一方で、日本の耕種農業、特に稲作農業は兼業化の進行とともに省力化が志向され、重労働の堆肥散布を敬遠し、化学肥料への依存を強めてきました。しかし、化学肥料のみに頼りすぎると有機物が不足し、土壌劣化を招くことも問題となっています。

日本経済が右肩上がりに成長し、円高が進む状況

用語

TDN
可消化養分総量。飼料中に含まれるエネルギー量。詳しくは31ページ。

下では、飼料も肥料も労力をかけて自給したり域内で調達したりするより、お金を出して海外から購入したほうが合理的と判断されてきました。しかし、2020年代の穀物や肥料原料の国際価格の急騰や急激な円安の進行により、その前提は変わりつつあります。

メリットが多い耕畜連携

今、改めて注目されているのが、農業者同士で飼料と堆肥をやり取りする「耕畜連携」です。畜産農業者にとっては、国際情勢に左右されず安定的に一定量の飼料を確保できます。耕種農業者にとっては有機物の投入によって地力が増進し、生産性の向上につながります。ただし、良質な農産物の生産には、耕種側、畜産側が互いのニーズを把握し、品質の確保された商品として飼料・肥料を供給することが不可欠です。それぞれの地域でよりよい循環の仕組みを構築・定着させていくことが、日本の飼料自給率の向上や農地の有効活用にもつながっていきます。

耕畜連携を核とした地域循環システム

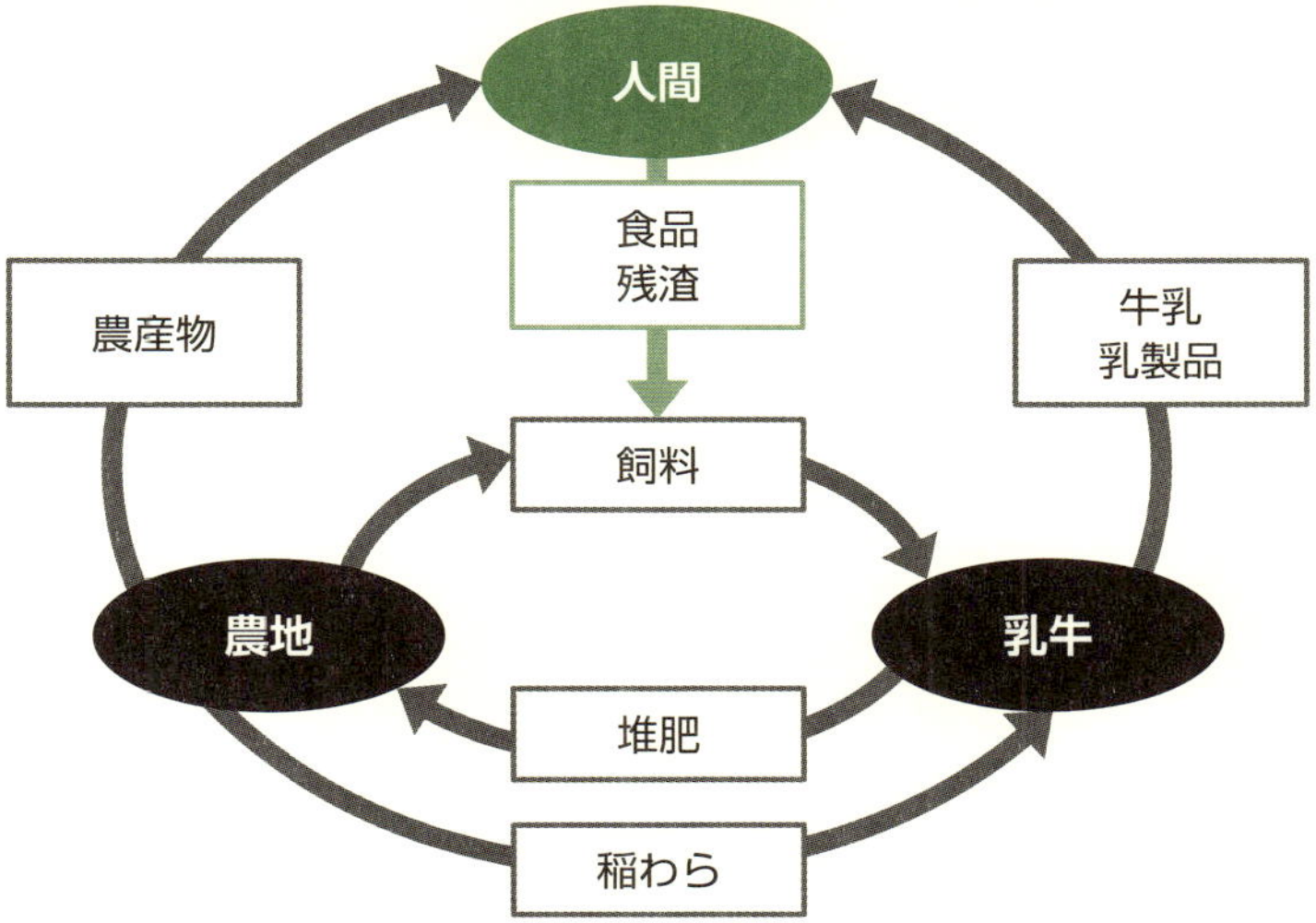

資料：筆者による作成
注：都府県酪農のモデルイメージ

17 水産物の需給状況

水産物の国内消費と生産量は減少傾向も、輸出は微増

国内の水産物需給をみると、2022年度の魚介類全体の国内消費の仕向量（国内生産量＋輸入量－輸出量±在庫増減）は、概算値で643万t（原魚換算ベース）となりました。このうち、食用が505万t（79％）、非食用（飼肥料用）が138万t（21％）です。最近10年間の変化をみると、国内生産量が85万t減少、輸入量が81万t減少し、消費量全体は187万t減少、一方で輸出量は25万t増加しました。つまり、輸入を含む国内供給と国内消費がともに大きく減少するなかで、少しずつ輸出が増加しているのが現状です。23年の輸出額をみると、香港、アメリカ、中国で全体の6割弱を占め、ホタテ、真珠、ブリが上位品目です。

国内の漁業・養殖業の生産量は、1984年の1282万tをピークに減少傾向にあり、2023年に372万tとなりました。これは、漁業就業者や漁船減少という供給体制の変化に加え、水産資源の減少などが大きく影響しています。漁業就業者は、03年の23・8万人から22年の12・3万人へと半減しています。

22年度の重量ベースの自給率（概算値）は、魚介類（全体）で54％、食用魚介類が56％、海藻類が69％です。食用魚介類の自給率は、1964年度に113％とピークを記録し、00～02年度に最低水準の53％を記録するまで低下傾向が続きました。その後は、ほぼ横ばい圏内で推移しています。

食料安全保障における水産分野の対応

国は、22年3月に今後10年間の水産政策の指針となる「水産基本計画」を決定しました。そのなかで、

食用魚介類の自給率を32年度に94％にすることを目標としています。そして同計画では、海洋環境の変化を踏まえた水産資源管理の着実な実施や、増大するリスクを踏まえた水産業の成長産業化の実現、地域を支える漁村の活性化などを推進するとしています。加えて、内食における簡便化志向、地域ブランドへの関心の高まりなどの消費者ニーズの多様化に対応した水産物の提供や、消費量減少に歯止めをかけるための魚食の習慣化の促進も盛り込まれています。このように、平時の取り組みとしては、食料自給率を高め、資源管理や成長産業化を推進することで水産物の供給を増加させるとともに、消費を喚起する施策も推進しています。

また、食料供給が懸念されるような緊急時を想定した「緊急事態食料安全保障指針」（126ページ）では、農産物だけでなく水産物についても、水産資源に悪影響を与えない範囲内で生産量を増加させるとともに、非食用（養殖用の餌料など）から食用への転換を行う方針を定めています。

日本における魚介類の生産・消費構造の変化

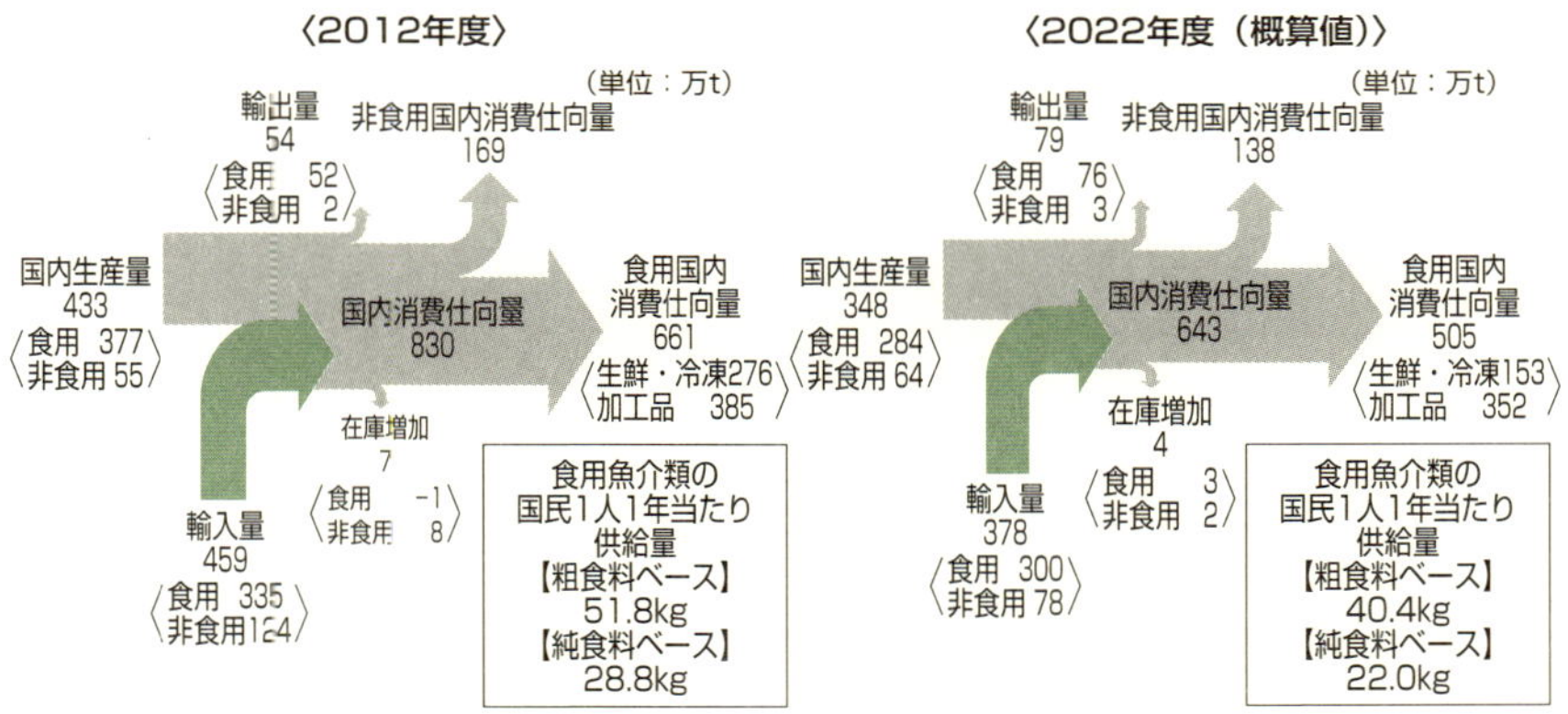

資料：農林水産省「食料需給表」より作成
注：1）数値は原魚換算したものであり（純食料ベースの供給量を除く。）、海藻類、捕鯨業により捕獲されたもの及び鯨類科学調査の副産物を含まない。
注：2）原魚換算とは、輸入量、輸出量、製品形態が品目別に異なるものを、製品形態ごとに所定の係数により原魚に相当する量に換算すること。
注：3）粗食料とは、廃棄される部分も含んだ食用魚介類の数量であり、純食料とは、粗食料から通常の食習慣において廃棄される部分（魚の頭、内臓、骨等）を除いた可食部分のみの数量。

18 農産物物流の課題

運送業者に敬遠される農産物の物流

商品を消費者の手に届けるには物流インフラが不可欠です。農林水産物や食品の物流は、9割以上をトラック輸送が担っています。しかし、トラックドライバーが主となる道路貨物業従事者の年齢階層別割合（2023年、国土交通省）をみると、若年層（15〜29歳）が10・5%と、全産業平均の16・7%に比べて低く、若年労働力の確保が課題です。また、農産物は産地、とりわけ大産地が消費地から離れた場所に立地しているため、長距離輸送が多くなります。国土交通省の「トラック輸送の実態調査（2020年）」によると、農水産品の1運行あたりの平均拘束時間は11時間25分となっており、全輸送品平均の11時間5分に比べて長くなっています。

現在の日本の食生活において、生鮮品は毎日の食卓に不可欠ですが、日持ちが短いため、切れ目なく商品を届けるためには小ロット・多頻度の輸送となりがちです。また、農産物の収穫量は天候に左右されます。日々の出荷量を事前に調整しにくく、作業発注から出荷までのリードタイム（所要時間）も短いことから、輸送量平準化や計画的な物流が困難です。さらに卸売市場等で車両が集中すると荷待ち時間が長くなること、手積み手降ろしの手荷役作業が多いことなども、拘束時間が延びる要因です。そのため、農水産品はなるべく扱いたくない、という運送業者の声もしばしば聞かれます。

物流2024年問題解決への取り組み

このような状況下で、24年4月よりドライバーの残業時間の上限が年間960時間に制限されました（**物流2024年問題**）。輸送力の低下と人手不足が

用語

物流2024年問題
2024年4月以降、働き方改革関連法施行により、トラックドライバーの時間外労働時間の上限が年間960時間に制限されることによって発生する諸問題のこと。運べる荷物の量が減るため、運送・物流業者の利益の減少に加え、輸送能力の不足が懸念されている。

深刻化し、「作れても運べない」事態が懸念され、30年度には輸送力が34%不足するという推計もあります。輸送力確保のため、農林水産省は**中継輸送**や、**共同輸送**の推進、**パレット**利用の促進・標準化や、トラック予約システムによる荷待ち・荷役時間の削減、鉄道・船舶への**モーダルシフト**によるトラック輸送依存の低減に取り組んでいます。

しかし、トラック事業者の半数が前向きな意向を示している中継輸送でも、中継地点（ストックポイント）の整備や事業者間の協力が不可欠で、実施している事業者は16%にとどまります。また、荷役作業の省力化、パレット利用の促進・標準化は、産地から小売まで流通全体で取り組む必要があります。モーダルシフトにより鉄道・船舶を活用する際も、拠点までの輸送手段は別途確保する必要があり、新たな物流へのシフトチェンジは容易ではありません。

物流問題は農業分野だけ、事業者単独の努力だけでは解決できません。業界全体、官民が一体となっての取り組み、関係省庁の連携強化が求められます。

労働時間規制等による物流への影響

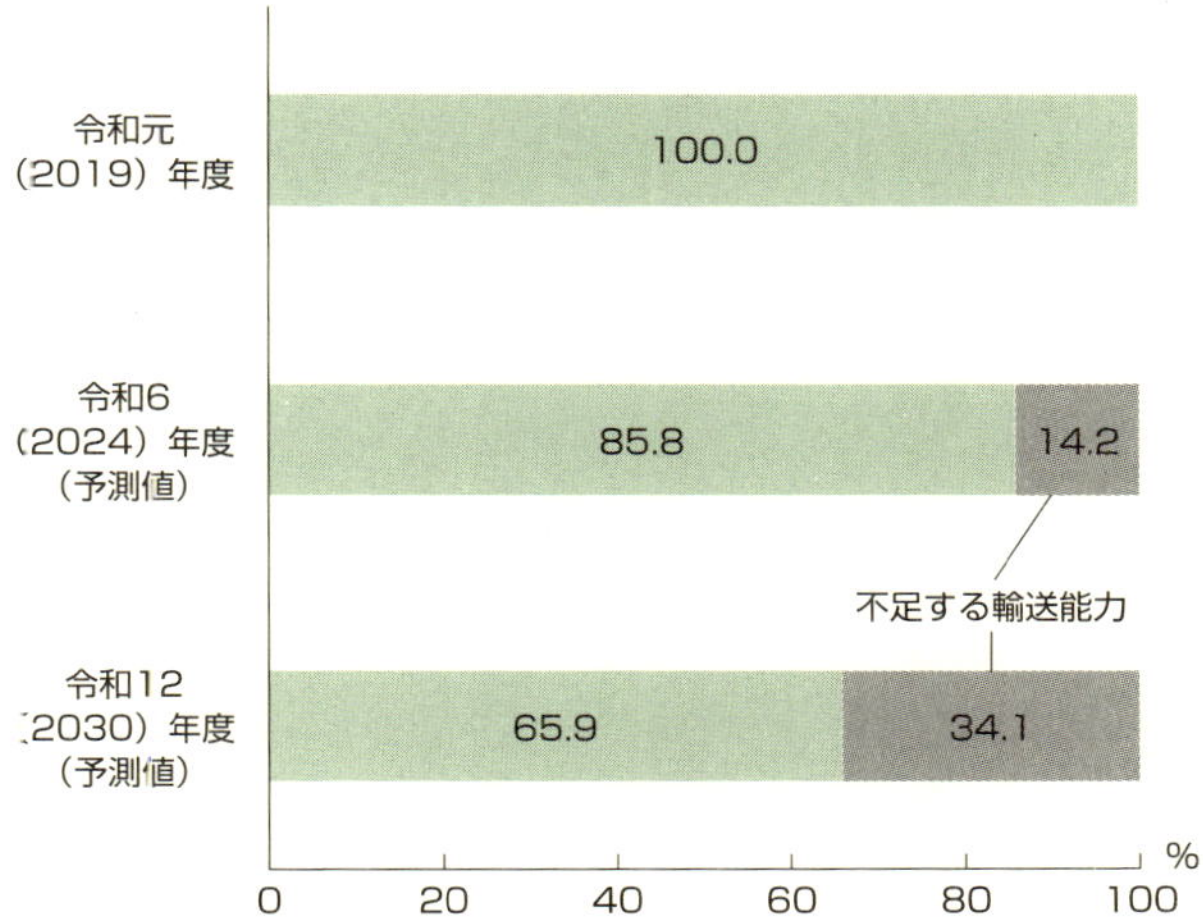

資料：株式会社NX総合研究所の資料を基に農林水産省により作成
注：令和元年度を100%とした場合

中継輸送
長距離運行を複数のトラックドライバーで分担する輸送形態。

共同輸送
複数の荷主の荷物をまとめて輸送する形態。

パレット
荷物を載せる時に使う荷役台。荷役作業を効率化し、大量の荷物を効率的に運搬・保管することを可能にする。

モーダルシフト
トラック等の自動車で行われている貨物輸送を環境負荷の小さい鉄道や船舶の利用へと転換すること。

19 日本の農産物輸入の現状

高止まりする農産物輸入額

戦後の高度経済成長期以降、日本は食の多様化が進み、肉類や乳製品、穀物などの消費が増加しました。一方、国内農業では経済成長に伴う農地減少や高齢化・後継者不足による農業者の減少で、土地利用型農業の縮小が生じ、畜産業は飼料の輸入依存が強まりました。さらに、1980年代以降、牛肉・オレンジの輸入自由化、GATTの**ウルグアイラウンド合意**、**TPP**の発効など、農産物貿易の自由化も進行しました。過去数十年にわたって農産物輸入額は増加傾向にあります。

特に、2022年はウクライナ紛争の発生や世界的な物流の混乱、円安の影響もあり、農産物輸入額は初めて9兆円を超えました。農産物輸入額は23年も9兆円を超え、24年上半期は主要穀物の輸入価格は下落に転じたものの、年9兆円のペースを維持しています。

農林水産省の「農林水産物輸出入概況」によると23年の農産物輸入額の国別シェアは、アメリカが最も高く20・1%、次いで中国10・4%、オーストラリア7・8%、ブラジル7・5%が続きます。品目別には、穀物・豆類で最も金額が多いのはトウモロコシで6890億円、次いで、大豆3097億円、小麦2711億円が続きます。トウモロコシはおもに飼料として、大豆はおもに油や豆腐、納豆などの原料として、小麦は製粉加工され、おもにパンやパスタの原料として利用されます。食肉では、豚肉が最も多く5512億円、次いで牛肉4112億円、からあげなどの鶏肉調整品3142億円、鶏肉1924億円が続きます。野菜・果実では、生鮮・乾燥果実が3927億円、冷凍野菜3048億円が上位です。

用語

ウルグアイラウンド合意
GATT（関税や貿易に関する一般協定）の下、南米ウルグアイの会議から始まった多角的貿易交渉（ラウンド）を経て、採択された合意。日本はそれまで行われていなかった米市場の部分開放に踏み切った（ミニマム・アクセス米）。

TPP
環太平洋経済連携協定。太平洋を囲む12か国で経済連携協定（EPA）の締結を目指していたが、途中アメリカが離脱し、残る11か国でTPP11（CPTPP）が合意となった。農産物を中心に、輸入関税が低く設定され、国内農業の衰退が心配される。

トウモロコシや大豆の輸入額は全体の半分を占めるアメリカが

輸入先が特定の国に集中する品目も多く、上位2か国で輸入金額の7割以上を占める品目は、トウモロコシ（アメリカ47・7％、ブラジル42・7％）、大豆（アメリカ67・8％、ブラジル17・9％）、小麦（アメリカ39・5％、カナダ38・8％）、牛肉（アメリカ41・7％、オーストラリア41・2％）、鶏肉調整品（タイ65・3％、中国33・3％）、鶏肉（ブラジル65・1％、タイ33・0％）、冷凍野菜（中国46・6％、アメリカ24・9％）が挙げられます。

22年のウクライナ紛争を契機にした国際的な一次産品価格の高騰や供給不安は、国内の食料供給が輸入に依存していることや、特定の国への輸入依存が抱えるリスクなどを改めて認識させることとなりました。食料供給の安定性の向上と価格の変動リスクの抑制のためには、輸入先の多様化などに取り組むとともに、備蓄体制の整備や国内の農業生産力の維持・強化を同時に進めていく必要があります。

農産物輸出入金額の推移

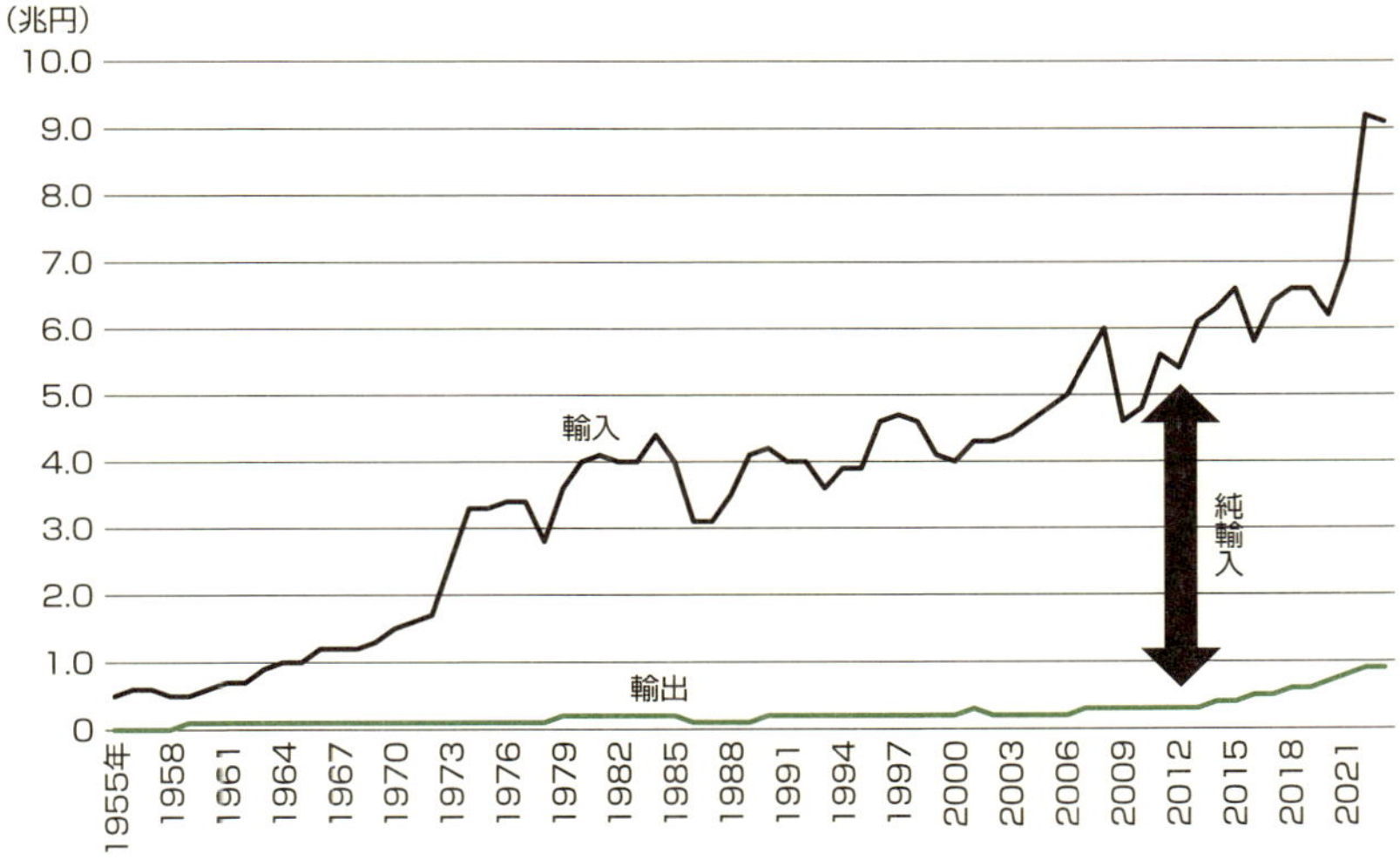

資料：農林水産省「輸出累年実績」「輸入累年実績」より作成

20 日本の食料・生産資材の備蓄

国が実施するおもな備蓄事業

食料・生産資材の備蓄は、近年のパンデミックや地政学的なリスクによる物流混乱・価格急騰、気候変動の激甚化による世界的な生産不安定化などをみても、非常に重要な課題です。具体的な対応については、国などの公的段階、企業・家庭などの民間段階、また、通常時・緊急時に応じて、さまざまな方法が考えられます。

現在、米、食糧用小麦、飼料穀物、肥料原料については、国が備蓄事業を実施しています。自給できている米は、国内で不作が起こっても緊急輸入等はせず、国産米で対処し得る量の備蓄を水準にしています。一方、多くを輸入に依存している食糧用小麦と飼料穀物は、不測の事態が起こった際に、「代替輸入先からの輸入を確保するまでの期間に対処し得る水準」を基本に設定しています。米の備蓄分は100万tで、所有権は国にあります。備蓄は100%国費で行われています。10年に1度の不作（**作況指数**92）や、通常程度の不作（作況指数94）が2年連続した事態にも国産米で対処し得る量です。

食糧用小麦の備蓄分は、外国産食糧用小麦需要量の2・3か月分（90万t程度）です。所有権は企業に移転され、1・8か月分の保管経費を国が100%助成しています。輸入先の変更に迫られた際、代替輸入に切り替えるまで4・3か月かかるとみられます。既に契約済で輸送されるものが2か月分あるとみられ、差し引き2・3か月分となっています。

飼料穀物の備蓄分は100万t程度で、所有権は企業、保管経費の一部が国から助成されます。不測の事態における海外からの供給遅滞・途絶、国内の配合飼料工場の被災などによるひっ迫等に対応し得

用語

作況指数
作柄の良し悪しを示す指標。10a当たりの収量と10a当たりの平均収量の比率で、計算式は、(10a当たり収量÷10a当たり平均収量)×100。農作物の生育や収穫高の状況を表す作柄がそれぞれ、作況指数106以上で「良」、102〜105が「やや良」、99〜101が「並み」、95〜98で「やや不良」、91〜94で「不良」、90以下で「著しい不良」とされる。

る水準としています。過去、備蓄を活用した最大の実績は、東日本大震災時の75万tです。

経済安全保障推進法・食料供給困難事態対策法による備蓄等の対応

肥料原料は、ウクライナ紛争等による世界的な一次産品価格の高騰を受け、２０２２年に成立した経済安全保障推進法で「特定重要物資」に指定され備蓄の対象となりました。23年からリン安・塩化カリウムの保管施設の整備を進めるとともに、原料備蓄水準を高めています。代替国からの調達に期間を要した場合においても、国内製造を継続し得る水準として、保管料の助成などで27年度までに年間需要量の3か月分相当の備蓄を目指しています。

なお、24年の通常国会で成立した食料供給困難事態対策法では、国民生活にとって重要な食料や生産資材は、平時から民間在庫を把握し、有事の際には政府が出荷調整や生産拡大を指示できるようになりました。米、小麦、飼料、肥料を含む、幅広い品目が対象になるとみられています（１４０ページ）。

日本における食料・生産資材の備蓄（備蓄水準とその考え方等）

	品目	備蓄水準と経済負担等の考え方	備蓄水準の考え方
国産	米	100万トン程度（〇備蓄分の所有権は国、〇備蓄は100%国費　売買及びその管理を委託）	10年に１度の不作（作況92）や、通常程度の不作（作況94）が２年連続した事態にも国産米をもって対処し得る水準
輸入	食糧用小麦	国として外国産食糧用小麦の需要量の2.3ヶ月分（90万トン程度）（〇備蓄分の所有権は企業に移転、〇国家備蓄として、製粉企業等が需要量の2.3カ月分を備蓄した場合に、1.8カ月分の保管経費を100%助成）	過去の港湾ストライキ、鉄道輸送等の停滞による船積遅延の経験等を考慮した水準
輸入	飼料穀物	100万トン程度（〇備蓄分の所有権は企業、〇配合飼料メーカー等が事業継続計画に基づき実施する飼料穀物備蓄に対し、その費用の一部（約75万トンの保管経費の1/3以内等）助成）	不測の事態における海外からの供給遅滞・途絶、国内の配合飼料工場の被災に伴う配合飼料の急激なひっ迫等に対処し得る水準
輸入	肥料原料（りん安、塩化加里）	年間需要量の約３か月分（〇備蓄分の所有権は企業、〇保管費用・保管施設整備費助成）	代替国からの調達に一定の期間を要した場合においても国内製造を継続し得る水準

資料：農林水産省『米をめぐる状況について』（2024年11月）、「肥料をめぐる情勢」（2024年10月）「肥料に係る安定供給確保を図るための取組方針」（2022.12）より作成

政府備蓄米保管の様子

写真提供／共同通信社

鮫川運送倉庫・福島県矢吹町。備蓄米は、民間の政府指定倉庫に保管される。食味が大幅に落ちないよう、倉庫内は温度15℃以下、湿度60～65％（目安）と低温で保たれている。約５年の保管期間をすぎた米は、飼料用米などとして売却される。

第６章

消費者が食料安全保障に貢献するためには

1 消費者の役割の重要性

新たな概念としての「食料システム」

日本の農産物・食料品の流通システムは多様化かつ高度化しており、生産地から消費地に商品が届くまで、さまざまな人・事業者が関与しています。改正基本法で新たに位置づけられた農業や食品産業における環境負荷の低減や、合理的な費用を考慮した価格形成などの実現は、食料の生産から消費までのすべての関係者が連携し、取り組むべき課題です。そのことを踏まえ、改正基本法では、「食料システム」を食料のサプライチェーンの関係者全てを包含する概念として「食料の生産から消費に至る各段階の関係者が有機的に連携することにより、全体として機能を発揮する一連の活動の総体」と定義づけています（第2条第5項）。

法文のなかでその構成員に、農業者、食品産業の事業者のみでなく、「消費者」も例示されているということは、基本法の目指す姿の実現において消費者の役割が重要であることを改めて示すものと考えることもできるでしょう。

消費者の役割

今回の改正では、消費者を含む関係者の範囲や努力義務についても拡充されています。改正前では、第9条（農業者等の努力）に「農業者及び農業に関する団体は、農業及びこれに関連する活動を行うに当たっては、基本理念の実現に主体的に取り組むよう努めるものとする。」とあり、団体は「農業に関するもの」に限られていました。改正基本法では、基本第12条（団体の役割）「食料、農業及び農村に関する団体は、その行う農業者、食品産業の事業者、地域住民又は消費者のための活動が、基本理念の実現に重要な役割を果たすものであることに鑑み、これらの活動に積極的に取り組むよう努めるものとする」が新設されました。JAをはじめとする農業団体のみではなく、例えばフードバンク（183ページ）や子ども食堂の運営組織、**農村RMO**など、食料・農業・農村を支える人が組織する団体も含まれており、その役割発揮が期待されています。

環境への影響を考えた消費行動について明文化

また、消費者の役割（第14条）については、「消費者は、食料、農業及び農村に関する理解を深めるとともに、食料の消費に際し、環境への負荷の低減に資する物その他の食料の持続的な供給に資する物の選択に努めることによって、食料の持続的な供給に寄与しつつ、食料の消費生活の向上に積極的な役割を果たすものとする。」と傍線部分が追加されています。ここでも、環境との調和や食料安全保障の確保の実現には、消費行動における消費者の選択のありようが重要であると、法律上に明記されました。

「食料システム」の位置付けと関係者の役割

食料システム
食料の生産から消費に至る各段階の関係者が有機的に連携することにより、全体として機能を発揮する一連の活動の総体

農業者	基本理念（食料安全保障の確保、環境との調和、農業の持続的発展、農村振興）に主体的に取り組むよう努力
食品事業者	基本理念（食料安全保障の確保、環境との調和）に主体的に取り組むよう努力
団体	農業者団体のみでなく、広く食料・農業・農村に関する団体を位置づけ
消費者	食料、農業、農村に対する理解を深め、食料の持続的な供給に資する選択をするよう努める

資料：農林水産省『食料・農業・農村基本法改正のポイント』を参考に作成

用語
農村RMO
農村型地域運営組織。複数の集落の機能を補完して、農用地保全活動や農業を核とした経済活動と併せて、生活支援等地域コミュニティの維持に資する取組を行う組織のこと。

2 消費者による農業参画の意義

農への無関心が食料安全保障を脅かす

現在、国民と農との距離が広がっています。その原因のひとつには、団塊ジュニアの出身地が都市部に集中し、農業への接点を失ったことにあるでしょう。団塊の世代までは、地方から都市部へ移居して職を得た後も、実家の田植えや稲刈りを手伝っていました。農作業がどんなものか、農産物価格によって農家経営がどう左右されるかを肌で知っていました。それが、団塊ジュニア世代になると、盆暮れに祖父母の田畑を見ることはあっても、農作業を手伝う機会はそう多くありません。もっと下の世代では、帰省先が都市部ということも珍しくなく、農のある風景自体から遠ざかっています。食の場においても、スーパーマーケットで手に取る農産物はパッケージ化されたものが増え、農とのつながりは次第に見えにくくなってきています。

このように何世代もかけて、多くの国民が農からゆっくりと切り離されてきました。食料安全保障の確立には、農業政策が大きくかかわってきます。しかし、国民にとって農業が他人事になっている状態では、問題自体が認識されず、解決策に知恵を絞ってくれる母集団が小さくなってしまいます。そのような意味で、多くの国民が農業に関心を持つことは、食料安全保障の確立のための大前提として非常に重要といえます。

都心部で盛り上がる農業体験

農業を身近に感じるためには、まず体験することが近道です。身近に農地を持つ親戚がいれば手伝いに行くこともできますが、もはやそうでない人の方が多いでしょう。市民農園を利用したり、近隣の農家を手伝う「援農」という方法もあります。東京では、公益財団法人東京都農林水産振興財団が運営する「とうきょう援農ボランティア」という制度があります。近年はアプリ経由で短期アルバイト先として農業現場が探せるサービスも増えてきました。

農林水産省の「食生活と農林漁業体験に関する調査」によると、家族の中での農林漁業体験への参加について、参加したことのある人が「いる」との回答の割合は２０１１年で30・３％でしたが、19年の調査では39・３％になっています。農業体験者の割合は緩やかながら増加しています。

農業体験後はそれまでと違った感覚で農業関連の出来事を受け止められるようになります。例えば野菜を作った体験があれば、スーパーで売られている野菜が体験で収穫したものよりもどんなにきれいで大きいか、そしてその立派な野菜が手間暇に比べてとても安く売られていることに気が付くでしょう。農産物の生産や消費のあり方に関心を持ち、自分ごととして捉える第一歩になるのです。

農林漁業体験への参加経験者割合

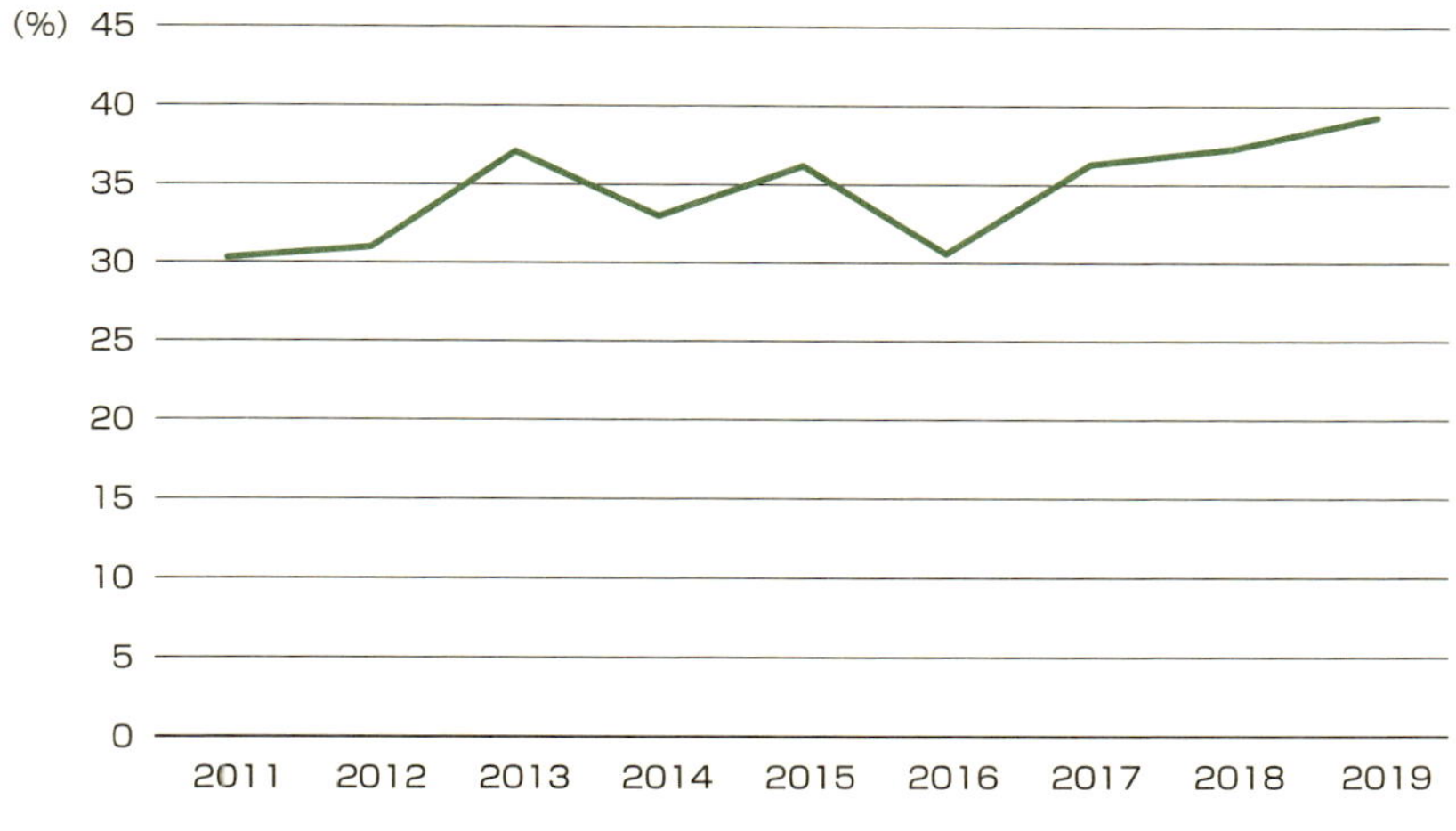

資料：農林水産省「食生活及び農林漁業体験に関する調査」より作成

3 環境負荷軽減に貢献する消費行動

循環型社会と食料安全保障の関係

環境に配慮した農業を実践することは、とくに日本のように資源の乏しい国では食料安全保障につながります。GHG（温室効果ガス）の削減などの気候変動対策や、生物多様性の維持は、社会・経済を循環型に変えることで達成に近づきます。循環型社会では、資源が国内で循環するため、国内の資源自給率が改善されます。農業生産に必要な資材（肥料や飼料など）の輸入依存度が軽減され、実質的な食料の安全保障が強化されるのです。

例えば肥料では、そのままでは流通の難しかった畜ふん由来の堆肥をペレット化し、国内の広域流通が可能になる製品が開発されました。

飼料では、食品残渣を家畜飼料として再利用する「**エコフィード**」があります。これらのみで農業資材の完全自給が実現するわけではありませんが、不測の事態が起こった際のダメージを緩和する効果が期待されています。

地力、フードマイレージへの寄与

環境対策と食料安全保障は、別の面でもつながっています。

一つは地力の維持です。狭い土地で多くの食料を生産するためには土壌の質が重要です。しかし、収量を上げるため、化学肥料や農薬を多投・連投することはかえって生産力を損なう場合があります。土壌の生産力とは、物理性・化学性・生物性の総合力ですが、多投はとくに生物性を損ないます。代わりに堆肥などのリサイクル資材を使用すれば化学肥料が減り、土壌の質も改善されます（ただし、短期的に収量を上げる必要がある際には、化学肥料や農薬

用語

エコフィード
食品残渣（食品廃棄物）を再活用した飼料。加工処理を施し、栄養バランスも調整したのち、家畜に与える。

の投入が優先する事態も大いにありえます）。

また食料安全保障の強化は**フードマイレージ**の減少にも寄与します。食品や農業資材を輸入する際、輸送による温室効果ガス排出を伴います。国産を増やすことは、気候変動対策にもなります。

環境負荷の低い食材の購入

このような農業者の取り組みも、消費者が環境負荷低減農法で栽培された農産物を購入しなければ、食料安全保障に結びつきません。

エコフィードで飼養された畜産物や、低環境負荷型農法で栽培された農産物を選ぶこと、また、輸入に代えて国産を手に取ることが、環境問題と食料安全保障の同時解決につながるのです。

購買時の選択に資すると期待されているのが、農林水産省の「みえるらべる」の取り組みです。生産者の環境負荷低減の取り組みを星の数で分かりやすく伝え、消費者が環境負荷低減に資する農産物を選べるようになっています。

農産物の環境負荷低減の見える化の取り組み「みえるらべる」

図案：農林水産省ＨＰ

フードマイレージ
食料の総輸送量・距離のこと。食料の輸送量に輸送距離を掛け合わせた指標。

4 食品ロス問題の傾向と対策

食品ロス・食品廃棄の全体像

「食べ物の大切さ」はあまりに自明の理であるため、食品ロスから食料安全保障に関心を持つ人も少なくありません。食品ロスに象徴される「飽食」は、食料安全保障上、最悪の事態といえる「飢餓」の対極にあり、これらが地球上に同居している事実（20ページ）は、理屈抜きに課題を訴える力があります。

廃棄するモノを生産することは、資源とエネルギーの無駄遣いといえます。廃棄物処理自体にも多大なエネルギーを消費します。日本は土地にも資源にも乏しい国です。限られた国土で国民に十分な食料を供給するためには、本来無駄はできる限り排除すべきです。

食品ロスは、圃場、加工流通過程（外食含む）、家庭と、段階的に発生します。農林水産省の「食品ロス及びリサイクルをめぐる情勢」によると、家庭からは７７１万ｔ（２０２２年）の食品廃棄物が発生しています。このうち、本来食べられるにもかかわらず廃棄されている「食品ロス」が２３６万ｔです。事業者から発生する食品廃棄物は１５２５万トン、そのうち食品ロスは２３６万ｔです。両者を合わせると食品ロスは４７２万ｔとなります。ＷＦＰ（82ページ）は23年に３７０万ｔの食料支援を実施しているので、これを優に超える量の食料を日本では廃棄していることになります。

「もったいない文化」が世界的に有名な日本ですが実態は以上の通りです。食品ロスのうち、食品工場や外食から発生する事業系については、政府の掲げた削減目標が達成されましたが、家庭系の削減目標は未達です。消費者の今後の実践余地は大きいと解釈できます。

食品ロスを減らす具体的な取り組み

家庭で発生する食品ロスは、台所の三角コーナーのように各種食材が混ざり、しかも水分を多く含む状態が多く、リサイクルが極めて困難です。そのためにも家庭ではロスを出さないこと、冷蔵庫含めた在庫管理、計画的な購入、食べ切り、使い切りがとりわけ肝要です。自分で消費しないものは**フードバンク**へ寄付するという選択肢もあります。気軽に参加でき、しかも人から直接感謝される食品ロス対策です。

食品製造、加工、流通業など事業者における取り組みも重要です。保存技術など先端技術の研究開発も、輸送過程における劣化防止を通じ、食品ロス発生抑止に役立ちます。

「混ぜればゴミ、分ければ資源」は食品にも当てはまり、発生した廃棄物を分別することは、リサイクルにつながります。コンポストを含む肥料化、飼料化などが典型的で、農林水産省も食品リサイクルループの取り組みを進めようとしています。

食品ロスの全体像

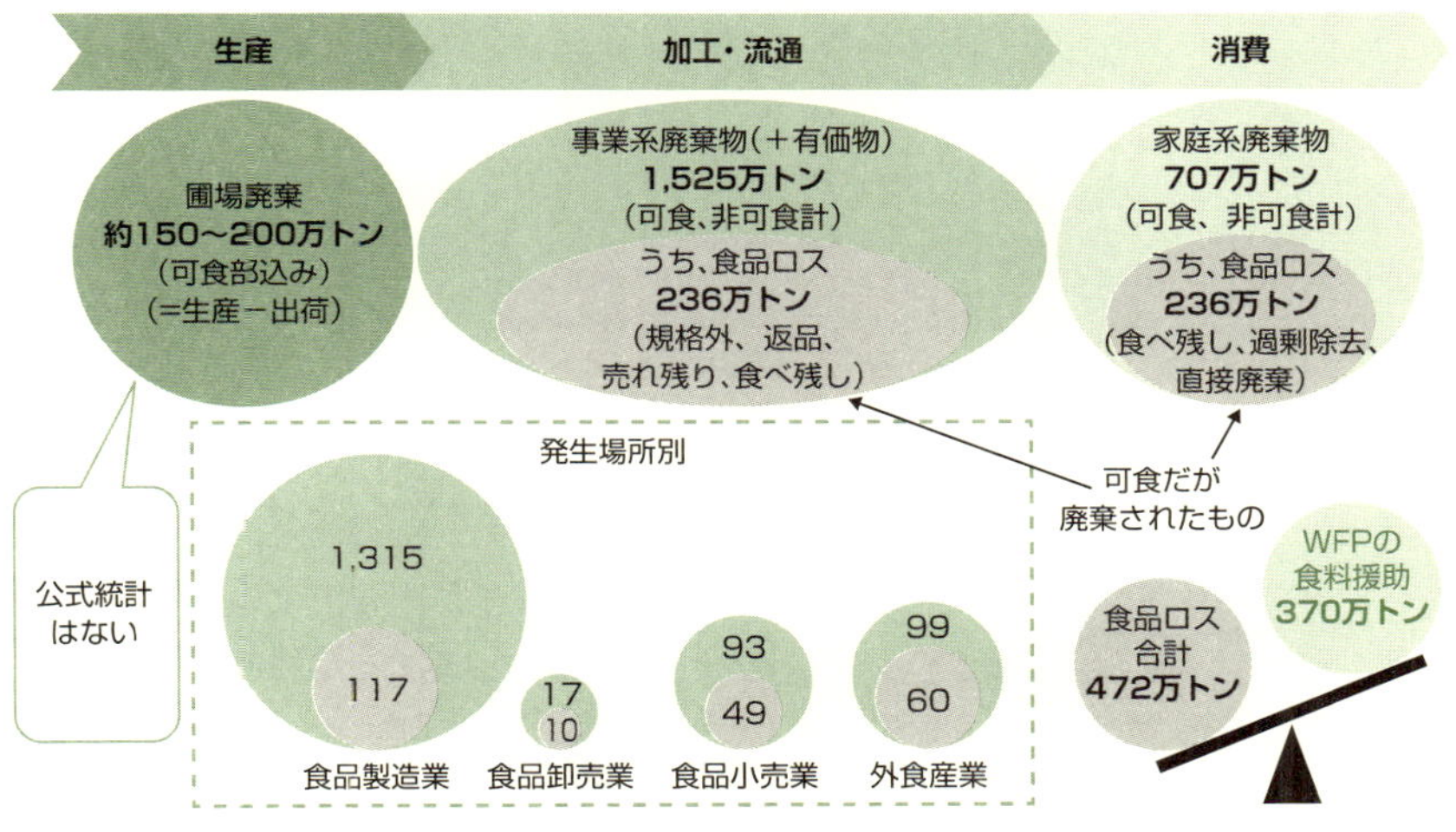

資料：農林水産省「食品ロス及びリサイクルをめぐる情勢」より作成

用語

フードバンク
生産・流通・消費等の過程で発生する未利用食品を食品企業や農家等から寄付を受け、福祉施設や生活困窮者等に無償で提供する活動。

5 消費者とともに作り上げる食料安全保障のこれから

食品消費における2つの傾向

消費者と農業の基本的な接点は、食材の購入になります。消費者はどのような観点で食品を選択しているのでしょうか。日本政策金融公庫の農林水産事業が実施した「消費者動向調査（令和6年1月調査）」によると、「食に関する志向」では、食費を節約したいという「経済性志向」は40・8ポイント。対して、原材料などを国産品にこだわりたい「国産志向」が11・2ポイントとなっています。この傾向は、近年の食品インフレ以前から続いており、国産かどうかよりも、安いかどうかを重視する志向は根深く存在します。国産農産物は価格競争力が弱いため、輸入品が並んで売られている場合には国産が選ばれにくくなります。「経済性志向」と「国産志向」は両立しにくい、といえます。

多少の価格差であれば、極力国産を購入することが国産農業への貢献の一助になります。国産農産物消費を盛り上げようとする運動の代表的なものがJAグループの「国消国産」運動です。「国消国産」とは、「国民」が必要とし、「消費」する食料は、できるだけ「その国」で「生産」するという考え方です。語順として「消費」が先に来ているのは、国内で生産した食料を消費する、のではなく国民が消費する食料を生産する、というメッセージが込められています。

食料安全保障を自分事に

国民一人一人が単なる「消費者」として農産物を購入するだけでなく、「納税者」・「有権者」として、つまり農政への参画を意識し、自分ごと化をすることで、消費行動にも変化が現れます。

消費者、特に都会の非農家の中には農業問題を、農業者の問題、農村の問題、と整理して、自分とかかわりのない外部の問題と考える人も多いかもしれませんが、有事の際、食材供給の不安定リスクは、農業生産者よりも都市住民に一層深刻に現れるのです。例えば、第二次世界大戦後、食料配給の遅配・欠配が相次ぎ、食料生産の手段を持たない都市住民は食料難に直面しました。多くの都市住民が汽車に乗って農村部に出向き、違法と知りながらも、農業者となけなしの財産を物々交換して食材を調達していたのです。こうした人々を運ぶ列車は、「買い出し列車」と呼ばれました。

食料安全保障は、農業者や農村ではなく、都市住民にこそ降りかかる問題なのです。農業の持続性を訴えるのは、農業者の苦境に同情するためではありません。むしろ農業者は、自分の農地で自分が食べるだけのものは生産できる強い存在です。納税者として農政に関心を持ち、有権者として行動することで、日本の食料安全保障は支えられていくのです。

農村で食料の買い出しを終え、東京へ帰る「買い出し列車」の様子（1945年）

写真提供：朝日新聞社

索　引

買い物困難者……136
価格支持政策……44・65・99
化学肥料……17・32・36・41・46・62・89・90・104・106・142・164・180
加工型畜産……118
ガザ地区……97
餓死……58
可消化養分総量（TDN）……31・164
過疎……136
家族従業者……150
過体重……21
家畜……36・48・54・164
ガトゥン湖……96
カナダ……44・57・101・106・112
カリウム……32・104
灌漑……34・41・46・62・67
環境……23・36・76・78・89・133・134・176・180
韓国……26・70
関税……56・72・141・154
飢餓……15・17・20・32・42・43・82
基幹的農業従事者……150
飢饉……20・114
気候変動……74・86・88・98・134・180
岸田文雄……132
技能実習生……151
喜望峰……96
キャッサバ……66
牛肉……49・50・54・170
供給保障支払い……79
凶作……43・114・116・126
共通農業政策（CAP）……74
共同輸送……169
緊急事態食料安全保障指針……126・128・140・167
経営所得安定対策……153
経済協力開発機構（OECD）83・130
経済的埋蔵量……106
公益直接支払い……72
耕畜連携……162・165
公的分配システム（PDS）……68
高度経済成長……117・146・154・170
荒廃農地……148
国際協力機構（JICA）……121
国際食料政策研究所（IFPRI）……83・121・130
国際農業研究協議グループ（CGIAR）……83
国消国産……184
国内消費仕向量……30
101・106・111・116・118・121・156・160・170
アメリカ農務省……121・130
アルゼンチン 17・44・57・92・102・160
アンモニア……32
安楽死政策……119
イギリス……32・37・43・66・68・75
異常気象……22・76・86・130
イスラエル……97
イスラム教……49
遺伝子組み換え（GMO）……63・162
李明博（イ・ミョンバク）……70
移民……80
芋……115・128
インデックスファンド……111
インド……25・34・37・46・50・54・56・68・98・101・107
インド食料公社（FCI）……68
インドネシア……50・54・56・101・107
ウクライナ……45・57・64・76・90・98・101
ウクライナ紛争／ウクライナ侵攻……75・90・98・101・104・124・127・142・156・170・173
ウルグアイ……57
ウルグアイラウンド合意……170
エコフィード……180
エジプト……50・56・107
エルニーニョ現象……96
円高……119・138・164
援農……179
円安……28・138・165・170
欧州グリーンディール……76
欧州首脳理事会……75
欧州連合（EU）……22・27・29・37・65・74・78・86
オーストラリア……22・27・29・44・98・101・112・170
大平正芳……122
温室効果ガス（GHG）……36・88・109・133・180

か行

カーボンニュートラル……106
カーボンピークアウト……106
海外農業開発……70
改革開放政策……58
買い出し列車……185
かい廃……148
開発圧力……80

アルファベット

AFOLU……88
BC技術……17
CAP（共通農業政策）……74
CGIAR（国際農業研究協議グループ）……83
COVID－19（新型コロナウイルス感染症）……20・75・95・98・124・127
EBPM……145
EEC設立条約……74
EU（欧州連合）……22・27・29・37・65・74・78・86
EV（電気自動車）……110
FAO（国連食糧農業機関）……19・20・82・121・130
GATT（関税と貿易に関する一般協定）……120・170
GDP（国内総生産）……92
GDPデフレーター……138
GHG（温室効果ガス）……36・88・109・133・180
GMO（遺伝子組み換え）……63・162
IFPRI（国際食料政策研究所）……83・121・130
JICA（国際協力機構）……121
KPI……145
M技術……17
OECD（経済協力開発機構）83・130
PDCA……145
SAF（持続可能な航空燃料）……110
SDGs（持続可能な開発目標）21・82
TDN（可消化養分総量）……31・164
TPP……170
WFP（国連世界食糧計画）……82・91・182
WTO（世界貿易機関）……83・99
WTO農業協定……99・123
WTOルール……56

あ行

アグロフォレストリー……89
アジア・34・40・46・48・54・64・90・94・96・101
アジア開発銀行……82
アフリカ……17・34・40・44・51・56・64・90・94
アフリカ開発銀行……82
アフリカ豚熱（ASF）……50・59
アメリカ……16・22・29・37・40・43・48・50・54・57・65・70・92・94・96・

大豆危機……………………93・121
大豆禁輸ショック………102・117
大豆ミール……………………16
第二次世界大戦……33・43・65・78・104・116・185
太平洋戦争……………………115
大躍進政策……………………58
台湾……………………26・114
多面的機能……………73・134
団塊ジュニア………………178
団塊の世代……………146・178
単収…………17・34・41・62・159
たんぱく質……52・74・156・164
地域計画………………………148
チェルノーゼム…………45・76
畜産……24・31・36・52・54・56・78・118・146・152・162・164
チグリス川……………………40
地政学リスク……90・93・96・142
地中海……………………40・90・96
窒素……………32・37・104・106
中継輸送……………………169
中国…34・37・46・48・50・54・56・58・61・86・92・106・112・160・170
長江……………………………86
朝鮮……………………………114
鳥糞石（グアノ）……………32
直接支払制度…………………79
地力……………………………180
鉄道……………43・95・114・169
デフレ経済……………………138
田園回帰………………………151
天然ガス…………………90・104・106
でんぷん………………………24・40
ドイツ……………32・44・66・75
東欧…………………45・57・91
投機資金………………………111
当業者…………………………111
東南アジア………24・46・48・114
トウモロコシ……16・40・52・54・56・58・61・66・72・86・90・94・96・109・117・160・164・170
特定技能………………………151
特定資材………………………140
特定食料………………………140
途上国……………14・34・91・98
土地資源………………………24
土地利用型農業………26・118・170
特恵関税………………………72
トラック……………………95・168
トランプ………………………92
鶏肉…………49・50・54・61・170
食料自給力……………………128
食料システム……82・134・138・176
食料純輸入国…………………144
食料・農業・農村基本計画…123・126・144・149・150
食料・農業・農村基本法………123・126・132・134・144・148
食料不安……14・18・22・25・83・130
シルクロード…………………43
飼料…31・48・50・52・54・56・61・78・118・121・152・160・164・170・172・180
飼料用米…………………152・154
新型コロナウイルス感染症（COVID-19）……20・75・95・98・124・127
人工降雨………………………86
人口論…………………………16
人民公社………………………58
水産物…………………………166
スイス……………22・38・78・129・141
水田活用の直接支払交付金……153
スウェーデン…………………75
スエズ運河……………………96
ストライキ……………………95
スマート農業…………………151
青果……………………24・118
生産基盤…15・28・30・79・124・128・134・148・150
生物多様性戦略………………76
世界銀行………………………82
世界フードセキュリティサミット…18
世界貿易機関（WTO）……83・99
石油……………………90・104・106
ゼネスト………………………78
セラード………………102・121
全国食料安全保障法（インド）…68
先進国……………14・22・34・48
戦略作物直接支払い…………73
宗主国…………………………66
草木灰…………………………32
粗飼料…………………………164
ソフホーズ……………………45
ソルガム………………………66
ソ連……………44・102・117・122

た行

タイ……………………56・98・101
第一次世界大戦……………78・114
大豆…16・52・55・56・58・61・72・92・94・96・102・109・117・119・121・126・158・170
大豆粕……………………53・61・164
国内総生産（GDP）……………92
穀物メジャー…………………112
国連食糧農業機関（FAO）……………19・20・82・121・130
国連世界食糧計画（WFP）…82・91・182
コシヒカリ……………………154
黒海……………………………90
黒海穀物イニシアチブ…………91
国家経済供給制度……………80
国境措置………………………68
小麦…16・37・40・44・46・49・64・90・94・98・101・119・121・128・156・170・172
米……16・37・40・46・49・58・70・98・101・114・116・118・121・128・152・154・172
コルホーズ……………………45
コンポスト……………………183

さ行

財政移転………………………27
先物市場………………………111
作況指数………………………172
サトウキビ……………………109
サブプライム住宅ローン問題…111
サプライチェーン…94・124・138・176
産業革命………………………43
自営業主………………………150
自己取引勘定…………………112
子実用トウモロコシ…………160
持続可能な開発目標（SDGs）…21・82
シベリア出兵…………………114
ジャスミン・ライス……………46
習近平…………………………59
種子法（中国）………………63
純総合食料自給率……………78
硝酸……………………………32
硝石……………………………32
昭和農業恐慌…………………114
食品アクセス…………………136
食品残渣………………………180
食品ロス…………………133・137・182
植民地……65・68・114・116・118
食料安全保障法（スウェーデン）・75
食料安全保障法（中国）………59
食料確保準備法（ドイツ）……75
食糧管理法……………………115
食料供給困難事態対策法・127・140・173
食料国産率……………………31
食料自給率……30・38・59・70・123・144・146

マルサスの罠……16・33
マレーシア……48
みえるらべる……181
ミシシッピ川……86・96
緑の革命……17・46・65
みどりの食料システム戦略……142・163
ミニマムアクセス……154
ミレット……66
文在寅（ムン・ジェイン）……72
メキシコ……40・48・50・98・160
メキシコ湾……96
メタン……89
モーダルシフト……169
もったいない文化……182
モロッコ……106
モンスーン……68

や・ら行

ユーフラテス川……40
輸出規制……98・122・124・126
尹錫悦（ユン・ソンニョル）……70
ヨーロッパ……22・32・40・43・48・75・86・94・110・116・118
ライン川……86
酪農……152・164
リービッヒ……32
リカード……43
流通……19・94・143・169
リン鉱石……33・106・142
リン酸（リン）……32・104・106
ルーマニア……57
ロシア……45・64・90・92・98・101・104・106・156
繁殖牛……152
反芻動物……89
肥育牛……152
比較優位論……43
備蓄……25・46・48・54・59・74・80・122・126・134・142・172
肥満……15・21
120大国政課題……70
肥沃な三日月地帯……40
肥料……32・36・142・164・172
貧困……14・20・67・68
品種改良……17・41・62・67・154・156
ヒンズー教……49
品目別自給率……30
ファームトゥフォーク戦略……76
フィリピン……46・101
フィンランド……75
フーシ派……97
フードインセキュリティ……18
フードサプライチェーン……75
フードセキュリティ……15・18・22
フードバンク……136・177・183
フードマイレージ……181
不耕起栽培……89
不作……116・172
腐植……32
豚肉……49・50・54・59・170
物流2024年問題……168
ブラジル……17・48・50・53・57・70・92・102・121・160・170
フランス……37・44・66・87・101
プランテーション農業……66
米欧小麦戦争……44
米穀需給調節特別会計……114
米穀統制法……114
米穀法……114
ベトナム……34・48・54・56・98・101
ペルー……102・117
ペルシャ湾……40
ベンガル飢饉……68
貿易……24・43・56・72・78・82・92・94・101・104・122・170
飽食……182
ポーランド……57
北欧……75
補助金……80・153・162
ボスポラス海峡……90

ま行

マークアップ……156
マラッカ海峡……96
マルサス……16
トルコ……56・98

な行

二酸化炭素……89
にじのきらめき……155
日豪EPA……124
日中戦争……115
2℃目標……89
二毛作……73
農業基本法……118
農業景観支払い……79
農業就業者……150
農業従事者……150
農業振興地域の整備に関する法律（農振法）……148
農業生産資材価格指数……138
農業体験……179
農業の将来に関する戦略的対話……76
濃厚飼料……163・164
農産物価格指数……138
農政改革（EU／スイス）……74・78
農村RMO……177
農地転用……120・148
農地法……148
農地面積……14・24・72・132・148
農地面積の見通し……149
農薬……17・36・41・46・180
農用地区域内農地……149
ノーベル化学賞……33
ノルウェー……76

は行

ハーバー・ボッシュ法……33
パーム油……109
バイオエタノール……16・98・109・161
バイオディーゼル……17・109
バイオ燃料……74・109・112
配給制度……68・117
配合飼料……160
バイデン……95
パキスタン……50・56・86・98・101
はしけ運送……96
バスマティ・ライス……46・98
80年代の農政の基本方向……122
パナマ運河……96
パラグアイ……57
パリ協定……89・133
バルク……94
パレスチナ……97
パレット……169
パン……66・78・156・170
バングラデシュ……46・54・56

●参考文献

生源寺眞一編著『21世紀の農学　持続可能性への挑戦』（培風館、2021年）
平澤明彦「世界の情勢変化と日本の食料安全保障―パンデミックとウクライナ紛争を踏まえて―」『農林金融』2023年、第76巻第6号（農林中金総合研究所）
平澤明彦「日本における食料安全保障政策の形成―食料情勢および農政の展開との関わり―」『農林金融』2017年、第70巻第8号（農林中金総合研究所）
阮蔚『世界食料危機』（日経BP、2022年）
阮蔚「中国農林分野の温室効果ガス削減と環境対策」『農林金融』2024年、第77巻第４号（農林中金総合研究所）
阮蔚「アマゾン川の物流開発で穀物の輸出競争力を高めるブラジル―米国に対し優位になる可能性―」『農林金融』2016年、第69巻第９号（農林中金総合研究所）
阮蔚「アフリカ穀物自給への道とアジアからの示唆―低価格輸入穀物と食糧援助が崩したアフリカ諸国の増産意欲―」『農林金融』2011年、第64巻第７号（農林中金総合研究所）
小針美和「米政策の推移―米政策大綱からの15年を振り返る―」『農林金融』2018年、第71巻第１号（農林中金総合研究所）
小針美和「肥料をめぐる動向と今日的課題」『農林金融』2023年、第76巻第５号（農林中金総合研究所）
農中総研フォーラム配布資料「食料安全保障と地域資源循環の強化に向けて～現場の実践から考える次世代耕畜連携のあり方とは～」（2023年10月）
品川優『ＦＴＡ戦略下の韓国農業』（筑波書房、2014年）
品川優『地域農業と協同－日韓比較』（筑波書房、2022年）
品川優「公益直接支払いの交付実績と諸論点」『農業・農協問題研究』2024年、第85号（農業・農協問題研究所）
内川秀二編『躍動するインド経済－光と陰－』（アジア経済研究所、2006年）
平澤明彦「EU農政における食料安全保障と環境・気候対策－基本法への示唆－」『日本農業年報69』（筑波書房、2024年）
平澤明彦「スイスの食料安全保障と国民的合意の形成」『日本農業年報65』（農林統計協会、2019年）

●執筆者（順不同）

小畑秀樹 →6-2、6-3、6-4、6-5
農林中金総合研究所 常務執行役員。専門は食農企業戦略、環境保護、食料安全保障等。

内田多喜生 →5-19、5-20
農林中金総合研究所 常務取締役。専門は協同組合組織・協同組合経営、農業生産構造。

長谷川晃生 →5-14、5-17
株式会社農林中金総合研究所 リサーチ＆リューション第2部長、主席研究員。専門は農業経済学、とりわけ、食農バリューチェンに関する調査研究。

鈴木基臣 →5-15
株式会社農林中金総合研究所 リサーチ＆リューション第2部 主事研究員。食品メーカーで研究開発に約10年従事後、現職に転職。専門はトウモロコシ、製粉・製パン・製菓・製めん業界、容器包装、循環型社会。

古江晋也 →5-13
株式会社農林中金総合研究所 リサーチ＆ソリューション第2部 主任研究員。専門はマクロ経済学、金融論。

石田一喜 →5-9、5-10
農林中金総合研究所 リサーチ＆ソリューション第1部 主事研究員。専門は農業経済学。

小泉達治 →1-2、1-3、1-4、3-11、4-column
農林水産政策研究所上席主任研究官・東北大学大学院農学研究科連携講座教授。専門は農業経済学、計量経済学、フードセキュリティ論、世界食料需給予測等。

須田敏彦 →2-12
大東文化大学国際関係学部教授。専門は農業経済学、南アジア経済論。

品川優 →2-13
佐賀大学経済学部教授。専門は農業政策、農業構造問題、韓国農業。

小山修 →2-16
国際農林水産業研究センター理事長。専門は農業経済学、国際食料需給。

●監修者／執筆者

平澤明彦（ひらさわ・あきひこ）

株式会社農林中金総合研究所 リサーチ＆ソリューション第１部 理事研究員。

東京大学大学院博士（農学）。専門はEU・アメリカ・スイスの農業政策、世界各国の食糧需給構造および自給率。早稲田大学、東京大学の非常勤講師を務めた。農林水産省の食料安全保障アドバイザリーボードメンバー、食料・農業・農村政策審議会専門委員を歴任。『日本農業年報』編集委員。共著に『変貌する世界の穀物市場』（家の光協会）、『新自由主義グローバリズムと家族農業経営』（筑波書房）などがある。

執筆箇所→1-1、1-5、1-6、1-7、1-8、1-column、2-14、2-15、3-12、4-1、4-2、4-3、4-4、4-5、4-6、4-7、5-5

阮蔚（ルアン・ウエイ）

株式会社農林中金総合研究所 リサーチ＆ソリューション第1部 理事研究員。

上海外国語大学日本語学部卒業、上智大学大学院経済学研究科修士課程修了。専門は世界各国の食料需給構造・農産物貿易、中国農政・食糧、各国の農業分野の温室効果ガスの削減。2005年9月～翌5月米国ルイジアナ州立大学アグリセンター客員研究員。著書に『世界食料危機』（日経BP）、共著に『変貌する世界の穀物市場』（家の光協会）などがある。

執筆箇所→1-9、1-10、2-1、2-2、2-3、2-4、2-5、2-6、2-7、2-8、2-9、2-10、2-11、3-1、3-2、3-3、3-4、3-5、3-6、3-7、3-8、3-9、3-10

小針美和（こばり・みわ）

株式会社農林中金総合研究所 リサーチ＆ソリューション第1部 主任研究員。

東京大学大学院農業生命科学研究科博士前期課程修了。専門は水田農業政策、肥料、農林統計等の農業分野の制度研究など。農林水産省食料・農業・農村政策審議会委員、総務省統計委員会産業統計部会専門委員、規制改革推進会議専門委員などを歴任。共著に『「農企業」のムーブメント』（昭和堂）、『地域農業の持続的発展とJA営農経済事業』（全国協同出版）などがある。

執筆箇所→5-1、5-2、5-3、5-4、5-6、5-7、5-8、5-11、5-12、5-16、5-18、6-1

図解　知識ゼロからの食料安全保障入門

2024年12月20日 第１刷発行

監修者　株式会社農林中金総合研究所
　　　　平澤明彦・阮蔚・小針美和

発行者　木下春雄

発行所　一般社団法人 家の光協会
　　　　〒162-8448　東京都新宿区市谷船河原町11
　　　　電　話　03-3266-9029（販売）
　　　　　　　　03-3266-9028（編集）
　　　　振　替　00150-1-4724

印刷・製本　日新印刷株式会社

ISBN 978-4-259-51876-9 C0061